アクチュアリー数学シリーズ

3 [第2版]

年金数理

田中周二
小野正昭 [著]
斧田浩二

日本評論社

まえがき

本書は，アクチュアリー数学シリーズの「年金数理」のテキストです．主な読者としては，アクチュアリー試験の受験を目指す学生や社会人が挙げられますが，そのほかに年金全般に興味があり，その中で年金数理について知識を得ようと考えている方々も対象としています．

アクチュアリーには,「保険」と「年金」という大きな2つの分野がありますが，保険アクチュアリーが保険会社の商品開発や決算など会社固有の仕事に携わるのに対し，年金アクチュアリーは年金数理を通じて，さまざまな会社の企業年金の設立・運営に関わり，専門的なアドバイスをすることが主な仕事の内容になっています．したがって，年金数理についての専門的な知識はもちろんですが，年金に関わる会計学や経営学，資産運用についてもアドバイスができる一定以上の知識が必要ですし，さらに国内外の年金を巡る情報に通じていることが要求されます．また何よりも，必ずしも専門家とは限らない年金基金担当者，あるいは企業の人事部・財務部の役員や担当者に対し，わかりやすく説明ができるコミュニケーション能力が必要です．

さて，本書は3つの部分からなっています．

第I部は，年金制度の概要であり，年金数理を学ぶために必要な最小限の説明をしています．これから初めて年金数理を勉強する人は，まず年金に関する独特な用語や概念について理解しておく必要があります．もちろん，この内容だけでは十分ではありませんので，年金アクチュアリーとなるためには年金に関する歴史や法律，会計制度についてのさらなる知識を補う必要があります．

第II部が本論で，年金数理の基本的事項を数式を使いながら解説しています．年金数理は，生命保険数理の知識を前提としています．第2章は，生命保険数理の復習として，特に年金数理に必要な部分を取り上げてコンパクトに解説しています．

第3章は財政方式と数理債務，第4章は定常状態と財政方式の分類，第5章は財政運営を取り上げており，いずれも年金アクチュアリーの中心的な仕事と結びついています．年金数理と生命保険数理の大きな相違点は，企業年金が独立した運営体であるために集団としての収支相等を考えればよいという点ですが，そのために多種多様な財政方式が生まれ，複雑な計算式に悩まされることになります．しかし，その中でも統一的な視点から見ると予定調和的な世界が広がっており，このような感覚を持つことは年金アクチュアリーとしての仕事にも役立つと思います．

第 6 章では，今や年金アクチュアリーの主要業務の 1 つでもある「退職給付会計」を取り上げました．退職給付会計は，年金数理の原理と会計が結びついたものであり，数理計算の部分だけでなく会計原則についても理解を深めておく必要があります．しかし会計の部分は専門書が多数出版されていますので，そちらに譲ることにして，本書では主に数理計算の部分について解説しました．

第 III 部は，年金数理の展開であり，これからの年金アクチュアリーが仕事の幅を広げるために重要と思われる話題を 2 つ取り上げました．

第 7 章では，公的年金の数理を紹介していますが，現在，年金問題は先進国共通の最重要課題の 1 つとなっていることを踏まえ，年金数理から見た公的年金財政を取り上げています．現状では，年金アクチュアリーの大多数が企業年金業務に携わっていますので，公的年金数理，特に賦課方式の財政運営のあり方について，年金アクチュアリー自身の関心はあまり高いとは言えません．しかし，2004 年の公的年金改革により日本に導入されたマクロ経済スライドや有限均衡方式，また，スウェーデンの年金制度への国民の関心は高まっており，これらの内容を分析解明する年金アクチュアリーへの社会的な期待も高いことから基礎的な素養として必要な部分をまとめています．

第 8 章は，最近の年金数理の革新の動きをグローバルな視点で取り上げました．金融経済学からの年金数理への挑戦は，アメリカの「ベイダー-ゴールド論文」を嚆矢とします．「年金数理実務が，間違ったインセンティブを与えているために経済合理的な意思決定に歪みを生じさせている」というのが批判の骨子です．金融経済学モデルが，どこまで適用できるかどうかという点も含めて，これからの年金アクチュアリーに突きつけられた重要課題の 1 つであることは間違いありません．

本書は，年金数理の教科書として，また，資格試験の副読本となるよう，章末に合計 80 題の演習問題を掲載しました．基本問題は本文の知識を確認するためのやさしい問題，発展問題は資格試験レベルの問題となっています．ちなみに，年金数理の資格試験は，現在，日本アクチュアリー会と日本年金数理人会が実施しており，発展問題はそれらの典型的な問題を参考にして作成しました．

なお，年金に関する話題ということで，「BOX」というコラムを掲載しています．年金アクチュアリーとして仕事上，見聞したことや経験したことにもとづいていますので参考にしていただければ幸いです[1]．

読者の皆さんには，年金数理を単に試験勉強として学ぶだけではなく，経済社会にとって重要な年金という制度をどのように運営したらよいのかという視点を持ちながら幅広い視野で学習し，仕事に役立てていただきたいと願っています．

2011 年 11 月末日

著者を代表して　**田中周二**

第 2 版へのまえがき

本書が刊行された 2011 年の第 1 版から 10 年以上が経過しましたので，一部を改訂し，第 2 版を刊行します．改訂内容は，

① 第 1 版当時からの年金や年金数理実務の情報のアップデート．

② 記述の誤りの修正や演習問題の解答などの充実．

が中心となります．特に，第 8 章については欧米の年金基金の運用リスクへの対応状況を追加しました．

2023 年 2 月末日

著者を代表して　**田中周二**

---

[1]中でも BOX5 は，中央三井アセット信託銀行の年金数理人である杉田健氏 (当時，現・年金シニアプラン総合研究機構) から寄稿された内容です．記して感謝いたします．

目次

第Ⅰ部

年金制度の概観

第1章
年金制度とは

本章では，年金数理の対象となる年金制度の概要を説明する．引退後の所得保障は，公的年金，企業年金を中心とした職域年金，および個人貯蓄・個人年金という多層的な構造を持つことが，世界的にも推奨されている．本章では，このうちの公的年金と企業年金に関して，日本の状況を中心に説明する．なお，本書は「年金数理」を解説することを目的としているため，年金制度の説明は必要に応じて簡略化している．制度内容を正確に把握するためには，他の専門書を参照されたい．

1.1 公的年金

1.1.1 公的年金の特徴

日本の公的年金は，**国民皆年金**，**社会保険方式**，**世代間扶養**，という特徴を持っているとされる．

国民皆年金とは，自営業者や無業者を含め，国民すべてが年金制度に法律上当然に加入する仕組みをいう．このことは，対象となる被保険者に収入の有無に拘わらず保険料の拠出義務を課すことになるが，例えば国民年金の保険料は，被保険者本人のほか，世帯主や配偶者が連帯して納付する義務を負っている．一方，被保険者本人および連帯納付義務者の所得の状況により，保険料の全部または一部の納付が免除される措置が用意されている．

社会保険方式とは，年金の受給資格や年金額が保険料の拠出実績に応じて定められる仕組みをいう．原則として，保険料を納めなければ年金は受給できないし，保険料の拠出期間が長ければ年金額も多くなる．現役時代に納めた保険料の見返りとして年金をもらえるという社会保険の仕組みは，給付と負担の関係が明確であることから，国民の理解を得やすい面があるといわれている．なお，社会保険では，保険料と給付との関係に，拠出実績が給付に反映されるという意味での「対価性」が求められるが，民間保険のような「等価性」を確保する必要はないとされる．したがって，保険料以外に国庫負担が財源に組み込まれる，給付設計に一定の所得再分配を組み込む，負担と給付との関係が生年コーホートによって異なる，といったことがあったとしても，社会保険という考え方から逸脱しているわけではない．

世代間扶養とは，現役世代の保険料負担で高齢者世代を支えるという財政運営の考え方で，年金数理の財政方式としては賦課方式が該当する．これは，私的に行っていた老親の扶養・仕送りを，社会全体の仕組みに広げたものであり，私的扶養の不安定性や不公正を避けるメリットがあるとされる．また，世代間扶養は，現役世代が生み出す富の一定割合を高齢者世代に再分配するため，物価スライドなどによって年金の実質的価値を維持することが可能とされている．一方，少子高齢化によって現役世代の負担が過重なものとなり，世代間の不公平を引き起こすことが賦課方式の問題として指摘されることがあるが，この点に関しては後の章で詳しく解説する．

1.1.2 公的年金の概要

現在，日本の公的年金制度は，**国民年金**，**厚生年金保険**，および 3 つの共済年金から成っている．まず，一定の年齢範囲 (現在は 20 歳以上 60 歳未満) の者は，国民年金の被保険者となるが，現在，約 6730 万人である．国民年金の被保険者は，後述する被用者年金の被保険者である者 (**第 2 号被保険者** = 約 4500 万人)，第 2 号被保険者の被扶養配偶者 (**第 3 号被保険者** = 約 750 万人)，それ以外の者 (**第 1 号被保険者** = 約 1400 万人) に分類される (図 1.1)．

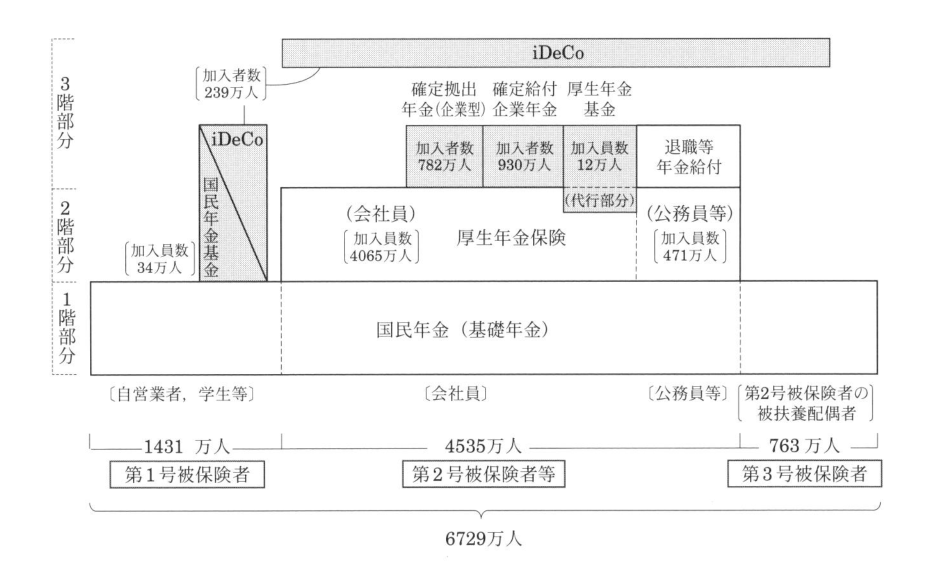

図 1.1　年金制度の体系 (令和 4 年 3 月末の数値. 灰色部分は任意加入)

◉——国民年金

国民年金は，主に老齢・障害・遺族の各「**基礎年金**」を給付するが，老齢基礎年金の額は保険料拠出期間に依存して定められ，老後生活の基礎的部分を保障している．老齢基礎年金は，保険料納付済期間と免除期間が合計 25 年以上になることを要件として，65 歳から支給される．支給要件の 25 年には未納期間は含まれないので，保険料の拠出が困難な場合には保険料の免除申請などの手続きを行うことが重要である．負担は，被保険者の区分ごとに異なる．

第 1 号被保険者は定額の保険料を拠出するが，前述のとおり被保険者の所得などを基準とした保険料免除措置があるため，低所得者については応能負担になっているともいえる．基礎年金の給付費のうち $\frac{1}{2}$ が国庫負担とされていることから，保険料を免除された期間の給付は全額納付した場合の給付の $\frac{1}{2}$ に，残りの $\frac{1}{2}$ について拠出割合に応じた額が加算される．この結果，2022 年の基礎年金の満額給付額は 777800 円であるが，実際の給付額は，この金額に保険料の納付済期間や免除期間に応じた以下の率を乗じて算定される．ここで，加入可能年数とは，原則として 40 年である．

$$\frac{\text{保険料納付済期間} + \text{全額免除期間} \times \frac{1}{2} + \frac{3}{4}\text{免除期間} \times \frac{5}{8} + \frac{1}{2}\text{免除期間} \times \frac{3}{4} + \frac{1}{4}\text{免除期間} \times \frac{7}{8}}{\text{加入可能年数} \times 12}$$

第 2 号被保険者および第 3 号被保険者は，国民年金に保険料を拠出しない．基礎年金の給付額のうち保険料で賄う部分の総額を，各制度が被保険者数に比例して分担する構造になっている（「**基礎年金拠出金**」という）．その際，第 3 号被保険者の分は，これを扶養する第 2 号被保険者が所属する制度の負担となる．このようにして，第 2 号および第 3 号被保険者は，国民年金保険料を全額拠出したものと見做される．

そもそも国民年金は，自営業者など，厚生年金や共済年金などの被用者年金が適用されない者に適用するために導入された．しかし，厚生年金が適用される第 2 号被保険者は，原則としてフルタイムの被用者であるため，非正規労働者の増加とともに被用者である第 1 号被保険者が増加した．彼らの雇用や収入は不安定であるため，免除申請を経ずに保険料を納付しないケースが増え，結果として国民年金保険料の納付割合が低下した原因になっているとされる．前述のとおり，基礎年金の給付額のうち保険料で賄う部分は，各制度が被保険者数に比例して分担する構造になっているが，第 1 号被保険者については，負担額の算出の際に保険料を拠出しない者はカウントされないために，被用者年金が負担のしわ寄せを受けている，と指摘する向きがある．保険料を拠出しない者は最終的には給付を受給できないのであるから，年金制度間の負担の損得は小さいと考えられるが，常に議論を起こす問題である．

●――厚生年金保険

厚生年金保険は，民間の労働者を対象とする制度である．厚生年金適用事業所に雇用される 70 歳未満の者が対象で，保険料の賦課および給付額の算定は，「**標準報酬**」にもとづいている．標準報酬とは，労働の対価として受領するものであるが，現在，月給に関しては 65 万円，賞与に関しては 1 回 150 万円を上限としている．給付は，全被保険者期間の標準報酬の平均と被保険者期間にもとづいて算定され，老齢厚生年金の場合，(1946 年 4 月 2 日以降生まれの者は) 以下のとおりである．

$$年金年額 = 平均標準報酬 \times 0.005481 \times 被保険者期間月数$$

平均標準報酬の計算にあたり，過去の期間の標準報酬は現在の賃金水準に換算するために**再評価**される．厚生年金保険は国民年金よりも支給開始年齢が若く，かつては男子 60 歳 (女子 55 歳) であった．支給開始年齢は，1994 年 (定額部分) および 1999 年 (報酬比例部分) の 2 回に分けて，かつ段階的に 65 歳

BOX1：厚生年金や国民年金はなぜ社会保険の仕組みをとっているのか？

一時,「公的年金民営化論」が一世風靡したことがあった．市場主義者の立場では，個人が老後の資金が必要だと考えれば若いときから貯蓄や個人年金を自分で準備しておけばよく，国家が口出しすべきでないことになる．しかし，歴史の教訓は，人生の中で起こりうるリスクすべてを個人の裁量に委ねることができないことを示している．そこで生まれたのが社会保障制度であり，国家が一定の役割を果たすべきであるという連帯の理念にもとづく．

公的年金の目的は，老後の生活を可能にする所得を高齢者に保障することである．貧しい老人に生活保護費を与えるのが目的ではない．したがって，相当程度の財源を必要とし，厚生年金並の給付を消費税で賄おうとすると税率は 20%を悠に超えてしまうことであろう．当然，国民はそのような消費税率に耐えられないので年金水準は老後生活を営むに足りる水準にはならない．

社会保険制度は，保険料を負担するという「痛み」によって年金を受けとる「権利」意識を持たせる意味がある．生活保護の受給は，どうしても差別意識が伴う．アメリカを含む多くの国で公的年金が社会保険方式で運営されている理由のひとつは，そのあたりにあるのではないだろうか？

に引き上げられた．そのため，移行期間中の現在，報酬比例年金，および基礎年金と共通化できない 65 歳未満の期間に対応する定額給付は，厚生年金保険が独自に賄う．

共済年金には，**国家公務員共済**，**地方公務員共済**，**私立学校教職員共済**があり，厚生年金に比べて「職域加算」と呼ばれる上乗せ給付があったが，2015 年の「年金一元化」により，現在は厚生年金部分は統合されている．

1.2 公的年金の歴史と制度変更の流れ

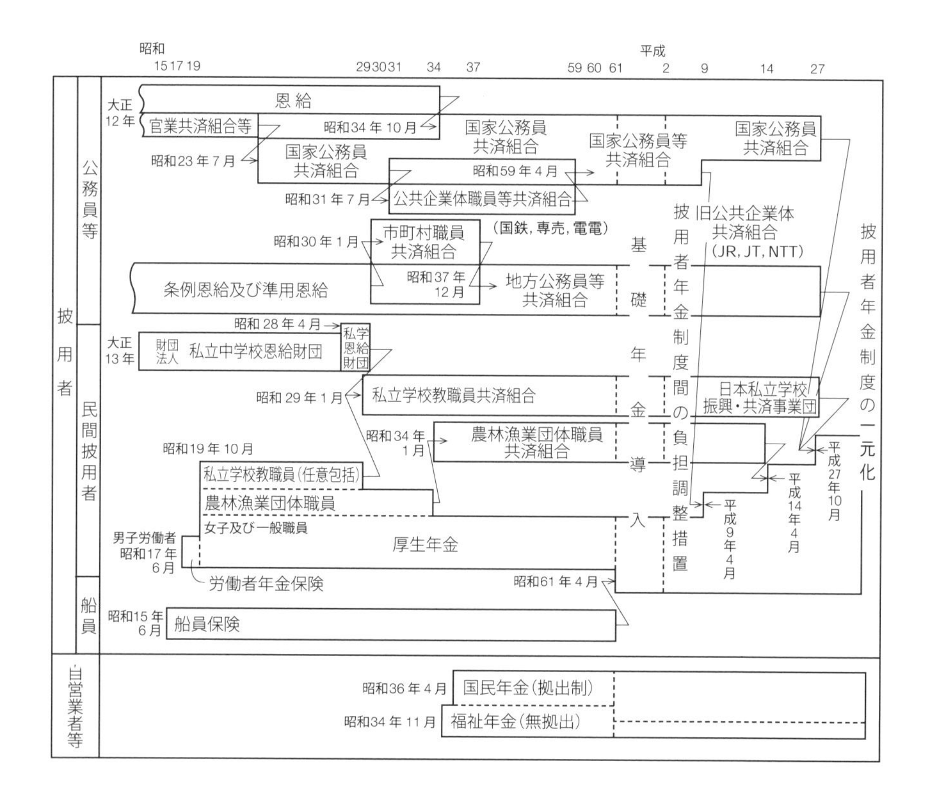

図 1.2 公的年金制度の変遷

公的年金は，古くは恩給 (例えば，1875 年の軍人恩給) および官業共済制度に始まり，いくつかの制度が順次創設された．当初の制度は公務員に限定されており，財源を租税によっていたため，現在の社会保険制度としての公的年金とは異なっていた．

本格的な公的年金制度は 1942 年に創設された男子労働者を対象とする労働者年金保険であった．その後，女子や事務職員へ対象を拡大して厚生年金となったが，敗戦とその後のインフレなどによって，制度は事実上凍結された．インフレが鎮静化された後の 1954 年，厚生年金は現在の制度の原型である定額 + 報酬比例の二階建て制度として導入された．1961 年には自営業者などを対象とした国民年金が創設され，国民皆年金が実現した．

1973 年は「福祉元年」といわれ，これまでの数次にわたる給付水準の引き上げに加えて，年金の物価スライド，賃金スライドの仕組みが導入された．また，厚生年金の給付水準を現役労働者の平均賃金の 60%とする目安が定められたが，モデルの被保険者期間の伸長とともに給付水準が必要以上に上昇してしまった．その後，将来の年金財政，いわゆる官民格差，産業構造の変化による国民年金の財政逼迫，女性の年金権の確立などが課題とされた．1985 年の改正は，年金の給付水準を将来に向かって引き下げ，国民に共通する基礎年金を導入し，このような課題に対応した (図 1.3)．

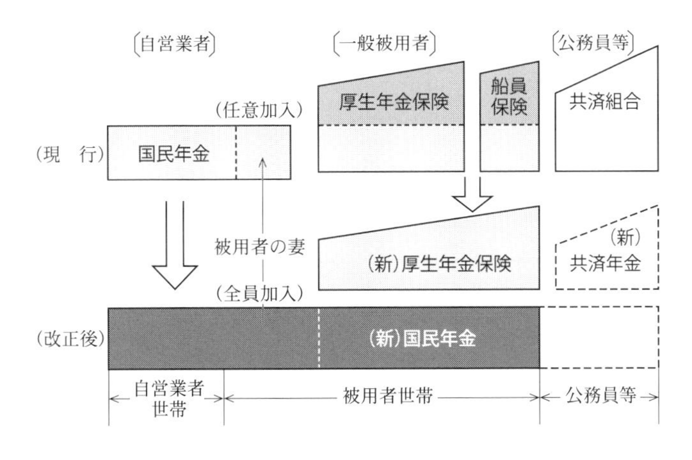

図 1.3　1985 年改正の概要

1994 年改正では，60 代前半の「特別支給の老齢厚生年金」の定額部分の支給開始年齢を段階的に 65 歳に引き上げるとともに，年金のスライド基準を税・社会保険料控除後の手取り賃金スライドとした．1999 年改正では，特別支給の老齢厚生年金の報酬比例部分も段階的に 65 歳に引き上げるとともに，支給開始後の年金のスライド基準を物価上昇率に変更した．

2004 年改正では，保険料を段階的に引き上げて将来的に固定するとともに，長期的な年金財政の不足を被保険者数の変動や年金受給期間の伸長に応じて調整する「**マクロ経済スライド**」というスライド調整手法を導入した．

2010 年前後の公的年金は，国民年金 (基礎年金) と厚生年金保険，さらに国家公務員共済組合，地方公務員共済組合および私立学校教職員共済制度の 3 つの共済年金からなったが，過去の改正を総括すると，「分立から統合」，「個人単位化」，「国際化」という 3 つの流れがあった．

前述のとおり，公的年金は，軍人，官吏，民間労働者 (工場労働者から一般化) など，それぞれのセクターに分立して導入された．制度導入後も，特に 1950 年代を中心に，制度内の一部のグループが分離していった．これらのグループのうち，厚生年金から分離した農林漁業団体職員共済組合は，2002 年に再統合された．現在の JR，NTT，JT といった企業を含む公共企業体等職員共済組合は，国家公務員共済組合から分離した後に再統合されたが，民営化に伴い，被用者年金間の費用負担の調整を経て，1997 年に厚生年金に統合された．**公的年金の一元化**に関しては，1984 年の閣議決定で 1995 年までの一元化が決定されて以降，さまざまな施策や議論があり，2007 年にも被用者年金一元化法案が提出されたが，2009 年にいったん廃案となっている．その後，2015 年 10 月 1 日にようやく「被用者年金一元化法」が施行され，これまで厚生年金と共済年金に分かれていた被用者の年金制度が新厚生年金に統一された．ただし，共済年金にある「職域加算」部分は，独自給付としてそれぞれの共済組合から給付されることになった．なお，新厚生年金の決定・支払い業務は，それぞれの保険者で行われる．

年金制度の「個人単位化」に関しては，まずは基礎年金を導入した 1985 年改正が画期的であった．厚生年金の給付は，定額部分，報酬比例部分，および被扶養配偶者に対応する加算年金から成っていたが，名義はすべて被保険者本

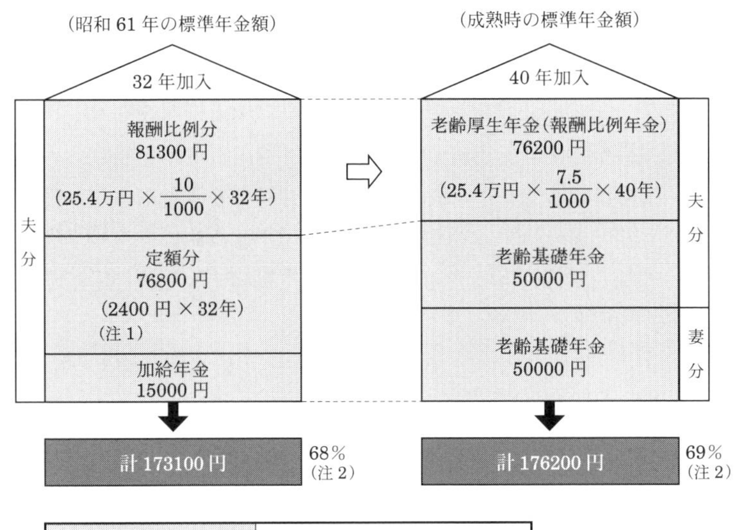

単身世帯		基礎年金 ＋ 報酬比例の年金
夫婦世帯（妻は専業主婦）	夫	基礎年金 ＋ 報酬比例の年金
	妻	基礎年金
夫婦世帯（共稼ぎ）	夫	基礎年金 ＋ 報酬比例の年金
	妻	基礎年金 ＋ 報酬比例の年金

※金額はいずれも昭和 59 年価格
（注 1）昭和 55 年改正時の単価 2050 円を昭和 59 年度価格に換算したもの
（注 2）% は現役男子の平均標準報酬月額 254000 円に対する比率

図 **1.4**　1985 年改正（婦人の年金権の確立）

人であったため，被扶養配偶者は離婚などの局面ではきわめて不利な立場にあった．1985 年改正は，国民年金を 20 歳以上の全国民に適用した上で被扶養配偶者に「第 3 号被保険者」という被保険者の地位を定義し，被扶養配偶者本人の名義で基礎年金を提供したため，「**婦人の年金権の確立**」などといわれた（図 1.4）.

この改正によって基礎年金が個人単位化したが，報酬比例年金については，その後の 2004 年改正で，離婚に伴って年金権を分割する「**離婚分割**」や，第 3 号被保険者の場合に夫婦間で標準報酬の記録を分割する「**3 号分割**」の仕組みが導入され，被扶養配偶者の年金権の確保は，一応整理された．このように，年金の個人単位化はライフスタイルの多様化などを受けて進められたが，少子高齢化によって公的年金の給付水準を抑制せざるを得なくなると，完全な個人単位化の是非が問題になる可能性がある．一般に，生計費は世帯の人数に比例して増大することはない．したがって，単身世帯の年金が夫婦世帯の半分になってしまうなど，年金の水準で世帯構成を考慮しないことの妥当性が，特に老後の基礎的消費支出を賄うことを目安とした基礎年金に関して，議論されるかもしれない．

日本の年金の「国際化」は，2000 年にドイツとの**社会保障協定**が発効したのが最初であり，歴史は浅い．EU 加盟国が共通の公的年金制度を導入することが現実的でないことからわかるように，年金制度の国際化とは，各国の年金制度を共通化することではない．国際的な人的交流が活発化するにつれて，海外に派遣される日本人，および海外から受け入れる外国人が増加してきたが，社会保障協定の締結により，公的年金の適用を派遣先と派遣元のどちらかの国にするか，基準が設けられることによって，年金保険料の二重払いを回避できる．また，年金受給資格の判定にあたり，両国の加入期間を通算することで受給資格における不利を解消し，被保険者はそれぞれの被保険者期間に応じた年金を両国から受給することになる．2022 年 6 月 1 日現在，協定締結国は 23 か国である．

1.3 企業年金

1.3.1 企業年金の多様性

企業年金に代表される職域年金のあり方は，実に多様である．例えば，スイス連邦では憲法が 3 本柱の 2 本目の柱として義務的職域制度を規定し，法定給付以上の給付が義務付けられている．フランスの補足年金制度は，労使の協約により強制適用されるが，財政運営は賦課方式である．ドイツの職域年金制度は，導入は任意であり，さまざまな形態がある．このうち，広く普及している形態に引当金制度がある．この制度は年金給付の原資を社外に積み立てることをせず，企業の財務諸表に引当金を計上することにより，企業内に原資を確保する方式をとる．イギリスの企業年金では，企業年金を適用することで，公的年金制度の二階部分で所得比例の公的第二年金の適用を除外される．つまり企業年金の中に公的年金が組み込まれている場合がある．実は，公的年金と私的年金である職域年金の区分は意外に難しい．前述のフランスの補足年金制度は，EU の基準では社会保障制度とされている．このほか，近年ではラテンアメリカや旧東欧諸国を中心に，公的年金を民営化し確定拠出年金などの個人勘定制度を導入する例が増加し，公私の区別は益々渾然としている．こうした海外の多様な状況を踏まえておくことは，日本の企業年金を理解する上で重要である．

1.3.2 日本の企業年金の特徴

日本の企業年金にもいくつかの特徴があり，中にはユニークなものもある．

◉——企業年金法制の特徴

まず，企業年金は英米の制度に類似した信託タイプの制度をベースとしている．信託タイプとは，外部積立でありながら，制度としては保険の規制・監督に服さない形態を想定している．背景として，企業年金の導入当時，アメリカの実施事例を参考にしたことが挙げられる．制度導入後も，例えば 1980 年代には，積立金の運用に関する規制緩和の議論の中でアメリカの**エリサ法**における受託者責任が盛んに議論された．最近では，2001 年に確定給付企業年金法，確定拠出年金法が成立する際にも，エリサ法を意識した提言がなされた．しかし一方で，日本には信託という概念が浸透しているわけではなく，また法体系も米英のような判例法によっていないため，確定給付企業年金制度において「企業年金基金」という法人を設定するなど，米英とは異なる点もある．

◉——伝統的な退職一時金制度の存在

第 2 の特徴は，企業年金の淵源を企業が退職者に支給する**退職一時金制度**に求められることである．退職一時金制度は，古くは江戸時代に雇い主が使用人に対し独立の業を営む権利である「のれん」を贈る習慣に発したものとされる．このような制度の下では，支給には年季明けなどの「円満退社」が条件とされる．事実，現在の退職金制度においても自己都合退職の場合の減額や，懲戒解雇における退職金の不支給など，従業員の就業行動を制御する仕組みがある．

退職一時金制度は，労働組合の交渉力の増大や1936年に制定された退職積立金及退職手当法により急速に普及していく．この法律は企業に退職積立を強制するものであったが，労働者年金保険法の制定に伴ない1944年に廃止される．戦後は公的年金が機能しなかったことや労働運動，人員整理などによって退職一時金制度が見直され，1952年に税制上の措置として退職給与引当金制度が導入されたことにより，退職一時金制度は多くの企業で定着する．1962年に適格退職年金が導入されるが，企業年金の普及期には，新たな給付制度を設けるよりも既存の退職一時金制度を企業年金に移行する導入形態をとる企業が多くなり，現在に至っている．

◉——給付設計の多様性

第3の特徴は，給付設計が多様なことである．これは，退職一時金制度の給付設計が多様であることによる．伝統的には，勤務年数と退職事由にもとづいて退職したときの給与に乗じる支給率を規定する「最終給与比例制度」，勤務年数と退職事由にもとづいて金額を規定する「定額制度」などがある．最終給与比例制度では，ベースアップに伴って退職金が膨れ上がることを回避するために，基準となる給与をベースアップが反映されない給与として別途定義する例も増加した．また，就労期間中の企業への貢献を公平に反映するものとして「ポイント制」を採用する企業も増加した．この制度では，従業員の資格や職務・職能に応じたポイントを定義する．従業員は在職中の各年に与えられたポイントを累積させる．退職一時金は，退職時のポイント累計に「ポイント単価」を乗じ，さらに必要であれば退職事由別の増減率を乗じて算出される．この制度は，インフレなどによって退職金水準を見直す際，単にポイント単価の改定で済んでしまうのが便利である．さらに，企業年金の世界では，2001年に確定拠出年金が導入された．同時に，確定拠出と確定給付との中間的なハイブリッド型の制度として，2002年から確定給付型の制度にキャッシュバランス制度も導入された．制度の詳細については後述する．

●――退職一時金をベースにした年金設計

第 4 の特徴は，企業年金の設計が退職時の一時金をベースとしているため，最初に年金を定義する英米の制度とは著しく異なることである．最終給与比例制度の場合，年金や一時金の額は退職時まではインフレによって目減りしない．しかし，アメリカの典型的な年金制度の場合，退職後に関してはインフレによって目減りしてしまう．これは，アメリカの制度が支給開始時点 (例えば 65 歳) の年金額を，退職時の給与に年金支給率を乗じるかたちで定義しているからである．支給開始までの期間が長い若年の退職者ほど，年金額は遠い昔の給与にもとづくことになるため，実質価値が目減りする．

一方，日本の年金制度では，まず退職時の一時金が退職時の給与をもとに算出される．これを年金に変換するためには，利子率を設定し，まずは一時金を支給開始時点まで付利した上で繰り延べ，想定した利子率によって変換したものが年金となる．したがって，インフレ率と利子率との違いはあるものの，日本の制度は退職後も実質価値を維持する設計になっている．一方で，一時金からスタートする日本の年金制度は，有期年金 (確定年金) として設計される場合も多く，必ずしも生涯にわたる給付でない．

●――「正社員」中心の制度

第 5 の特徴としては，年金制度の適用範囲が，いわゆる「正社員」に限られている場合が多いことが挙げられる．OECD による「職域年金規制の中核原則」では，「私的年金制度への差別のない利用権を認めるべきである．規制は，年齢，給与，性別，勤務期間，雇用条件，非常勤雇用，および婚姻状態にもとづく排除を無効とすることを目的とすべきである.」とされており，今後，企業年金が公的制度の補完などの重要な公的役割を果たす場合には，留意すべき事項になるであろう．

1.3.3 日本の企業年金制度の歴史

我が国の企業年金制度の導入は，1950 年頃のアメリカにおける企業年金の設立ラッシュである「ペンション・ドライブ」に刺激を受けた，1950 年代後半における財界および金融業界の提案から始まった．最初に導入されたのが法人税法に定める**適格退職年金**であるが，この制度は,「社会保障制度の補完としての老齢年金制度を認めたものではなく，退職年金の企業外積立を企業内積立と同様な扱いとするという，単なる税制整備」(主税メモ「適格退職年金制度の要件と問題点」，1961 年) として 1962 年に導入されたものである．当時すでに検討されていた厚生年金基金が発足するまでのつなぎ措置的な位置づけであったが，結果として 2001 年に至るまで，大蔵省 (当時) 所管の制度として存続した．なお，確定給付企業年金法の成立に伴い，適格退職年金は 2012 年 3 月末に廃止された．

厚生年金基金制度は，1965 年の厚生年金保険法改正により創設された．当時，厚生年金は給付水準が低く貧弱であり，大幅な給付改善が強く要請された．一方，退職金を普及・充実させつつあった企業は,「厚生年金制度と退職一時金との沿革的関係および現行の退職一時金の発生的理由から，両者の機能上の重複，費用負担の重複の排除を目的とする退職一時金，企業年金との調整をいかにするかが問題であり，この調整問題が大幅改善の前提条件である」ことを強く主張した．労働側は,「公的年金である厚生年金を私的な制度である退職一時金，企業年金と調整するのは筋違いであり，社会保障はあくまでも公的制度で行うべきものであって，このような措置を講ずることは社会保障制度の後退である」と強く反対した．この調整に対する考え方として打ち出されたのは,「企業年金と厚生年金との調整というのは，一定の要件を備えた企業年金が設けられた場合に，厚生年金の給付のうち，その機能の類似する老齢年金の適用を当該企業について除外するか，あるいは当該企業年金に，老齢年金の支給を肩代わりさせ，代行を認めるかなどの方法で，両者の間の機能の競合，したがって負担の重複を避けようとするものである」というもので，結論的には後者の代行方式が選択された．これにより，公的年金である厚生年金の積立金の一部を企業が設立した厚生年金基金が管理するという，ユニークな仕組みが確立された．

適格退職年金，厚生年金基金とも，高度経済成長の中で大きく普及・発展した．しかし，バブル崩壊後，我が国の企業年金を取り巻く環境は一変した．低金利や株価の下落・低迷などにより，積立金の運用収益率が当時年 5.5%に固定されていた予定利率を下回って，差損の発生が続く状況となった．この間，資産運用規制が緩和され，財政運営基準が改定されたが，年金基金の成熟化とも相俟って，特に厚生年金基金では代行部分の存在が企業経営にとって重荷に感じられるようになり，経済界を中心に，代行部分に関する給付義務を国に返還する「**代行返上**」を可能とするように求める声が高まってきた．

このような要望の背景には，**退職給付にかかる新会計基準**の導入があったことも指摘できる．1998 年 6 月に公表された企業会計審議会意見書にもとづき，2000 年 4 月以降に始まる会計年度から，退職給付にかかる新会計基準が導入された．この会計基準では，退職給付の性格を賃金の後払いと捉えて，当期までに発生したと見做される退職給付の現価相当額を「**退職給付債務**」とし，退職給付債務に対する積立不足を母体企業のバランスシートに計上する．このような取り扱いは，当時財政的には中立化が実現していた代行部分の評価にも及んだ．このように，会計基準からみた企業年金の「**隠れ債務**」の問題が，企業年金 2 法といわれる，**確定給付企業年金法**と**確定拠出年金法**の成立に影響したといえる．

確定給付企業年金法と確定拠出年金法の議論は，1997 年に自民党の行政改革推進会議が規制緩和推進重点事項として，「年金基本法 (例：アメリカのエリサ法) のような年金に関する包括的な法的手当てを検討する」としたことから始まる．

確定拠出年金法に関しては 1998 年，自民党年金制度調査会私的年金等小委員会が「確定拠出型年金の導入について」を自民党税制調査会に提出，翌年，関係 4 省および私的年金等小委員会が「確定拠出型年金制度の具体的な仕組みについて」を作成し，税制改正大綱に反映された．法案は 2000 年 3 月に提出されたが，6 月の衆議院解散とともにいったん廃案となり，11 月に臨時国会に再提出され，2001 年 6 月に成立，同年 10 月施行となった．

確定給付企業年金法も 1997 年の行政改革推進会議を起点として，同年 6 月には大蔵省，厚生省，労働省による「企業年金基本法に関する関係省庁連絡会議」(2000 年から通産省，金融庁が参加) が発足，11 月に「企業年金に関する包括的な基本法についての検討事項」を公表した．2000 年 3 月に公的年金改革関連法案が成立，確定拠出年金法案が閣議決定されたことから，関係 5 省庁で企業年金法の検討が進み，同年 8 月，関係省庁連絡会議による「企業年金の受給権保護を図る制度の創設について (案)」が公表され，一部修正のうえ了承，税制改正大綱に反映された．法案は 2001 年 2 月に閣議決定され，同年 6 月に可決，成立，2002 年 4 月施行となった．確定給付企業年金制度には，以下の特徴がある．

- 確定給付型の企業年金について，積立基準，受託者責任，情報開示等統一的な基準を定め，これを満たすものについて承認を行い，あわせて税制措置の整備を行う．
- 確定給付企業年金の具体的な仕組みは次のとおりとする．
  (1) 企業年金の新たな形態として，規約型 (労使合意の年金規約にもとづき，外部機関で積立) と基金型 (厚生年金の代行のない基金) を設ける．
  (2) 給付については，老齢給付を基本とし，障害給付や遺族給付も行うことができる．
  (3) 給付や積立などについてルールを定めた上で，労使合意にもとづき，より柔軟な制度設計を可能とする．
- 受給権保護の仕組みとして，次の 3 つの措置を講じる．
  (1) **積立義務**：将来にわたって約束した給付が支給できるよう，年金資産の積立基準を設定する．
  (2) **受託者責任**：制度の管理運営に関わる者について，忠実義務，分散投資義務などの責任を規定するとともに，利益相反行為の禁止などの行為準則を明確化する．
  (3) **情報開示**：事業主等は，年金規約の内容を従業員に周知し，財務状況等について加入者等への情報開示を行う．
- 厚生年金基金については，厚生年金の代行を行わない確定給付企業年金への移行を可能とする．

- 2002 年 3 月末をもって新規の適格退職年金契約は認めず，既存のものは 10 年間の経過措置を設け，厚生年金基金，確定給付企業年金，確定拠出年金などに移行する．

企業年金 2 法の成立以降，代行返上が認められた厚生年金基金と廃止になった適格退職年金の加入者は大きく減少し，確定拠出年金や確定給付企業年金へ移行することになった．しかし，2000 万人を超えていた加入員数は 1700 万人程度と減少しており，年金カバー率は改善していない．

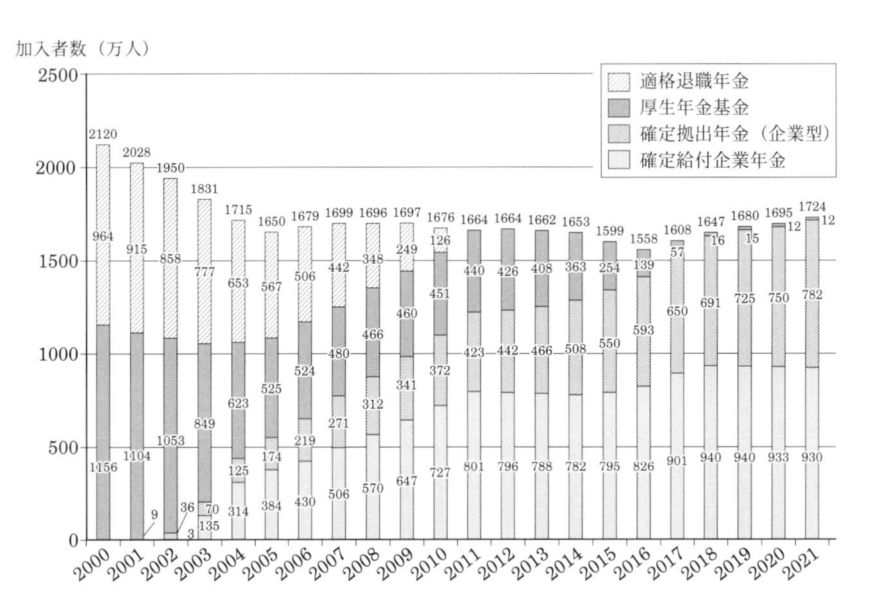

図 1.5　企業年金の加入者の推移 (重複は排除していない，いずれも年度末時点)
[出典：厚生労働省年金局年金制度基礎資料集 (2023 年 1 月)]

1.3.4　企業年金の概要と給付算定式

●――確定給付企業年金

(1) 一時金の年金化

確定給付企業年金の給付設計と厚生年金基金の加算部分のそれとは，終身年

金の基準などの違いはあるが，大まかなところは共通しているので，まとめて説明する．まず，前述のとおり，確定給付企業年金は退職一時金制度の移行によって設計される場合が多い．これは，年金が退職時の一時金を支給開始年齢に到達するまで繰り延べ，その原資を取り崩すことによって支給する設計となっていることを意味する．そのため，一時金には退職後の利息をつけると考えることが自然であり，使用される利子率が中途退職者の給付の実質価値を維持する機能を持つことが，典型的なアメリカの企業年金との違いであることは前述した．このことを数式で示す．退職時年齢を x，退職時の勤務年数を t，年金の支給開始年齢を z，退職事由を h，基準給与を b，退職後の利子率を i，年金 (アメリカ) の支給率を α，一時金 (日本) の支給率を β，年金の保証期間 (日本) を n，保証期間に対応する確定年金現価率を $a_{\overline{n|}}$ とすると，支給開始時点の年金額 B_z は，アメリカの場合，$B_z = b_x \times \alpha_t$ であるのに対して，日本の場合は一時金を年金に変換するため

$$B_z = b_x \times \frac{\beta_t^{(h)}}{a_{\overline{n|}}^{i_z}} \times \prod_{y=x}^{z-1}(1+i_y)$$

となる．ここで，$\dfrac{\beta_t^{(h)}}{a_{\overline{n|}}^{i_z}}$ をアメリカの α_t と見做せば，

$$B_z = b_x \times \alpha_t^{(h)} \times \prod_{y=x}^{z-1}(1+i_y)$$

となり，アメリカに比べると中途退職者の年金の実質価値が利子率によって維持されている構造が確認できる．もっとも，支給率に関しては，アメリカは勤務年数に比例すること (例えば，$\alpha_t = 0.01 \times t$) が多いのに対して，日本の一時金支給率は勤務年数や退職事由に関して「メリハリ」を効かせた設計となっている．上式における利子率 i は，市場金利の変動によって変化する場合を考慮しているが，実際の制度では固定されている場合も多い．その場合，年金に換えて一時金を選択することができる制度では，市場金利の水準との比較で，一時金選択という行為に取引の機会が提供されることになる．利子率 i は，退職時から年金の支給開始時までの据置期間中は「据置利率」，支給開始時点の給付原資を年金に変換する際には「給付利率」と呼ばれることがある．また，

一時金を原資として年金に換算する際，通常は確定年金現価率を使用する．このことは，年金が保証期間の n 年間は年金受給者の存否に拘わらず支給される，保証付き年金となることと，用いた利子率を介して給付原資である一時金と保証期間の年金とが等価であることを意味する．その結果，終身年金を設計しようとすると，n 年保証付き終身年金となり，コスト的には保証期間を超えた終身部分が，一時金と比べて負担増となる場合が多い．

(2) 給付算定式

前項では，退職一時金制度の移行によって設計される年金制度における一時金と年金との関係を確認した．次に確認することは，退職一時金の給付算定式の構造である．以下，いくつかのタイプを紹介する．入社時の年齢を e，退職時の年齢を x，退職時の勤務年数を t (したがって $t = x - e$)，退職事由を h とする．退職事由とは,「定年」,「自己都合」,「死亡」,「会社都合」などであるが，例えば「50 歳以上の自己都合」など，退職時の年齢 x で区別する事由もあり得る．退職一時金の額は，これらの変数の関数であるが，単に S_x と標記する．添字 x は，退職時点の金額であることを認識するために付した．

① 最終給与比例制度

最終給与比例制度の給付算定式は，退職事由 h による勤務年数 t に対応する一時金支給率を $\beta_t^{(h)}$，退職時の基準給与を $\tilde{b}_x$ として，以下のとおり表される．

$$S_x = \beta_t^{(h)} \cdot \tilde{b}_x$$

前述のとおり，$\beta_t^{(h)}$ は必ずしも t に比例する関数ではなく，個々の企業の考え方を反映し，一定のメリハリがついているケース (例えば，勤務年数 20 年で段差を設けるなど) も多い．このため，特に退職給付会計基準において，支給率の増分である

$$\Delta\beta_t^{(h)} = \beta_{t+1}^{(h)} - \beta_t^{(h)}$$

が t 年からの 1 年間の勤務に帰属するという考え方に馴染まないとする見解もあり，一般的に日本の年金制度の給付は「過去分」と「将来分」を明確に区

分することがない．また，$\beta_t^{(h)}$ を退職事由によらない β_t と，退職事由・勤務年数別の割掛け率 $\nu_t^{(h)}$ の積と捉えると，$\nu_t^{(h)}$ が退職事由別の受給権付与率と考えられなくもない．

$\tilde{b}_x$ は，通常は退職時の給与であるが，退職直前の数年間の平均給与 (final average) と定義される場合もある．すなわち，y 歳の給与を b_y とすると，3 年平均給与を使用する場合は，

$$\tilde{b}_x = \frac{\sum_{y=x-3}^{x-1} b_y}{3}$$

となる．年功序列という考え方のないアメリカでは，給与の低下による年金額の低下を緩和させるために「退職直前の 10 年間のうち高い方から 5 年間の給与の平均」などと定義されるケースもある．

② 平均給与比例制度

平均給与比例制度の給付算定式は，次のとおり表される．

$$S_x = \beta_t^{(h)} \cdot \bar{b}_x$$

ここで，$\bar{b}_x$ は退職時の平均給与で，

$$\bar{b}_x = \sum_{y=e}^{x-1} \frac{b_y}{x-e}$$

である．このことからもわかるように，一般に平均給与制度という場合，全勤務期間にわたる給与の平均 (career average) を用いる．

$$\beta_t^{(h)} = \nu_t^{(h)} \cdot \beta_t = \nu_t^{(h)} \cdot c \cdot t \qquad (c \text{ は定数})$$

と書き換えることができる場合には，

$$S_x = \nu_t^{(h)} \cdot c \cdot t \cdot \frac{\sum_{y=e}^{x-1} b_y}{t} = \nu_t^{(h)} \sum_{y=e}^{x-1} c \cdot b_y$$

となり，給付は各勤務年において給与の一定割合を積み増す構造となる．最終給与比例制度は，高学歴で入社して勤務期間中の昇進・昇給が速い従業員に有

利とされるが，平均給与比例制度は全勤務期間の実績が反映されるため，このような不公平感は和らげられるとされる．

③ 定額制度

定額制度は，退職事由・勤務年数別に定められた金額 $\beta_t^{(h)}$ を用いて，次のとおり表される．

$$S_x = \beta_t^{(h)}$$

最終給与比例制度の支給率と同様に，$\beta_t^{(h)}$ には個々の企業の考え方を反映して，一定の段差がついているケースも多い．定額制度は，インフレなどによって金額が目減りした場合に，その都度金額を見直す必要がある．

④ ポイント制度

ポイント制退職金制度では，在職中に付与されたポイント P を在職中に累積させ，退職金は退職時の累積ポイントとポイント単価 u にもとづいて算出される．

$$S_x = \nu_t^{(h)} \cdot u \cdot \sum_{y=e}^{x-1} P_y$$

ポイントは在職中の各年における従業員の資格，職階などによって定められるため，在職中の貢献が退職金に公平に反映されるという納得感が醸成され，近年普及してきた制度である．この制度は，いったん構築してしまえばインフレなどによる水準見直しはポイント単価 u の改訂のみで済む，という扱いやすさがある．一般に，ポイント制度のような累積型の制度は，「勤務年数 20 年で段差を設ける」などの設計には馴染まない．

⑤ キャッシュバランス制度

キャッシュバランス制度は，厚生年金基金の加算部分や確定給付企業年金で認められた設計であり，退職一時金制度としては必ずしも普及していない．しかし，退職時の個人勘定残高を規定した上で年金に変換する過程は，退職一時金制度の年金化と同様であるため，まずは退職時の勘定残高を一時金と見做して，算定式を紹介する．この制度は，各従業員に対して仮想勘定を設定し，毎年給与の一定割合ないし定額を勘定にクレジットする．勘定には，一定率，国債の発行利回りなど，一定の基準で付利が行われる．こうして勘定に蓄積された元利合計が年金の原資となる．給与の一定割合をクレジットする場合，退職時の勘定残高は以下のとおり表される．

$$S_x = \nu_t^{(h)} \sum_{y=e}^{x-1} \left\{ c \cdot b_y \prod_{w=y}^{x-1} (1 + i_w) \right\}$$

ここで，c は定数で，$c \cdot b_y$ は「**拠出クレジット**」といわれている．i_w は「**利息クレジット率**」といわれており，固定率の場合も，時々の市場金利に連動した変動率の場合もある．キャッシュバランス制度のような，確定給付制度でありながら勘定残高を保有するなどの確定拠出制度の要素がある制度を「ハイブリッド制度」という．キャッシュバランス制度は，利息クレジット率を市場金利に連動させるケースが多い．そのため，例えば金利が低下すると，債務評価上の割引率が低下して給付現価が増加する一方で，将来の利息クレジットが低下することで給付の見込み額が減少するため，互いの変動要素が相殺され，制度運営が金利変動の影響を受けにくいとされる．

また，よく誤解されることであるが，キャッシュバランス制度は確定拠出制度と異なり，勘定残高が積立金と対応していなくても運営可能である．あくまで「仮想勘定」であり，通常の確定給付制度のように過去勤務期間を通算し，債務に対して積立不足の状態で制度を設定し，事後的に特別掛金によって未積立債務を解消することが認められている．

⑥ 給付算定式の一般化

ここまで，さまざまなタイプの給付算定式を紹介してきたが，実は，これらは「繰延」と「再評価」をキーワードに，一般化が可能である．例えば，以下のように置いてみる．

$$S_x = \nu_t^{(h)} \cdot \sum_{y=e}^{x-1} \left\{ R_{y-e} \cdot PAY_y \cdot \prod_{w=y}^{x-1} (1 + i_w) \right\}$$

例えば，キャッシュバランス制度は $R_{y-e} \equiv c$, $PAY_y = b_y$ とすれば，まったく同じ式になる．この場合，$c \cdot b_y$ が「繰延」額，$(1+i_w)$ に適用される市場金利などが「再評価」率となる．退職時の給与を基準給与とする最終給与比例制度の場合は，

$$R_{y-e} = \beta_{y-e+1} - \beta_{y-e}, \qquad PAY_y = b_y,$$
$$1 + i_w = \frac{b_{w+1}}{b_w}$$

とおけば，①で論じた式に帰着できる．さらに言えば，確定拠出年金の勘定残高も，i_w を実際の運用収益率とすれば，上式に包含される．

(3) リスク対応掛金とリスク分担型制度

リスク対応掛金は，2016 年 12 月に関連する政省令改正を経て，2017 年 1 月 1 日から確定給付制度に導入された制度である．内容としては将来の財政悪化に備えたリスクバッファーとして事前積立を可能とすることである．具体的には，将来発生するリスクを「財政悪化リスク相当額」として測定し，その範囲内で「リスク対応額」を規約に定め，新しい掛金である「リスク対応掛金」の拠出ができるようになった.「財政悪化リスク相当額」とは，将来において 20 年に 1 度程度発生する損失額のことであり，標準的な算定方法と特別算定方法の 2 種類の算定方法がある．標準的な算定方法では，資産区分ごとにあ

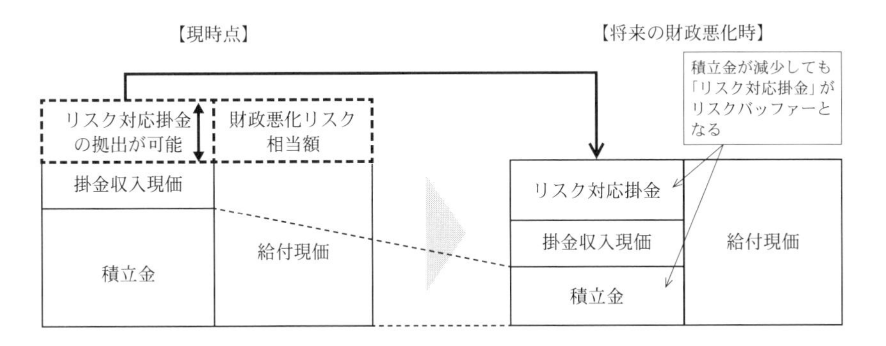

図 1.6　リスク対応掛金の仕組み

らかじめ厚生労働省によって定められたリスク係数を乗じて，財政悪化リスク相当額を算定する．標準的な算定方法による算出が困難な場合や標準的な算定方法に定めのないリスクを見込む場合には，厚生労働大臣に承認 (特別算定承認) を得ることを前提に，信頼できるデータや手法に基づき，各制度の実情に合った方法 (特別算定方法) で算定することができる．

リスク分担型制度は，このリスク対応掛金の仕組みを利用して，同時期に確定拠出型 (DC) と確定給付型 (DB) の両者の性質を併せ持つハイブリッド型制度として導入された．リスク分担型制度の特長は，企業負担の安定化ということであり，掛金率を一度決めると，原則として変更しなくてもよい．掛金率を変更させることもできるが，あらかじめ将来の各年度の掛金率を決めておく．この制度では確定給付型と同様に給付算定式が規約に定められ，財政均衡の状態にある限り，その給付が維持されるが，積立不足になると調整率が 1 を下回り，給付減額が行われる．逆に，積立剰余になると給付増額が行われる．従来の確定給付型年金から移行するときには，財政悪化リスク相当額の計算が異な

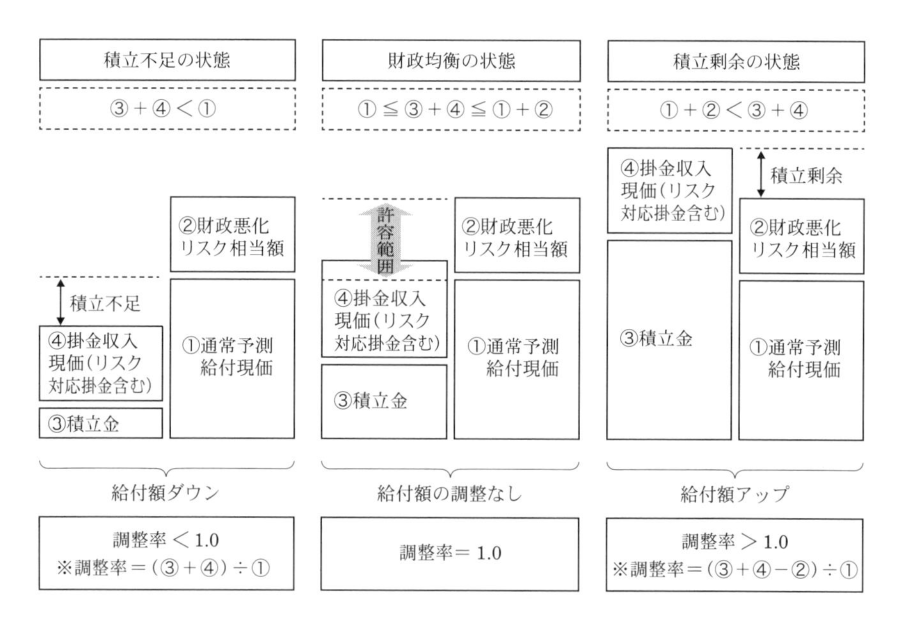

図 1.7　リスク分担型企業年金における給付調整の仕組み

る．将来発生するリスクを考慮しなければならないため，定常状態になる時点の積立金を予測し，それに対して財政悪化リスク相当額を推定する．それに加えて予定利率が１％下がるリスクも追加することになっており，より保守的なリスク対応掛金を設定することになる．その後の掛金率は原則として変更しなくてもよい．その点では DC に類似する性格を持つ．掛金は不変であるが，財政均衡状態からのかい離を表す調整率によって，給付の増減額が行われる．財政均衡状態にあるかどうかは，従来の給付現価に加えて「財政悪化リスク相当額」を年金貸借対照表の負債に計上し，積立金と掛金収入現価の合計額と比較して判定する．詳しくは前ページの図 1.7 を参照.

◉──確定拠出年金

確定拠出年金 (DC) とは，加入者ごとに拠出された掛金を加入者自らが運用し，その運用結果に基づいて給付額が決定される年金制度である．掛金額 (拠出額) が決められている (Defined Contribution) ことから，確定拠出年金 (DC) と呼ばれている.「掛金建て年金」とも言われることもある．確定拠出年金の特徴としては，次の点が挙げられている.

- 拠出された掛金を加入者自身が運用する.
- 運用の結果に応じて給付額が決定される.
- 年金資産が個人ごとに区分されていて，いつでも残高を確認できる.
- 確定拠出年金の各制度の間で年金資産の持ち運び (ポータビリティ) ができる.
- 掛金拠出時，運用時および給付時において税制優遇がある.

確定拠出年金には，企業型と個人型 (iDeCo) があり，企業型は企業単位で制度を実施し，企業が従業員 (加入員) ごとに口座を設けて掛金を振り込むが，運用は加入者が行う．また，企業掛金に加えて，加入者が拠出するマッチング拠出の仕組みも導入されている．個人型は運営機関に口座を設け，自身で掛金を振り込み，運用する．企業年金に分類されるのは企業型ということになる．一人当たりの拠出額には税制上の観点から上限が設けられているが，他の制度

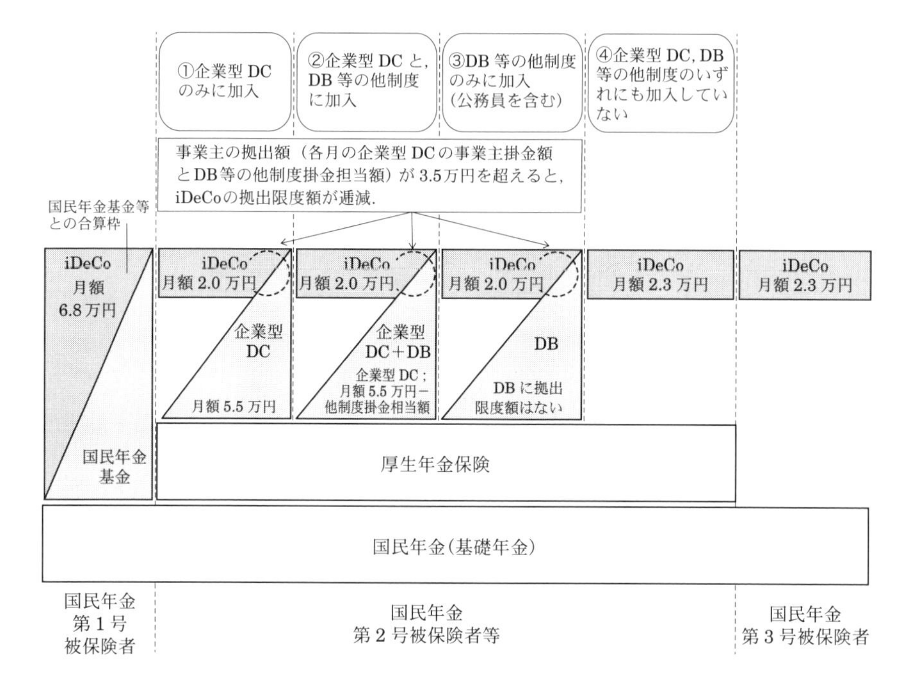

図 1.8 確定拠出金の加入制度ごとの掛金限度額 (2024 年 12 月以降)

への拠出額との調整が行われている．厚生年金の加入者かどうかで iDeCo の掛金の限度額に大きな差異が設けられ，その他の制度への加入でさらに減額される仕組みとなっている．限度額の緩和には経過措置があり，図 1.8 は，2024 年 12 月以降の姿となっている．

演習問題

1.1

基礎年金拠出金のあり方を調べ,「第 1 号被保険者については保険料を拠出しない者はカウントされないために，被用者年金が負担のしわ寄せを受けている」との批判に関する所見を述べよ．

1.2

公的年金の一元化には，制度上類似する被用者年金の一元化と，全国民に共通の制度を適用する例外のない一元化が考えられるが，理念，必要性，実現性などの観点から所見を述べよ．

1.3

2004 年改正では「被扶養配偶者を有する被保険者が負担した保険料について，当該被扶養配偶者が共同して負担したものであるという基本的認識」の下に離婚分割や 3 号分割が導入されたが，第 3 号被保険者制度を批判する論者は多い．第 3 号被保険者制度の論点を考察せよ．

1.4

厚生年金基金は公的年金を分割するものであり非効率である，との議論がある．一方で，厚生年金基金は厚生年金保険の積立を促進し，積立金を分権的に管理することによって一元的管理に伴う政治リスクを排除する機能があるとされる．これらの議論について，所見を述べよ．

1.5

厚生年金基金の設立時には，過去勤務期間を通算して基本部分を設計することがない．その理由を考察せよ．

第 II 部

年金数理の基礎

第2章

年金数理のための基礎知識

公的年金と企業年金の制度や仕組みについては，前章において簡単に説明した．本章では年金制度の運営を支える年金数理について解説する前に，その前提となる**生命保険数理**の中から必要事項を復習することにする．

2.1　年金制度と年金数理

2.1.1　年金数理の目的

年金数理は年金制度の運営に不可欠なものとされている．その理由は何であろうか．年金制度は，年金の支払を目的に設立され，そのために掛金を払い込み，蓄積された積立金の運用益とともにその支払財源を確保することを目的としている．その支払いを確実にするためには計画的に財源を準備することが必要であり，特に年金制度のスポンサーが企業の場合には，企業の倒産時にも加入者の年金受給権を確保することが要請される．企業年金は，国から税制優遇などの恩典を与えられることがあり，その見返りに公的年金を補完する年金給付を担うことが期待されているからである．したがって，年金受給権の保全という公益を果たすため適正な年金数理にもとづく積立金の確保を行うことにより，支払責任を実質的に担保するという役割が期待されているのである．

また，公的年金制度においても給付と負担は超長期にわたるため，ともすれば特に政府が財政難の時期には財政規律が失われがちである．将来の支払責任を果たすためには定期的な財政検証によるモニタリングが不可欠であるが，そ

BOX2：年金受給権とは何か？

確定給付年金においては年金受給権の定義が問題となる．欧米諸国の企業年金 (国によっては職域年金) では，年金給付を後払い賃金と考える発想が強い．その場合，会社で勤務した年数に応じて年金給付の権利が発生し，積みあがってゆくが，給付は引退後から始まるという考え方をとる．すると途中退職の場合には，勤務期間に対応する給付だけに権利があることになる．したがって，倒産やあるいは制度の廃止の場合にも少なくとも過去の勤務期間の給付は保護しなければならないという考え方になる．

ところが日本では，退職金の一部または全部を「年金化」することから企業年金が始まったため，退職金の考え方が年金に持ち込まれた．退職金は，**後払い賃金**という側面もないではないが，**功労報償**すなわち労に報いる恩恵的な給付という側面が強いとされる．そのため，懲戒解雇の場合には退職金が没収される場合が多く，裁判でも認められている．最近の判例でも年金の加入者だけでなく受給者の給付減額が認められる事例もあるが，このような事情を背景としている．面白いのは確定拠出年金の場合には懲戒解雇でも没収されないので，確定給付年金より権利性が強いともいえる．

の手段として適正な年金数理が役立っている．

2.1.2 年金数理の特徴

確定給付年金制度では年金制度規定により，あらかじめ約束された年金給付のための準備が行われる．確定給付企業年金制度では保険料を計算し，積み立てを行う．退職一時金については会社の資産から直接給付を支払うため，保険料の積み立ては行っていないが,「一時金の支払いを行うために準備すべき金額」を計算して会社の財務諸表で引当を行っている．年金給付の準備のためには，その年金制度について将来発生する給付の支払額を予測し，将来の給付に対して今支払うべき保険料・今準備すべき金額を計算する．準備すべき金額が大きく変動する場合や，準備すべき金額に実際の積立金が不足した場合には，その差額への対処を行う．年金数理とはこれら一連の流れを行うための数学である．したがって，年金数理の特徴としては以下のものがあげられる．

(1) 将来の予測を行う．
(2) その予測のために，多くの前提 (将来の退職時点の前提，給付額計算のための前提など) を用いる．
(3) 年金制度は企業によって異なるため，その前提は企業ごとに異なる．
(4) 年金制度を構成するのは加入者 (従業員) であるが，年金制度全体を年金数理のひとつの対象とし，従業員個人について給付の準備を行っているものではない．

これらの特徴からわかるように，年金数理は確定給付年金制度を対象とし，個人型年金を含む確定拠出年金制度は対象としていない．

2.2 計算基礎

年金数理では，生保数理で通常使われる計算基礎だけでなく，そのほかの数多くの計算基礎が利用されることも特徴の 1 つである．

◉――予定利率

予定利率とは時間の経過による価値の変化率を表す指標である．つまり，現価の計算における $v\,(=\dfrac{1}{(1+i)})$ の i を意味する．予定利率は，年金資産を市場で運用するものとした場合の収益率を基に設定されるが，その収益率に関しては主に以下の考え方で決められる．

- 年金資産を実際に運用したときに見込まれる期待収益率．
- 確実に得られるであろう収益率．

前者の方法によると，予定利率は年金制度が実際に運用する手段 (運用手法，運用商品) にもとづき，後者の方法によると予定利率は国債や市場金利にもとづいて決まることとなる．前者の方法にもとづいた予定利率は，年金制度の運営に応じて決まるため，年金制度の掛金 (実際の拠出額) を計算する場合に使われる．一方，後者の方法にもとづいた予定利率は，前者と比較してより客観的に決まるため，退職給付会計や第三者による企業評価を目的とした場合に使用される．

◉――退職率 (脱退率)

一般的に，日本の企業では多くの採用者は新卒採用により，定年年齢が定められている．定年年齢前においても，選択定年年齢，早期退職制度など年齢に応じて退職に関する制度が定められている場合が多い．したがって，退職率は年齢に応じて定められていることが多い．ただし，中途採用者が多くかつ従業員の退職者が多い会社を対象にした制度，あるいは会社の役員や議員を対象にした制度など，定年年齢の定めがない場合においては，加入期間 (任期) に応じて退職率を定めることがより合理的である．退職率は制度 (制度の対象となる加入者) ごとに定めるが，過去の退職実績 (一般的には 3 年) にもとづいて年齢別または勤続期間別の退職率を算定する．ただし，退職率はあくまで将来の退職見込みを予測するものであるため，過去の退職実績に異常値 (期間を区切った退職奨励による退職) がある場合などは，その実績を退職実績から除外するなどの調整を行う必要がある．例えば退職給付の額が退職事由 (自己都合退職・会社都合退職・早期定年扱い退職など) に応じて定められており，それぞれの退職事由による退職が明確に把握することができる場合には，退職事由ごとに退職率を定める場合がある．

◉――給与指数 (昇給率)

退職率と同様に昇給率は年齢ごとに定めることが一般的である．したがって実務上は，特定時点の従業員に対して，年齢ごとの給与分布を求めてその分布から補整を行って年齢ごとのモデル給与を求め，そのモデルに従って昇給するものとする．この方法にもとづいて算定された昇給率は，一時点の年齢による給与の格差を表している．例えば物価上昇や会社の業績を反映して，初任給が年度ごとに異なるなど同じ年齢であっても年度に応じて給与が変化することもある (この変化をベース・アップという)．一時点の給与格差を表した昇給率を**静態的昇給率**，時間の経過によるベース・アップを織り込んだ昇給率を**動態的昇給率**という．

◉——死亡率

死亡率は，加入者の脱退事由の 1 つとして用いられるほか，脱退した加入者が年金受給者となった場合の死亡率として用いられる．個別の企業または集団では死亡率を算定できるだけの死亡者データが得られることは困難である．したがって一般的には，全国民を対象にした国勢調査にもとづく国民生命表の死亡率や厚生年金被保険者を対象として厚生労働省が定める死亡率を用いている．ただし，将来の死亡率低下や会社特有の死亡危険性を反映して，上記死亡率の調整を行うこともある．

◉——一時金の選択率

退職者が年金受給権を得た場合，年金を受け取るか，年金の代わりに年金の一時払いを受けるかの選択を行う場合がある．一時払いの額は**支給期間** (終身年金の場合は**保証期間**) の年金現価額相当額であることが多く，年金現価を計算する場合の予定利率 (**年金化利率**や**給付利率**と呼ばれることが多い) は，制度ごとにあらかじめ定められていることが多いため，給付利率が高い (年金現価率が小さい) ほど，また**終身年金**においては保証期間が短いほど年金を選択する割合が大きい傾向にある．

そのほかに，後述する開放型の財政方式をとる場合には，将来加入員の見込みである新規加入員率 (年齢，人数，給与など) の計算基礎が必要である [1]．また，公的年金制度ではより多くの計算基礎が使われる．経済的基礎としては，金利のほか，賃金上昇率，物価上昇率，期待長期収益率があり，人口的基

---

[1] これについては 3.5 節で説明する．

礎も障害年金や遺族年金があるため障害発生率や有配偶者率や配偶者死亡率，配偶者との年齢差などが計算基礎となっている．

2.3 年金数理のための準備

すでに生保数理で学んだ知識が年金数理においても利用される．生保数理を学んだ読者には繰り返しとなるが，復習の意味で一読し，練習問題で知識を再確認して欲しい．

2.3.1 生命表

死亡率が年齢 x $(x = 0, 1, 2, \cdots)$ に応じて q_x で与えられていたとする．時刻 0 時点で l_0 人が生まれたとき，この集団の x 年後 (x 歳) の人数を l_x，x 歳の死亡者数を d_x としたとき，以下の関係式が成立する：

$$d_x = l_x q_x,$$

$$l_{x+1} = l_x - d_x = l_x(1 - q_x).$$

この x, l_x, d_x の関係を表にしたものを生命表という (表 2.1)．なお，$l_x = d_x$ となるような年齢 ω を**最終年齢**という．

ここで，

表 2.1 生命表

x	l_x	d_x
0	100000	50
1	99950	60
$\vdots$	$\vdots$	$\vdots$
ω	0	0

$$p_x = 1 - q_x = \frac{l_{x+1}}{l_x}$$

を x 歳の生存率という．また，${}_tp_x$ を x 歳の t 年生存率，${}_{t|}q_x$ を t 年経過後の 1 年据置き死亡率といい，それぞれ

$$\begin{aligned} {}_tp_x &= \frac{l_{x+t}}{l_x} \qquad ({}_0p_x = 1,\ {}_1p_x = p_x), \\ {}_{t|}q_x &= {}_tp_x q_{x+t} = \frac{d_{x+t}}{l_x} \qquad ({}_{0|}q_x = q_x) \end{aligned}$$

となる．死亡が 1 年を通じて連続的に発生する場合，時点 $y\,(y \geqq 0)$ の生存者数 l_y に対して，μ_y を以下のように定義して，死力と呼ぶ．

$$\mu_y = -\frac{1}{l_y}\frac{dl_y}{dy}$$

μ_y を用いて，l_x, d_x は次のように表される：

$$l_x = l_0 \exp\left\{-\int_0^x \mu_y\,dy\right\}, \qquad d_x = \int_0^1 l_{x+t}\cdot\mu_{x+t}\,dt.$$

現在 y 歳の人 [2)] が，これから死亡するまでの平均年数を以下のように定義して，$\mathring{e}_y$ を y 歳の平均余命という．

$$\mathring{e}_y = \frac{1}{l_y}\int_0^{\omega-y} t\cdot l_{x+t}\cdot\mu_{x+t}\,dt$$

ここで，右辺に

$$l_{x+t}\cdot\mu_{x+t} = -\frac{dl_{x+t}}{dt}$$

を代入して部分積分を行うと，

$$\mathring{e}_y = \frac{1}{l_y}\int_0^{\omega-y} l_{x+t}\,dt$$

となる．

---

2) 以降，断ることなく (y) と表記する．

2.3.2 脱退残存表

企業年金制度は，加入者が一定の要件を満たして制度から脱退した場合に，年金または一時金を給付するものである．ある会社の社員であることが企業年金制度の加入者としての要件である場合，制度の脱退に関して，会社を生存退職することによる脱退 (生存脱退)，在職中の死亡による脱退 (死亡脱退) が考えられる．また，多くの会社ではある年齢 (定年年齢) で全員が退職する制度 (定年制度) が定められており，定年退職によっても制度から脱退することとなる．生命表と同様に，制度の加入年齢 (入社年齢) を x_e 歳，x 歳の制度の**残存者数** $l_x^{(T)}$，**生存脱退者数** $d_x^{(w)}$，**死亡脱退者数** $d_x^{(d)}$ を表にしたものを脱退残存表という．

表 2.2　脱退残存表 (注：x_r 歳に到達したものはすべて定年退職すると仮定した．)

x	$l_x^{(T)}$	$d_x^{(w)}$	$d_x^{(d)}$
x_e	100000	1000	50
x_e+1	98950	1200	60
⋮	⋮	⋮	⋮
x_r-1	1000	40	3
x_r	957	957	

ここで，$q_x^{(w)}$ および $q_x^{(d)}$ を x 歳における生存脱退率および死亡脱退率とすると，それぞれ次式のようになる：

$$q_x^{(w)} = \frac{d_x^{(w)}}{l_x^{(T)}}, \qquad q_x^{(d)} = \frac{d_x^{(d)}}{l_x^{(T)}}.$$

死亡脱退と生存脱退が連続的に発生するものとする．$\mu_y^{(T)}$ を以下のように定義して，**総脱退力**と呼ぶ：

$$\mu_y^{(T)} = -\frac{1}{l_y^{(T)}}\frac{dl_y^{(T)}}{dy}.$$

生命表と同様に，現在 y 歳の人が制度から脱退するまでの平均年数を以下のように定義して，$\mathring{e}_y$ を**平均残存勤務年数**と呼ぶ：

$$\mathring{e}_y = \frac{1}{l_y^{(T)}} \left\{ \int_0^{x_r - y} t \cdot l_{x+t}^{(T)} \cdot \mu_{x+t}^{(T)} dt + l_{x_r} \cdot (x_r - y) \right\}.$$

この式についても部分積分を行うことで，

$$\mathring{e}_y = \frac{1}{l_y^{(T)}} \int_0^{x_r - y} l_{x+t}^{(T)} dt$$

となる．この式の積分の項は y 歳以上の加入者総数であるから，

「y 歳の加入者数」×「y 歳の平均残存年数」

＝「y 歳以上の加入者総数」

が得られる．実務上は，これを用いて，

「新規加入者数」

＝「加入者総数」÷「加入年齢における平均残存年数」

と近似することが多い．この人数が毎年加入すれば，人口は増えも減りもしない状態になり，これを定常人口と呼ぶ．

2.3.3 死亡率と死亡脱退率の関係

脱退残存表における死亡脱退者は年金制度を死亡脱退する人数であり，生存脱退した後に死亡する人数を含んでいない．したがって，脱退残存表から得られる死亡脱退率 $q_x^{(d)}$ は生命表から得られる死亡率 q_x とは異なり，$q_x^{(d)} \leqq q_x$ の関係がある．後述のとおり，企業年金制度で用いる脱退率は企業の実績にもとづくため，脱退残存表上の生存脱退率となる．死亡脱退率については会社の実勢にもとづいた死亡率を得られることが困難なため，生命表の死亡率から死亡脱退率を求める必要がある．死亡脱退率と死亡率の差は生存脱退後の死亡確率となるので，この差額を求めることで死亡脱退率を計算する．q_x は「生存脱退が発生しない場合の死亡率」であるので，同様に「死亡脱退が発生しない

場合の生存脱退率」を考え w_x とする．生存脱退または死亡脱退が年間を通じて一様に発生すると仮定すると，期始から時間 $t\,(0 \leqq t \leqq 1)$ 経過後の微小期間の生存脱退者数

$$l_x^{(T)} \cdot w_x \cdot dt$$

のうち，期末までの死亡者数は

$$l_x^{(T)} \cdot w_x \cdot (1-t)q_x\,dt$$

となる．したがって，年間を通じて生存脱退の後に死亡する者の人数 $d_x^{(wd)}$ は

$$d_x^{(wd)} = \int_0^1 l_x^{(T)} \cdot w_x \cdot (1-t)q_x\,dt = \frac{l_x^{(T)} \cdot w_x \cdot q_x}{2},$$

これを用いて，

$$q_x = \frac{d_x^{(d)} + d_x^{(wd)}}{l_x^{(T)}} = q_x^{(d)} + \frac{1}{2} \cdot w_x \cdot q_x$$

となる．同様に生存脱退率についても，

$$w_x = q_x^{(w)} + \frac{1}{2} \cdot w_x \cdot q_x$$

の関係が得られる．この式から w_x を消去して $q_x^{(d)}$ を求める．

$$q_x^{(d)} = q_x \cdot \left(1 - \frac{w_x}{2}\right) = q_x \cdot \left(1 - \frac{1}{2}\frac{q_x^{(w)}}{1 - \frac{q_x}{2}}\right)$$

2.3.4 給与指数 (昇給率)

計算時点の加入者の給与分布から，大卒，高卒などの入社時年齢コーホートにもとづく実績の年齢別平均給与によってモデル給与 B_x を推定する．モデル給与の推定には回帰分析などの手法を用いる．給与指数とは $b_x = \dfrac{B_x}{B_{x_0}}$($x_0$ は基準年齢) の給与を 1 として指数化したものであり，昇給率は $r_x = \dfrac{B_{x+1}}{B_x}$ と

年齢による給与の伸び率で表したものである．図 2.1 は，厚生年金被保険者の標準報酬 (ボーナス込み) にもとづき作成された実績ベースの給与指数であり，平成 21 年財政検証計算に用いられた．企業年金の場合には，バラツキが大きいため回帰分析などにより補整する場合が多い．

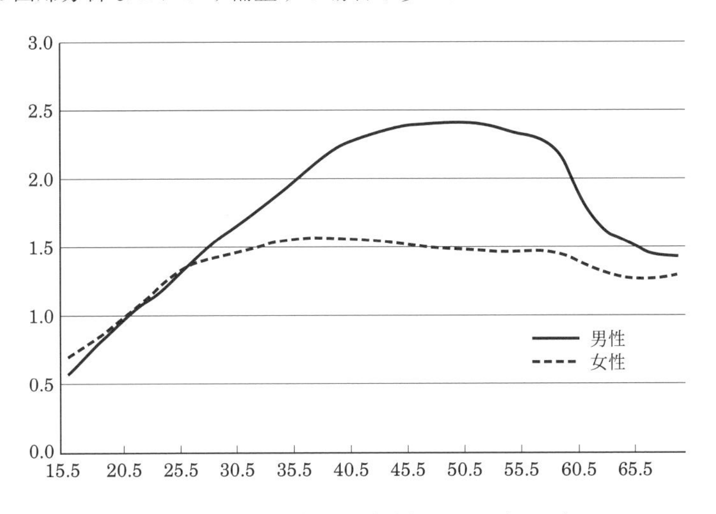

図 **2.1**　標準報酬指数 (20.5 歳時報酬を 1.0 としたもの)

2.3.5　年金現価

◉――金利と時間の経過による価値の変動

年金数理において，貨幣の価値は時間とともに常に変動することを前提としている．年金制度の将来を予測するとき，1 年間の価値の変動率を予定利率と呼び，i で表す．つまり現在の価値が A，1 年経過したときにその価値が B になったとすると，

$$B = (1 + i)A$$

となる．これは，1 年後の価値が B のとき，その現在価値 A は，

$$A = \frac{B}{1 + i}$$

であると言い換えることができる．v を

$$v = \frac{1}{1+i}$$

として，**現価率**と呼ぶと，

$$A = v \cdot B$$

となる．ここで，B を「A の**終価**」，A を「B の**現価**」といい，A と B は等価であるという．A の 1 年経過後の終価を B，B の 1 年経過後の終価を C とすると，それぞれ，

$$B = (1+i)A, \qquad C = (1+i)B$$

であるため，

$$C = A \cdot (1+i)^2$$

となる．これを繰り返して，A の n 年経過後の終価 Z は次のようになる：

$$Z = A \cdot (1+i)^n.$$

時間による価値の変動を考えることで，異なる複数の時点の金額を，ある一時点で評価することができる．そして，ある一時点で評価した金額が同じときを等価という．現在時点の金額 A，m 年経過後の金額 B，n 年経過後の金額 C ($m < n$ とする) について，以下のそれぞれの場合に次の関係式が成り立つ．

- A, B, C が等価である：

  $$A = B \cdot v^m = C \cdot v^n,$$

  または，

  $$A \cdot (1+i)^m = B = C \cdot v^{n-m},$$

  $$A \cdot (1+i)^{m+n} = B \cdot (1+i)^{n-m} = C.$$

- B と C の合計が A と等価である：

$$A = B \cdot v^m + C \cdot v^n.$$

- 年金として A, B, C をもらう場合，この年金 (3 回分) と現在時点の D が等価である：

$$D = A + B \cdot v^m + C \cdot v^n.$$

ここで，D を A, B, C の現価 (現在価値) といい，年金の場合は特に年金現価という．

◉——転化回数

利率 j に対して，半年ごとに $\dfrac{j}{2}$ だけ価値が変動するものとすると，現在 1 の金額は 1 年後には $\left(1+\dfrac{j}{2}\right)^2$ となる．1 年間の価値の変動率を i とすると，i と j との関係は次のようになる：

$$1 + i = \left(1 + \frac{j}{2}\right)^2.$$

同様に，$\dfrac{1}{m}$ 年ごとに $\dfrac{j^{(m)}}{m}$ ずつ価値が変動する場合，1 年間の変動率を i とすると

$$1 + i = \left(1 + \frac{j}{m}\right)^m$$

となる．ここで，m を転化回数，$j^{(m)}$ を転化回数 m 回の**名称利率**といい，i を**実利率**ともいう．

◉——利力

転化回数について $m \to \infty$ とした場合，つまり 1 年あたり j の割合で連続的に価値が変動することを考えると，1 年間の実利率を i として

$$1 + i = \lim_{m \to \infty} \left(1 + \frac{j}{m}\right)^m = e^j$$

となる．このとき，j を実利率 i の**利力**といい δ で表す．δ は次のとおりである：

$$\delta = \log(1+i).$$

δ は，金額が連続的に変動する場合の，ある一時点 (微小期間) における金額の変動割合を表している．したがって，現在価値 F_0，t 年経過後の価値が F_t であるとき，利力は $\frac{1}{F_t} \cdot \frac{dF_t}{dt}$ となる．利力が t の関数 δ_t で表される場合，

$$\delta_t = \frac{1}{F_t} \cdot \frac{dF_t}{dt}$$

であり，これより F_t は

$$F_t = F_0 \cdot \exp\left\{\int_0^t \delta_s \, ds\right\}$$

となる．逆に t 年後の F_t の現価 F_0 は

$$F_0 = F_t \cdot \exp\left\{-\int_0^t \delta_s ds\right\}$$

である．

◉——年金現価

年金の給付は，支給開始の時期から将来にわたって複数回発生する．この，複数回の年金を現在時点で評価したものを年金現価という．年金現価を a とすると，以下の式で与えられる：

$$a = \sum_t v^t \cdot K_t \cdot {}_{t|}p.$$

ここで t は年金の発生時点，${}_{t|}p$ は時点 t における年金の発生確率，K_t は時点 t の年金額，v は現価率である．${}_{t|}p$ については，例えば年金の支給が，支払い時期に生存していることを条件としている場合には，時点 t まで生存する確率となる．

◉——確定年金現価率

年金の支給に特別な条件がないもの (つまり ${}_{t|}p = 1$) を確定年金という．年金額 1 の確定年金が n 年間支払われる年金の年金現価を計算する．年金は 1 年間の初め (期始) に支給され，第 1 回目の支給は直ちに行われるものとすると，この年金の年金現価は

$$a = \sum_{t=0}^{n-1} v^t = \frac{1 - v^n}{1 - v}$$

となる．これを，年 1 回**期始払い**の n 年確定年金現価率といい，$\ddot{a}_{\overline{n|}}$ で表す．

$$\ddot{a}_{\overline{n|}} = \frac{1 - v^n}{1 - v}$$

この年金が 1 年間の終わり (期末) に支給されるとき，第 1 回の年金はちょうど 1 年後に支払われるため，年金現価は

$$a = \sum_{t=1}^{n} v^t = v\frac{1 - v^n}{1 - v}$$

となる．これを，年 1 回**期末払い**の n 年確定年金現価率といい，$a_{\overline{n|}}$ で表す．

なお，これらの年金について n 年後の終価を，年 1 回期始払い (期末払い) の n 年確定年金終価率といい，$\ddot{s}_{\overline{n|}}\,(s_{\overline{n|}})$ で表す．

$$\ddot{s}_{\overline{n|}} = \sum_{t=0}^{n-1}(1+i)^{n-t} = \frac{(1+i)\{(1+i)^n - 1\}}{i},$$

$$s_{\overline{n|}} = \sum_{t=1}^{n}(1+i)^{n-t} = \frac{(1+i)^n - 1}{i}$$

◉——据置年金現価 (確定年金)

n 年確定年金が m 年後から支給される場合，m を**据置期間** (または待期期間) という．この年金の年 1 回期始払い (期末払い) n 年確定据置年金現価率を ${}_{m|}\ddot{a}_{\overline{n|}}\,({}_{m|}a_{\overline{n|}})$ と表し，

$${}_{m|}\ddot{a}_{\overline{n|}} = v^m \ddot{a}_{\overline{n|}}, \qquad {}_{m|}a_{\overline{n|}} = v^m a_{\overline{n|}}$$

となる．

◉——分割払いの確定年金現価

年額 1 の年金を m 回に分け，1 回当たり $\dfrac{1}{m}$ を $\dfrac{1}{m}$ 年ごとに支給する年金を分割払いの年金という．年 m 回分割の期始払い (期末払い) n 年確定年金現価率を $\ddot{a}_{\overline{n}|}^{(m)}$ $\left(a_{\overline{n}|}^{(m)}\right)$ とすると，予定利率 i に対する転化回数 m の名称利率 $j^{(m)}$ を使用して，

$$\ddot{a}_{\overline{n}|}^{(m)} = \sum_{t=0}^{nm-1} \frac{1}{m} \left(\frac{1}{1+\dfrac{j^{(m)}}{m}} \right)^{\frac{t}{m}} = \frac{1}{m} \frac{1-v^n}{1-v^{\frac{1}{m}}},$$

$$a_{\overline{n}|}^{(m)} = \sum_{t=1}^{nm} \frac{1}{m} \left(\frac{1}{1+\dfrac{j^{(m)}}{m}} \right)^{\frac{t}{m}} = \frac{1}{m} \frac{v^{\frac{1}{m}} \cdot (1-v^n)}{1-v^{\frac{1}{m}}}$$

となる．

◉——連続払いの年金現価

時点 t における年金額 (年額換算) が K_t で与えられるとき，時点の微小期間 $[t, t+\Delta t]$ に支払われた年金 $K_t dt$ の現価は $K_t \cdot dt \cdot e^{-\delta t}$ であるので，${}_{t|}p$ を年金の発生確率とすると，連続払いの年金現価を表す算式は

$$a = \int_0^n {}_{t|}p \cdot K_t \cdot e^{-\delta t}\, dt$$

となる．これを用いると連続払い n 年確定年金現価率 $\bar{a}_{\overline{n}|}$ は

$$\bar{a}_{\overline{n}|} = \int_0^n e^{-\delta t} dt = \frac{1-e^{-\delta n}}{\delta}$$

となり，この式は分割払いの確定年金現価率で $m \to \infty$ とした結果と一致する．

◉——変動年金現価 (確定年金)

1 回目の年金額が 1 で，以後毎年 1 ずつ年金額が増加する確定年金を**逓増年金**という．年 1 回期始払い (期末払い) の逓増年金現価を $I\ddot{a}_{\overline{n}|}$ $(Ia_{\overline{n}|})$ とす

ると,

$$I\ddot{a}_{\overline{n|}} = \sum_{t=0}^{n-1}(1+t)v^t, \qquad Ia_{\overline{n|}} = \sum_{t=1}^{n} tv^t,$$

また, 1 回目の年金額が n で, 以後毎年 1 ずつ年金額が減少し, n 年目の年金額が 1 で終了する確定年金を**逓減年金**という. 年 1 回期始払い (期末払い) の逓減年金現価を $D\ddot{a}_{\overline{n|}}$ $(Da_{\overline{n|}})$ とすると,

$$D\ddot{a}_{\overline{n|}} = \sum_{t=0}^{n-1}(n-t)\cdot v^t, \qquad Da_{\overline{n|}} = \sum_{t=1}^{n}(n-t+1)v^t$$

となる.

●——生命年金現価

受給者の生存を条件として年金の支給を行うものを生命年金と呼ぶ. 生存を条件として毎年 1 の年金を年 1 回期始に n 年間支払うものとする. 現在 x 歳の受給者のこの年金現価を計算すると,

$$a = \sum_{t=0}^{n-1} {}_tp_x \cdot v^t = \sum_{t=0}^{n-1} \frac{l_{x+t}}{l_x} v^t$$

となる, ここで計算基数として,

$$D_x = v^x l_x, \qquad N_x = \sum_{y=x}^{\omega} D_y$$

とおくと,

$$a = \sum_{t=0}^{n-1} \frac{D_{x+t}}{D_x} = \frac{N_x - N_{x+n}}{D_x}$$

となる. この年金現価を, 年 1 回期始払いの n 年**有期生命年金現価率**と呼び, $\ddot{a}_{x:\overline{n|}}$ で表す.

$$\ddot{a}_{x:\overline{n|}} = \frac{N_x - N_{x+n}}{D_x}$$

年金の支給時期を期末払いとした場合の年金現価率を $a_{x:\overline{n|}}$ とすると,

$$a_{x:\overline{n}|} = \sum_{t=1}^{n} {}_tp_x v^t = \sum_{t=1}^{n} \frac{l_{x+t}}{l_x} v^t = \sum_{t=1}^{n} \frac{D_{x+t}}{D_x} = \frac{N_{x+1} - N_{x+n+1}}{D_x}$$

となる．一方，支給期間を定めず死亡するまで年金を支給する年金を終身年金と呼び，年 1 回期始払い (期末払い) の**終身年金現価率**を $\ddot{a}_x$ (a_x) とすると

$$\ddot{a}_x = \frac{N_x}{D_x}, \qquad a_x = \frac{N_{x+1}}{D_x}$$

となる．

●――据置年金現価 (生命年金)

据置期間 m 年の年 1 回期始払い (期末払い) n 年有期生命年金現価率を ${}_{m|}\ddot{a}_{x:\overline{n}|}$ $({}_{m|}a_{x:\overline{n}|})$ とすると，

$$\begin{aligned} {}_{m|}\ddot{a}_{x:\overline{n}|} &= \sum_{t=0}^{n-1} {}_{m+t}p_x v^t = \sum_{t=0}^{n-1} \frac{l_{x+m+t}}{l_x} v^t \\ &= \sum_{t=0}^{n-1} \frac{D_{x+m+t}}{D_x} = \frac{N_{x+m} - N_{x+m+n}}{D_x}, \\ {}_{m|}a_{x:\overline{n}|} &= \sum_{t=1}^{n} {}_{m+t}p_x v^t = \frac{N_{x+m+1} - N_{x+m+n+1}}{D_x} \end{aligned}$$

となる．

●――分割払いの生命年金現価

x 歳の受給者の年 m 回分割の期始払い n 年有期生命年金現価率を $\ddot{a}^{(m)}_{x:\overline{n}|}$ とする．y 歳 $(x \leqq y < x+n)$ に支払われる m 回の年金の，y 歳の期始時点の年金現価を $\ddot{a}^{(m)}_{y:\overline{1}|}$ とすると，

$$\ddot{a}^{(m)}_{y:\overline{1}|} = \sum_{k=0}^{m-1} {}_{\frac{k}{m}}p_y v^{\frac{k}{m}} = \frac{1}{m} \sum_{k=0}^{m-1} \frac{D_{y+\frac{k}{m}}}{D_y}$$

となる．ここで，$D_{y+\frac{k}{m}} = l_{y+\frac{k}{m}} v^{\frac{k}{m}}$ について，D_y と D_{y+1} を用いて，一次補間で近似を行い，

$$D_{y+\frac{k}{m}} = D_y - \frac{k}{m}(D_y - D_{y+1})$$

として，$\ddot{a}^{(m)}_{y:\overline{1}|}$ に代入する：

$$
\begin{aligned}
\ddot{a}^{(m)}_{y:\overline{1}|} &= \frac{1}{m \cdot D_y} \sum_{k=0}^{m-1} D_y - \frac{k}{m}(D_y - D_{y+1}) \\
&= \frac{1}{m \cdot D_y} \left\{ m \cdot D_y - \frac{m-1}{2}(D_y - D_{y+1}) \right\} \\
&= \frac{1}{D_y} \cdot \left\{ D_y - \frac{m-1}{2m}(D_y - D_{y+1}) \right\}.
\end{aligned}
$$

$\ddot{a}^{(m)}_{x:\overline{n}|}$ は，$x+t$ 歳 $(0 \leqq t < n)$ の期始に，年額 $\ddot{a}^{(m)}_{x+t:\overline{1}|}$ の年金を支払う n 年有期年金と考えることができる．したがって，

$$
\begin{aligned}
\ddot{a}^{(m)}_{x:\overline{n}|} &= \sum_{t=0}^{n} {}_tp_x \ddot{a}^{(m)}_{x+t:\overline{1}|} v^t \\
&= \sum_{t=0}^{n-1} \frac{1}{D_x} \left\{ D_{x+t} - \frac{m-1}{2m}(D_{x+t} - D_{x+t+1}) \right\} \\
&= \ddot{a}_{x:\overline{n}|} - \frac{m-1}{2m}\left(1 - \frac{D_{x+n}}{D_x}\right)
\end{aligned}
$$

となる．分割払いの終身年金 $\ddot{a}^{(m)}_x$ は $n \to \infty$ として，

$$
\ddot{a}^{(m)}_x \fallingdotseq \ddot{a}_x - \frac{m-1}{2m}
$$

となる．期末払いの場合も同様にして次のようになる：

$$
\begin{aligned}
a^{(m)}_{x:\overline{n}|} &= \ddot{a}_{x:\overline{n}|} - \frac{m+1}{2m}\left(1 - \frac{D_{x+n}}{D_x}\right), \\
a^{(m)}_x &= \ddot{a}_x - \frac{m+1}{2m}.
\end{aligned}
$$

連続払いの n 年有期生命年金 $\bar{a}_{x:\overline{n}|}$ は $m \to \infty$ として

$$
\bar{a}_{x:\overline{n}|} \fallingdotseq \ddot{a}_{x:\overline{n}|} - \frac{1}{2}
$$

となる．

期末払いの分割生命年金は，分割した期間の期末の生存を条件として年金が支給される．ところが，期中に死亡した場合，前期末からの経過期間分に相当する年金を死亡時に支給するような追加給付を支払う制度もある．例えば，期

末払いの年 6 回分割払いの生命年金であれば，4 月 30 日に年金の支給を受けた後で次の支給日 (6 月 30 日) までに死亡した場合，5 月の死亡に対しては 1 か月分，6 月の死亡に対しては 2 か月分の年金が追加で支給される．このような制度は，生存期間中のすべての月について年金の給付を行うが，実際の支払いは 2 か月ごとにまとめて後払いするという考えにもとづいている．死亡した場合は死亡した月までの未払いの年金を追加で払うのである．この年金の年金現価率を ${}^{(12)}a^{(6)}_{x:\overline{n|}}$ とおくと，(左肩の 12 は，毎月年金があるという意味である)${}^{(12)}a^{(6)}_{x:\overline{n|}}$ と $a^{(6)}_{x:\overline{n|}}$ との差額は，死亡時の給付相当分である．死亡した場合は必ず $\dfrac{1}{12}$ または $\dfrac{2}{12}$ の未払い年金が発生するため，$\dfrac{1}{8}$ ($\dfrac{1}{12}$ と $\dfrac{2}{12}$ が同確率で発生すると考えた場合の平均) の死亡一時金があると考えることができる．したがって，死亡が期央に発生するものとして，この給付の現価は

$$\sum_{y=x}^{x+n-1} {}_{y-x|}q_x \frac{1}{8} v^{y-x+\frac{1}{2}}$$

と表される．${}_{y-x|}q_x = \dfrac{d_y}{l_x}$ であり，さらに

$$\bar{C}_x = d_x v^{x+\frac{1}{2}}, \qquad \bar{M}_x = \sum_{y=x}^{\omega} \bar{C}_x$$

とおくと (上記は即時払いの死亡計算基数である)，

$$\sum_{y=x}^{x+n-1} {}_{y-x|}q_x \frac{1}{8} v^{y-x+\frac{1}{2}} = \frac{1}{8} \sum_{y=x}^{x+n-1} \frac{\bar{C}_y}{D_x} = \frac{1}{8} \frac{\bar{M}_x - \bar{M}_{x+n}}{D_x}$$

となるため，

$$\begin{aligned} {}^{(12)}a^{(6)}_{x:\overline{n|}} &= a^{(6)}_{x:\overline{n|}} + \frac{1}{8} \frac{\bar{M}_x - \bar{M}_{x+n}}{D_x} \\ &= a_{x:\overline{n|}} - \frac{7}{12} \left(1 - \frac{D_{x+n}}{D_x}\right) + \frac{1}{8} \frac{\bar{M}_x - \bar{M}_{x+n}}{D_x} \end{aligned}$$

となる．

●――変動年金現価 (生命年金)

1 回目の年金額が 1 で，以後毎年 1 ずつ年金額が増加する年 1 回期始払い

の n 年有期生命年金現価を $I\ddot{a}_{x:\overline{n}|}$ とすると,

$$I\ddot{a}_{x:\overline{n}|} = \sum_{t=1}^{n} {}_{t-1}p_x t v^{t-1} = \frac{D_x + 2D_{x+1} + \cdots + nD_{x+n-1}}{D_x}$$
$$= \frac{(N_x + N_{x+1} + \cdots + N_{x+n-1}) - nN_{x+n}}{D_x},$$

ここで, $S_x = \sum_{y=x}^{\omega} N_y$ とおくと,

$$I\ddot{a}_{x:\overline{n}|} = \frac{S_x - S_{x+n} - nN_{x+n}}{D_x}$$

となる.

また, 1 回目の年金額が n で, 以後毎年 1 ずつ年金額が減少し, n 年目の年金額が 1 で終了する年 1 回期始払い生命年金現価を $D\ddot{a}_{x:\overline{n}|}$ とすると,

$$D\ddot{a}_{x:\overline{n}|} = \frac{nN_x - S_{x+1} + S_{x+n+1}}{D_x}$$

となる.

●——保証期間付生命 (終身) 年金

生命 (終身) 年金であるが, 支給開始から n 年間は年金を保証するような年金を, n 年保証付生命 (終身) 年金という. ここで, n を**保証期間**という. 年金を保証するとは, 支給開始後 n 年間は生死に拘わらず年金を支給することのほか, 保証期間中に死亡したときに残存保証期間 (保証期間から支給済期間を控除した期間) の年金現価相当額を一時金として遺族に支払うことも含める. x 歳支給開始の期始払い終身年金で, 保証期間を n 年とし, 保証期間中に死亡した場合, 残存保証期間は遺族に年金を継続する年金を考える (年金 **1**). 年金の x 歳における年金現価を計算すると, この年金は即時支給開始の n 年確定年金に n 年据置の終身年金が加わった年金といえる. したがって, 年金額を 1 とした年金現価 $\ddot{a}_x^{\mathbf{1}}$ は次のようになる:

$$\ddot{a}_x^{\mathbf{1}} = \ddot{a}_{\overline{n}|} + \frac{N_{x+n}}{D_x}.$$

年金 **1** において，保証期間中の死亡に対して年金を継続するのではなく，死亡年度の年度末に残存保証期間の年金現価相当額を一時金で支払うものとする (年金 **2**). 年金現価相当額とは残存保証期間の利率 j による期始払い確定年金現価とする．年金 **2** の x 歳における年金現価は，生存期間の終身年金現価に，保証期間中に死亡した場合の一時金 (年金現価) を加えたものである．したがって，年金現価 $\ddot{a}_x^{\mathbf{2}}$ は，$\ddot{a}_{\overline{k|}}^{(j)}$ を利率 j による期始払い k 年確定年金現価として，次のようになる：

$$\ddot{a}_x^{\mathbf{2}} = \sum_{y=x}^{x+n-1} {}_{y-x|}q_x \ddot{a}_{\overline{(x+n)-y-1|}}^{(j)} v^{y-x+1} + \frac{N_x}{D_x}.$$

ここで ${}_{y-x|}q_x = \dfrac{d_y}{l_x}$. また，$C_x = d_x v^{x+1}$ とおくと，

$$\ddot{a}_x^{\mathbf{2}} = \sum_{y=x}^{x+n-1} \frac{C_y}{D_x} \ddot{a}_{\overline{(x+n)-y-1|}}^{(j)} v^{y-x+1} + \frac{N_x}{D_x}$$

となる．年金の保証については，据置期間のある終身年金で据置期間中に死亡する場合の取り扱いも含まれる．

年金 **2** について，据置期間中に死亡した場合，死亡した年度の年度末から遺族に n 年間の確定年金を支払うものとする．年金額は x 歳から支給される額と同じ 1 とした場合 (年金 **3**)，この年金の y 歳 $(y < x)$ における年金現価 $\ddot{a}_x^{\mathbf{3}}$ は次のようになる：

$$\begin{aligned}\ddot{a}_x^{\mathbf{3}} &= \sum_{z=y}^{x-1} {}_{z-y|}q_y \ddot{a}_{\overline{n|}} v^{z-y+1} + \frac{D_x}{D_y} \ddot{a}_x^{\mathbf{1}} \\ &= \sum_{z=y}^{x-1} \frac{C_z}{D_y} \ddot{a}_{\overline{n|}} + \frac{D_x}{D_y} \left(\ddot{a}_{\overline{n|}} + \frac{N_{x+n}}{D_x} \right).\end{aligned}$$

ここで，$M_x = \sum_{y=x}^{\omega} C_y$ とおくと，

$$\ddot{a}_x^{\mathbf{3}} = \frac{(M_y - M_x + D_x)\ddot{a}_{\overline{n|}} + N_{x+n}}{D_y}$$

となる．

据置期間中の死亡によって遺族に年金を支払う場合，遺族年金の支給開始時期と当初の年金開始時期とのズレによる時間価値を年金額に反映させることもある．例えば年金 **3** において，死亡した場合の年金額を，利率 j および残存待期期間 t を用いて $(1+j)^{-t}$ 倍とする (年金 **4**)．この年金の y 歳 $(y<x)$ における年金現価 $\ddot{a}_x^{\mathbf{4}}$ は次のようになる：

$$\begin{aligned}\ddot{a}_x^{\mathbf{4}} &= \sum_{z=y}^{x-1} {}_{z-y|}q_y(1+j)^{(z+1)-x}\ddot{a}_{\overline{n}|}v^{z-y+1} + \frac{D_x}{D_y}\ddot{a}_x^{\mathbf{1}} \\ &= \sum_{z=y}^{x-1}\frac{C_z}{D_y}(1+j)^{(z+1)-x}\ddot{a}_{\overline{n}|} + \frac{D_x}{D_y}\left(\ddot{a}_{\overline{n}|} + \frac{N_{x+n}}{D_y}\right) \\ &= \frac{\left\{\displaystyle\sum_{z=y}^{x-1} C_z(1+j)^{(z+1)-x} + D_x\right\}\ddot{a}_{\overline{n}|} + N_{x+n}}{D_y}.\end{aligned}$$

●――連合生命年金

これまでは受給者が 1 人の年金を考えてきたが，複数の生存を条件として支払われる生命年金を考えることがある．例えば，遺族年金は受給者が死亡すると配偶者に年金が引き継がれることになり，2 生命の生命確率が関係している．

一般には $n\,(\in \mathbb{N})$ 人の受給者が存在するときの，それぞれの生死の場合分けによる**連合生命確率**と**連合生命年金**が考えられるが，ここでは簡単のため，はじめに 2 生命のみを考察する．

まず x, y 歳の人を考えると，

- 2 人とも t 年間生存する確率：${}_tp_{xy} = p_xp_y$.
- 2 人とも t 年間に死亡する確率：${}_tq_{\overline{xy}} = {}_tq_x\,{}_tq_y = (1-{}_tp_x)(1-{}_tp_y)$.
- 少なくとも 1 人が t 年間生存する確率：${}_tp_{\overline{xy}} = 1-{}_tq_{\overline{xy}}$.
- ちょうど 1 人が t 年間生存する確率：

$${}_tp_{\overline{xy}}^{[1]} = {}_tp_x\,{}_tq_y + {}_tp_y\,{}_tq_x = {}_tp_x + {}_tp_y - 2{}_tp_x\,{}_tp_y.$$

などの確率が計算できる．これにもとづいて，次のような連合生命年金の現価が計算できる．

- 2 人がともに生存している限り支払われる期始払い終身年金[3)]：

$$\ddot{a}_{xy} = \sum_{t=0}^{\infty} v^t \, {}_t p_{xy}.$$

- 2 人のうち少なくとも 1 人が生存している限り支払われる期始払い終身年金：

$$\ddot{a}_{\overline{xy}} = \sum_{t=0}^{\infty} v^t \, {}_t p_{\overline{xy}} = \ddot{a}_x + \ddot{a}_y - \ddot{a}_{xy}.$$

- ちょうど 1 人だけ生存している限り支払われる期始払い終身年金：

$$\ddot{a}_{\overline{xy}}^{[1]} = \sum_{t=0}^{\infty} v^t \, {}_t p_{\overline{xy}}^{[1]} = \ddot{a}_x + \ddot{a}_y - 2\ddot{a}_{xy}.$$

最後の場合で特に，死亡の順序を (x) が前で (y) が後と限定した場合が遺族年金に当たる．この場合は，(y) の終身年金の現価から $(x), (y)$ の共存の現価を差し引いたと考えればよいので，

$$\ddot{a}_{x|y} = \ddot{a}_y - \ddot{a}_{xy}$$

となる．

また，連合生命についても計算基数を考えることができる．例えば，

$$D_{xy} = v^{\frac{x+y}{2}} l_x l_y, \qquad N_{xy} = \sum_{j=0}^{\infty} D_{x+j:y+j}$$

とすれば，$\ddot{a}_{xy} = \dfrac{N_{xy}}{D_{xy}}$ と表すことができる．

3 生命の場合にも同様の議論により連合生命年金を考えることができる．

---

3) t は 0 から x, y の最終年齢の小さい方までの和をとるが，最終年齢以降は ${}_t p_{xy}$ はゼロなので ∞ までと記した．

演習問題

基本問題

2.1

年 m 回転化の名称利率 $i^{(m)}$ の数列は，$m \to \infty$ のとき m に関して減少関数となり，極限は利力 δ に収束することを証明せよ．

2.2

$\mu_x = \dfrac{1}{a-x}(a>0)$ であるとき，a を p_x で表せ．

2.3

定常人口において

$$l_x = (a-x)^2 \qquad (0 \leqq x \leqq a), \qquad \mathring{e}_0 = 80$$

のとき，この人口の平均年齢を求めよ．

2.4

$\dfrac{d}{dx}\mathring{e}_x = \mu_x \mathring{e}_x - 1$ を証明せよ．

2.5

$0 < \varepsilon < q_{x+t}\,(t \geqq 0)$ のとき，$\ddot{a}_x \leqq \dfrac{1+i}{1+\varepsilon}$ が成り立つことを証明せよ．

2.6

終身保険の一時払い保険料 $A_x = 1 - d\ddot{a}_x$ を証明せよ．

2.7

利率が i，死力が $\mu_x = \dfrac{1}{100-x}$ のとき，期始払い生命年金現価を求めよ．

2.8

年 4 回期末払い，かつ，死亡の際，死亡日の属する月までの給付が支払わ

れる場合の終身年金現価率は計算基数を用いて，

$$^{(12)}a_x^{(4)} = \frac{N_x - \frac{5}{8}D_x + \frac{1}{6}\bar{M}_x}{D_x}$$

と表せることを示せ.

2.9

年金を次のように支払う場合，$(x),(y),(z)$ の 3 人に支払う年金現価の合計を，終身年金現価率を用いて表せ．年金は，いずれも年 1 回期末払いとする.

- (x) が生存中は $(y),(z)$ のうち少なくとも一方の生存を条件として (x) に年金額 A を支払うと同時に，$(y),(z)$ のうち生存している者 (共存の場合は両者に) 年金額 B を支払う.
- (x) が死亡後に $(y),(z)$ が共存している場合，一方に年金額 A，他方には年金額 B をそれぞれ支払う.
- (x) が死亡後に $(y),(z)$ のどちらか一方だけが生存している場合，その者に年金額 A を支払う.

2.10

初年度の年金額が $10+n$ で，毎年 1 ずつ減少して n 年後に 10 になるような n 年変動年金の，x 歳時の期始払い年金現価を計算基数で表せ.

発展問題

2.11

定常人口の下にある集団において，ある時点から年間の 0 歳の出生数が従前の半分に変化し，10 年間その状態が継続した．10 年後に集団全体の人口は何%になるか答えよ (%単位で四捨五入して小数点以下 1 桁まで求めよ)．ただし，$l_x = (140-x)(x \geqq 0)$ とし，t 年間は出生数が変化しても予定死亡率は変化しなかったものとする.

2.12

$$\mathring{e}_x = k(\omega - x) \qquad (0 < k < 1, \omega > 0)$$

が常に成り立つとき，q_x を求めよ．

2.13

$\dfrac{1}{\ddot{a}_{\overline{n}|}} - \dfrac{1}{\ddot{s}_{\overline{n}|}} = d$ を示せ．

2.14

次の等式のうち正しいものを選べ．

$$① \ {}_{n|}a_{\overline{n}|} = v^n \cdot a_{\overline{n}|}, \qquad ② \ a_{x|y} = a_x - a_{xy}, \qquad ③ \ \ddot{a}_{\infty} = i,$$

$$④ \ \ddot{a}^{(m)}_{\overline{n}|} = \ddot{s}^{(m)}_{\overline{1}|} \cdot \ddot{a}_{\overline{n}|}, \qquad ⑤ \ {}_{n|}\ddot{a}_{\overline{xy}} = {}_{n|}\ddot{a}_x + {}_{n|}\ddot{a}_y - {}_{n|}\ddot{a}_{xy}$$

2.15

毎年度末に $(x), (y)$ および (z) に対し 1 を支給する年金があり，生存者について $(x):(y):(z) = 2:1:1$ の比率で支給されるものとする．例えば，$(x), (y)$ のみが生存している場合には，(x) に $\dfrac{2}{3}$，(y) に $\dfrac{1}{3}$ の合計 1 を支給する．このとき $(x), (y), (z)$ に支給される年金の現価を求めよ．ただし，$a_x = 10, a_y = 15, a_z = 20, a_{xy} = 6, a_{yz} = 9, a_{zx} = 7, a_{xyz} = 5$ とする．

2.16

次の等式のうち正しいものを選べ．

$$① \ \frac{1}{a_{\overline{n}|}} - \frac{1}{s_{\overline{n}|}} = i, \qquad ② \ a_{xy} = a_{\overline{xy}} - a^{[1]}_{\overline{xy}},$$

$$③ \ I\ddot{a}_{\overline{n}|} = \left(1 + \frac{1}{i}\right) \cdot \ddot{a}_{\overline{n}|} - \frac{n \cdot v^{n-1}}{i},$$

$$④ \ Ia_{\overline{n}|} = \frac{\ddot{a}_{\overline{n}|} - (n+1) \cdot v^n}{i},$$

$$⑤ \ (I\ddot{a})_{x:\overline{n}|} = \frac{S_x - S_{x+n} - n \cdot N_x}{D_x}$$

2.17

年金資産 F_A の時刻 t における利力は $\delta_t^A = a + bt + ct^2$，年金資産 F_B の利力は $\delta_t^B = f + gt + ht^2$ である (a, b, c, f, g, h は定数で，$a > f > 0, c > h > 0$)．時刻 $t = 0$ のとき年金資産 F_A と年金資産 F_B は等しく，その後の 2 時点でも等しくなったという．そのための条件とその 2 つの時点を求めよ．

2.18

毎年定額を永久に支払う年金を永久年金という．年利率を i としたとき毎回 1 を支払う期始払いと期末払いのそれぞれの永久年金現価を求めよ．さらに，利力 δ の場合の毎年 1 を連続的に無限に分割して払う連続払い永久年金の現価を求めよ．後者の場合に，利力が $\delta_t = a + bt\,(a, b > 0)$ であるときはどうなるか計算せよ．

2.19

(これ以降の問題は巻末 p.288 の計算基数表および以下の表を利用して求めよ．)

[年 1 回期始払い確定年金現価率]

日数 ＼ 利率	10 年	15 年
1.5%	9.3605	13.5434
2.5%	8.9709	12.6909

ある会社が，60 歳退職者の退職一時金に代えて給付利率 2.5% の年 1 回期始払い 10 年確定年金現価率で退職一時金を除した額を 10 年保証終身年金として支払うこととしていた．この会社が，年金額を給付利率 1.5% の 15 年確定年金現価率で除した額とし，支給期間を年 1 回期始払い 15 年保証終身年金に変更した．この会社の変更後の 60 歳時点の給付利率 1.5% による 15 年保証終身年金現価額は，変更前の給付利率 2.5% による 10 年保証終身年金現価額の何倍になるか．ただし，変更後も予定利率は 2.5%で変わらないものとし，

退職者はすべて男性とする．

2.20

ある会社は退職一時金の 50%相当額を，退職一時金に代えて給付利率 2.5%の年 1 回期始払い 15 年保証期間付終身年金として支払うこととしていたが，給付利率を現行より低い 1.5% に変更するとともに，15 年間確定年金に変更することにした．この際，給付利率を下げても元の年金原資を維持するように年金額を増額し，15 年間確定年金として支払うこととした．このため退職金の一部をさらに追加移行した．追加移行した退職一時金額は当初の退職一時金の何%相当であり，年金額の増額分は元の年金の何%相当か．なお退職者はすべて男性で，60 歳で退職するものと仮定する．

第 **3** 章

財政方式と数理債務

本章では，年金数理の根幹である財政方式について学ぶ．財政方式とは，一言で言えば年金給付のための財源を準備する方法である．生命保険数理と異なり年金数理においては集団としての給付現価と収入現価の収支相等の原則が適用されるが，必ずしも加入者ごとの収支相等は要請されないため多様な方法が登場する．

3.1　給付現価と給与現価

本節では，年金制度全体の集団としての給付現価と収入現価について学ぶ．これは以後の年金数理の基本となる．たくさんの総和記号が登場するので最初は戸惑うかもしれないが，本質はさほど難しいものではないので我慢して慣れてもらいたい．

3.1.1　給付現価

この節においては，受給権者，加入者，将来加入者の給付現価について述べる．**給付現価**とは，年金制度から発生する給付の現在価値であり，給付が発生する事由 (理由) を j で表す．j としては，死亡，中途退職，定年退職等が考えられ，特に定年退職は r で表す (r は retire の略)．

このとき，制度の加入者や受給権者 1 人当たりの給付現価は以下の式で与えられる：

$$\sum_{j \neq r} \sum_{t_j=0}^{x_r-x-1} {}_{t_j|}q_x^{(j)} v^{t_j+1} K^{(j)} + {}_{x_r-x}\,p_x v^{x_r-x} K^{(r)}. \tag{3.1}$$

ここで，${}_{t|}q_x^{(j)}$ は，x 歳の人が t 年後と $t+1$ 年後の間に事由 j で脱退する確率であり，

$${}_{t|}q_x^{(j)} = \frac{d_{x+t}^{(j)}}{l_x^{(T)}}$$

と表される．さらに $d_{x+t}^{(j)}$ は多重脱退残存表における，時点 $x+t$ と $x+t+1$ の間での事由 j による脱退者数であり，${}_{x_r-x}p_x$ は x 歳の人が定年を迎える確率である．また $K^{(j)}$ は事由 j による脱退が発生したときの給付額であり，$v = \dfrac{1}{1+i}$ は現価率である．

◉——受給権者の給付現価

受給者 (すでに制度から脱退し，年金の支払いを受けている者) および**受給待期者** (制度から脱退し年金額は確定しているが，年金の支給開始時期に到達していない者) については，年金現価そのものが給付現価となる．受給者と受給待期者を合わせて**受給権者**と言い，現在の年齢 x 歳，支給済み期間 (受給待期者については措置期間) t 年となる受給権者の給付現価 $S_{(x,t)}^p$ は次式で与えられる：

$$S_{(x,t)}^p = A \cdot a_{(x,t)}.$$

ここで，A は現在の年金額 (受給待期者については，支給開始時の年金額)，$a_{(x,t)}$ は年金現価率で，2 章で説明した年金制度の給付設計で使用している確定年金，生命年金などをまとめて表示している．

◉——加入者の給付現価

多くの年金制度 (特に企業年金制度) では退職時に年金の支給額や支給期間が決まる場合が多い．この場合，退職時に年金の受給資格を得るということは，退職時に年金現価を一時金給付で受け取ることと等価である．したがって，加

入者の制度からの脱退を年単位 (年齢単位) で計量するものとして，現在の年齢 x 歳，勤続期間 t 年となる制度の加入者 1 人当たりの給付現価 $S^a_{(x,t)}$ は次のように表すことができる：

$$S^a_{(x,t)} = \sum_{u=0}^{x_r-x-1} \sum_j {}_{u|}q_x^{(j)} \cdot K^{(j)}_{(x,x-x_e,u)} \cdot v^{u+1} + {}_{x_r-x}p_x \cdot K^{(r)}_{(x,x-x_e,x_r-x)} \cdot v^{x_r-x}. \tag{3.2}$$

ここで，x_r は定年年齢，x_e は新規加入年齢であり，$K^{(j)}_{(x,t,s)}$ は現在年齢 x 歳，加入時からの経過年数 t 年，現在から s 年後と $s+1$ 年後の間で事由 j で脱退するときの給付額である．また $\sum_j$ は定年退職以外の事由 $j \neq r$ に関する和を表している (図 3.1).

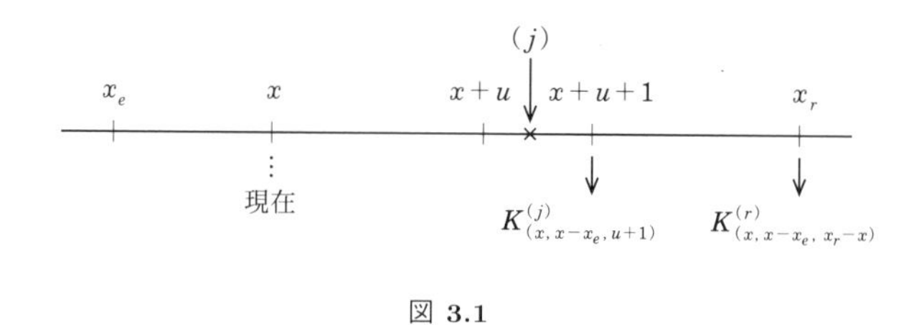

図 3.1

(3.2) では，脱退の発生時は各年度 (各年齢) の期末とし，定年退職時期は定年年齢の期始 (定年年齢到達時) と仮定している．さらに，

$${}_{t|}q_x^{(j)} = \frac{d_{x+t}^{(j)}}{l_x^{(T)}}, \qquad {}_tp_x = \frac{l_{x+t}^{(T)}}{l_x^{(T)}}$$

であり，

$$D_x = v^x \cdot l_x^{(T)}, \qquad C_x^{(j)} = v^{x+1} \cdot d_x^{(j)}$$

などとすると，(3.2) は次のように変形される．

$$S^a_{(x,t)} = \sum_{y=x}^{x_r-1} \sum_j \left(\frac{C_y^{(j)}}{D_x} \cdot K^{(j)}_{(x,t,y-x)} \right) + \frac{D_{x_r}}{D_x} \cdot K^{(r)}_{(x,t,x_r-x)} \tag{3.3}$$

また 1 年を通じて均等に脱退が発生すると仮定して，平均的に期央で発生すると見做すと，割引率の項を $v^{t+\frac{1}{2}}$ として近似できる．

●——将来分と過去分

(3.3) において，現在年齢 x 歳，勤続期間 t であるとき将来の y 時点の給付 $K^{(j)}_{(x,t,y-x)}$ を，現在までの勤続期間 (t) にかかる給付 ${}^{PS}K^{(j)}_{(x,t,y-x)}$ と，将来期間 $(y-x)$ にかかる給付 ${}^{FS}K^{(j)}_{(x,t,y-x)}$ に分割することによって，将来期間にかかる給付現価 ${}^{FS}S^{a}_{(x,t)}$ と過去期間にかかる給付現価 ${}^{PS}S^{a}_{(x,t)}$ を次のように定義する：

$$
\begin{cases}
{}^{FS}S^{a}_{(x,t)} = \displaystyle\sum_{y=x}^{x_r-1}\sum_{j}\left(\frac{C^{(j)}_{y}}{D_x}\cdot {}^{FS}K^{(j)}_{(x,t,y-x)}\right) + \frac{D_{x_r}}{D_x}\cdot {}^{FS}K^{(r)}_{(x,t,x_r-x)}, \\
{}^{PS}S^{a}_{(x,t)} = \displaystyle\sum_{y=x}^{x_r-1}\sum_{j}\left(\frac{C^{(j)}_{y}}{D_x}\cdot {}^{PS}K^{(j)}_{(x,t,y-x)}\right) + \frac{D_{x_r}}{D_x}\cdot {}^{PS}K^{(r)}_{(x,t,x_r-x)}, \\
(S^{a}_{(x,t)} = {}^{FS}S^{a}_{(x,t)} + {}^{PS}S^{a}_{(x,t)}).
\end{cases}
\tag{3.4}
$$

ただし，${}^{FS}K^{(j)}_{(x,t,y-x)}$, ${}^{PS}K^{(j)}_{(x,t,y-x)}$ は，$K^{(j)}_{(x,t,y-x)}$ の給付額算定式や後述の財政方式，あるいは退職給付の評価を行う目的に応じて，その定義は異なってくる．代表的な例として以下の (i) ～ (iii) を挙げるが，いずれも

$$
{}^{FS}K^{(j)}_{(x,t,y-x)} + {}^{PS}K^{(j)}_{(x,t,y-x)} = K^{(j)}_{(x,t,y-x)}
$$

が成り立っている．

(i) 勤続期間の比率によって，${}^{FS}K^{(j)}_{(x,t,y-x)}$, ${}^{PS}K^{(j)}_{(x,t,y-x)}$ を定めるとき

$j \neq r$ のとき，

$$
\begin{cases}
{}^{FS}K^{(j)}_{(x,t,y-x)} = \dfrac{y-x+1}{t+y-x+1}K^{(j)}_{(x,t,y-x)}, & \text{(将来分)} \\
{}^{PS}K^{(j)}_{(x,t,y-x)} = \dfrac{t}{t+y-x+1}K^{(j)}_{(x,t,y-x)}, & \text{(過去分)}
\end{cases}
\tag{3.5}
$$

$j = r$ のとき，

$$\begin{cases} {}^{FS}K^{(j)}_{(x,t,y-x)} = \dfrac{y-x}{t+y-x}K^{(j)}_{(x,t,y-x)}, & (\text{将来分}) \\ {}^{PS}K^{(j)}_{(x,t,y-x)} = \dfrac{t}{t+y-x}K^{(j)}_{(x,t,y-x)} & (\text{過去分}) \end{cases}$$

と定める.

(ii) 過去分の給付を固定することによって，${}^{FS}K^{(j)}_{(x,t,y-x)}, {}^{PS}K^{(j)}_{(x,t,y-x)}$ を定めるとき

$$\begin{cases} {}^{FS}K^{(j)}_{(x,t,y-x)} = K^{(j)}_{(x,t,s)} - K^{(j)}_{(x,t,0)}, & (\text{将来分}) \\ {}^{PS}K^{(j)}_{(x,t,y-x)} = K^{(j)}_{(x,t,0)} & (\text{過去分}) \end{cases} \tag{3.6}$$

と定める.

(iii) 将来期間の給付を先決めすることによって，${}^{FS}K^{(j)}_{(x,t,y-x)}, {}^{PS}K^{(j)}_{(x,t,y-x)}$ を定めるとき

$$\begin{cases} {}^{FS}K^{(j)}_{(x,t,y-x)} = K^{(j)}_{(x,0,y-x)}, & (\text{将来分}) \\ {}^{PS}K^{(j)}_{(x,t,y-x)} = K^{(j)}_{(x,t,y-x)} - K^{(j)}_{(x,0,y-x)} & (\text{過去分}) \end{cases}$$

と定める.

◉――新規加入者 (将来加入者) の給付現価

年金制度は制度が終了することを前提として運営されているわけではなく，将来にわたっても継続されていくことをめざしている．したがって年金制度の財政計画 (給付の支払いとそれに対する準備の計画) を立てる場合，これから制度に新たに加入する者 (新規加入者・将来加入者) を見込む必要がある．

新規加入者は，加入時の年齢を x_e 歳として，制度に加入したときに 1 人当たり $S^a_{(x_e,0)}$ の給付現価が制度に発生することとなる．したがって，翌年度以降各年度 (n) の始めに年齢 $\{e_{(n,1)}, e_{(n,2)}, \cdots, e_{(n,k_n)}\}$ 歳の人が，それぞ

れ $\{l_{e_{(n,1)}}, l_{e_{(n,2)}}, \cdots, l_{e_{(n,k_n)}}\}$ 人ずつ制度に加入するものとして，新規加入者 (将来加入者) の給付現価 S^f を計算すると，

$$S^f = \sum_{n=1}^{\infty} \sum_{s=1}^{k_n} l_{e_{(n,s)}} \, {}_nS^a_{(e_{(n,s)},0)} v^n$$

となる．ここで ${}_nS^a_{(e,0)}$ は，n 年後に年齢 e 歳，勤続期間 0 で加入した者の 1 人当たりの給付現価である．

${}_nS^a_{(e,0)}, l_{e_{(n,s)}}, k_n$ が年度を通じて一定であり，それぞれ $S^a_{(e_s,0)}, l_{e_s}, k$ であるとすると，将来加入者の給付現価は

$$\begin{aligned} S^f &= \sum_{s=1}^{k} \left(l_{e_s} S^a_{(e_s,0)} \sum_{n=1}^{\infty} v^n \right) \\ &= \frac{v}{1-v} \sum_{s=1}^{k} l_{e_s} S^a_{(e_s,0)} \end{aligned} \tag{3.7}$$

となる．以下，将来加入者の給付現価は (3.7) にもとづくものとする．

財政方式については第 3.2 節で詳しく説明するが，ここでは説明抜きに実務上の新規加入者に関する計算基礎について少し解説しておく．

まず，開放型総合保険料方式や開放基金方式では，掛金の算定において将来加入する者の給付現価および人数現価 (給与現価) を見込む．このため今後新たに制度に加入する者の加入年齢，人数，加入時の給与をあらかじめ見込む必要がある．

また，加入年齢方式 (特定年齢方式) においても，加入年齢における標準掛金が制度全体の掛金となるため，年齢を定めておく必要がある．加入年齢を定める場合は，過去数年間 (通常は 3 年) で制度に加入した者の平均年齢，最も加入者数が多い年齢 (**モード年齢**)，数理的に等価である年齢などを用いる．なお，**数理的に等価である年齢**とは，x_e を求める加入年齢，S^e を過去に制度に加入した者の加入時給付現価，G^e を過去に制度に加入した者の加入時人数 (給与) 現価，$G^a_{(x_e)}$ を新規加者 1 人当たりの人数現価としたとき，

$$\frac{S^a_{(x_e,0)}}{G^a_{(x_e)}} = \frac{S^e}{G^e}$$

を満たすような年齢のことをいう．

さらに，新規加入者の加入人数 L_{x_e} を設定する場合は，現在の人員構成が定常状態 (脱退残存表 $\{l_x^{(T)}\}$) に従っているものと仮定し，L を制度の加入者数として

$$\frac{\sum_{x=x_e}^{x_r-1} l_x^{(T)}}{l_{x_e}^{(T)}} = \frac{L}{L_{x_e}} \tag{3.8}$$

が成り立つように L_{x_e} を定める．

同様に，新規加入者の給与 B_{x_e} を設定する場合は，L_{x_e} を (3.8) で求めた人数，$\{b_x\}$ を昇給率による年齢ごとの給与指数，LB を制度加入者の総給与として，

$$L_{x_e} \cdot B_{x_e} \frac{\sum_{x=x_e}^{x_r-1} l_x^{(T)} b_x}{l_{x_e}^{(T)} b_{x_e}} = LB$$

となるように B_{x_e} を定める．

◉――給与に比例した給付

加入者が制度から脱退したときに支払われる給付は，従業員の給与をもとに計算される場合が多い．この場合，前出の $K_{(x,t,y-x)}^{(j)}$ は，

$$K_{(x,t,y-x)}^{(j)} = \begin{cases} B_{(x,t,y-x)}^{(j)} \alpha_{(y+1,t+y-x+1)}^{(j)}, & (j \neq r) \\ B_{(x,t,x_r-x)}^{(j)} \alpha_{(x_r,t+x_r-x)}^{(j)} & (j = r) \end{cases} \tag{3.9}$$

と表される．ここで，$B_{(x,t,y-x)}^{(j)}$ は制度脱退時点の給付算定基礎給与，$\alpha_{(y,t+y-x)}^{(j)}$ は y 歳，加入期間 $(t+y-x)$，脱退事由 j で脱退した場合**支給乗率**である．なお，脱退の発生時期を期末と仮定しているため，支給乗率の年齢および加入期間はそれぞれ "+1" となっている．また給与の昇給時期は期始 (満年齢に達した直後) とした．

また，現在年齢 x 歳，勤続期間 t 年の従業員の現在時点の給与を $B_{(x,t)}$，加

入年齢 x_e における給与を 1 とした場合の各年齢における給与の指数を $\{b_{x_e}(=1), b_{x_e+1}, \cdots, b_{x_r}\}$ とすると,

$$B^{(j)}_{(x,t,y-x)} = \begin{cases} B_{(x,t)} \cdot \dfrac{b_y}{b_x}, & \text{(最終給与比例の場合)} \\ SB_{(x,t)} + B_{(x,t)} \cdot \dfrac{\sum_{z=x}^{y-1} b_z}{b_x} & \text{(給与累計比例の場合)} \end{cases} \tag{3.10}$$

となる. なお $SB_{(x,t)}$ は, 上記従業員が制度に加入した時点から, 現在時点までの給与累計を表す.

給付算定式に給与を用いる場合の加入者の給付現価 $S^a_{(x,t)}$ は, 例えば最終給与比例制度の場合には

$$\begin{aligned} S^a_{(x,t)} &= \sum_{y=x}^{x_r-1} \sum_j \frac{C^{(j)}_y}{D_x} B^{(j)}_{(x,t,y-x)} \alpha^{(j)}_{(y+1,t+y+1-x)} \\ &\quad + \frac{D_{x_r}}{D_x} B^{(r)}_{(x,t,x_r-x)} \alpha^{(r)}_{(x_r,t+x_r-x)} \\ &= B_{(x,t)} \left\{ \sum_{y=x}^{x_r-1} \sum_j \frac{C^{(j)}_y}{D_x} \frac{b_y}{b_x} \alpha^{(j)}_{(y+1,t+y+1-x)} + \frac{D_{x_r}}{D_x} \frac{b_{x_r}}{b_x} \alpha^{(r)}_{(x_r,t+x_r-x)} \right\} \end{aligned} \tag{3.11}$$

のように表される.

一方, 将来加入者の給付現価では, 将来加入者が制度に加入したあとの給与の変動は (3.7) の $S^a_{(e_s,0)}$ 中で見込まれているため, 制度加入時の給与が加入時期に拘わらず一定の場合は (3.7) をそのまま用いることができる. ただ, 一般的に加入時の給与 (いわゆる初任給) は物価変動の影響を受けて年度ごとに異なることが普通である. 仮に給付現価を計算する際に将来の給与の変動を織り込み, 給与の変動率を年度に拘わらず年率 r とすると, (3.7) は

$$\begin{aligned} S^f &= \sum_{s=1}^{k} \left(l_{e_s} S^a_{(e_s,0)} \right) \left(\sum_{n=1}^{\infty} v^n (1+r)^n \right) \\ &= \frac{v(1+r)}{1-v(1+r)} \sum_{s=1}^{k} l_{e_s} S^a_{(e_s,0)} \end{aligned} \tag{3.12}$$

となる．

例題 3.1 (トローブリッジ・モデルによる給付現価)

制度への加入年齢を x_e，定年退職の年齢を x_r とし，定年退職者に対して，毎年度始 (x_r 以降の各年齢の到達時) に 1 の年金給付を行う年金制度を考える．加入期間中の脱退残存表における残存数を $l_x^{(T)}$(ただし，$x_e \leqq x \leqq x_r$)，脱退以降の生命表における生存数を l_x (ただし，$x_r \leqq x \leqq \omega$ (最終年齢)) とする．

(1)　x 歳 ($x_e \leqq x \leqq x_r$) の加入者の給付現価を，脱退残存表の計算基数，および年金受給者の給付現価 $\ddot{a}_x$ を用いて表せ．

(2)　毎年 x_e 歳で $l_{x_e}^{(T)}$ 人が制度に新たに加入するとした場合の，将来加入者の給付現価を脱退残存表の計算基数，および $\ddot{a}_x$ を用いて表せ．

解答

(1)　x 歳で加入した者が，定年退職年齢 x_r に生存しているとき，年金現価 $\ddot{a}_{x_r}$ を受けとると考えられるので，(3.3) より求める給付現価は $\dfrac{D_{x_r}}{D_x}\ddot{a}_{x_r}$ となる．

(2)　(3.7) より，$\dfrac{d}{v}l_{x_e}^{(T)}\dfrac{D_{x_r}}{D_{x_e}}\ddot{a}_{x_r}$．　□

3.1.2　人数現価と給与現価

加入者 1 人当たりの人数現価および給与現価を，以下の算式で定義する：

$$人数現価 = \sum_t {}_tpv^t,$$

$$給与現価 = \sum_t {}_tpB_tv^t.$$

ここで，t は掛金の支払時期，${}_tp$ は支払時期における残存確率，B_t は支払時期における給与である．これらはそれぞれ，残存確率および給与の期待値の現価を計算した値である．年金制度において 1 人当たりの掛金額が全期間を通じて一定額である場合，または掛金額の計算は**給与比例**であり，かつ給与に乗じる比率が全期間を通じて一定率である場合には，人数現価，給与現価にそれぞれ掛金額または掛金比率を乗じることで将来の掛金収入現価を求めることができる．ここで，掛金の拠出時期を定年年齢に達する前の毎期始とし，脱退残存表および給与に関する仮定を (3.11) などと同じとすると，加入者 1 人当たりの人数現価 $G^a_{(x)}$ および給与現価 $GB^a_{(x)}$ は，

$$G^a_{(x)} = \sum_{y=x}^{x_r-1} {}_{y-x}p_x v^{y-x} = \sum_{y=x}^{x_r-1} \frac{D_y}{D_x}, \tag{3.13}$$

$$GB^a_{(x)} = \sum_{y=x}^{x_r-1} B_{(y)}\, {}_{y-x}p_x v^{y-x} = B_{(x)} \sum_{y=x}^{x_r-1} \frac{D_y b_y}{D_x b_x} \tag{3.14}$$

と表される．ここで，$B_{(y)}$ は y 歳時点の掛金算定給与，b_x は年齢に対応した給与指数である．

給付現価と同様に，将来加入者についても人数現価および給与現価を計算することができ，(3.7) および (3.12) に対応するものとして，

$$G^f = \frac{v}{1-v} \sum_{s=1}^{k} l_{e_s} \cdot G^a_{(e_s)},$$

$$GB^f = \begin{cases} \dfrac{v}{1-v} \displaystyle\sum_{s=1}^{k} l_{e_s} \cdot GB^a_{(e_s)}, & \text{(毎年一定の給与の場合)} \\ \dfrac{v(1+r)}{1-v(1+r)} \displaystyle\sum_{s=1}^{k} l_{e_s} \cdot GB^a_{(e_s)}, & \\ \quad \text{(給与が年率 } r \text{ で上昇する場合)} & \end{cases}$$

が得られる．ここで，G^f は将来加入者の人数現価であり，GB^f は将来加入者の給与現価である．

3.2　財政方式

この節では，年金給付を行うための財源の準備方法である，さまざまな財政方式について学ぶ．年金数理は，生命保険数理と異なり，財政方式が違うと掛金や責任準備金も違う．しかし，集団として長期の収支相等の法則が成立しているので，どの方式にも一定の意味がある．

3.2.1 収支相等の法則

年金制度は加入者および制度を脱退した者に対して，年金受給資格を得た後に年金などの給付を行うことを目的としている．そして年金数理は，年金制度が給付を行うための財源の準備方法を検討し，給付を行うために制度が準備すべき額の評価，および，給付を行うために制度が負う債務の評価を行うためのものである．財源の準備を行うにあたって最も重要なことは，「すべての給付をまかなうことができているかどうか」ということである．つまり長期的に，年金制度が受け取る収入の額と年金制度から発生する給付支出とに統計的にバランスがとれたものとは過不足 (特に不足) が生じないかということである．通常，財源の準備は収入と支出が等しくなるように計画されるが，これを**収支相等の原則**という．支出は年金などの給付支払をいうが，収入には以下に述べる財政方式ごとに決まる掛金と掛金の運用による利息収入とからなる．

3.2.2 財政方式とは

年金制度は，給付が確定した「**確定給付制度**」と，拠出 (年金掛金) が確定した「**確定拠出制度**」とに分類される．確定拠出制度において給付は運用実績に依存して決められる.「確定給付制度」では年金規定により，加入者や受給者が所定の条件に合致した場合にいくらの給付金額が支払われるかが明記されている.「確定拠出制度」では，個人勘定に定期的に払い込むべき保険料が定められているが，所定の条件に達したときに支払われる給付金額は予め決まっていない．個人勘定での運用は個人の裁量にまかされるため，運用結果がどうなるか予測できないためである．

年金制度の**財政方式** (Actuarial Cost Method：費用方式) とは，年金などの給付を行うための財源の準備方法のことであり，年金制度の運営のために毎期に必要な費用 (Cost) を長期にわたって計画することである．年金制度の費用計画を立てると，制度設立以降の各時点について，その時点までに準備しなければならない額 (債務：Liability) が決まってくる．生命保険数理で見てきたように，将来のある時点での給付が決まっていれば，その現価の期待値を計算することで現在準備すべき給付現価の総額が求められる．これを一括して払い込むことができれば，これも 1 つの財政方式となり.「**完全積立方式**」と呼ばれる．一方「完全積立方式」の対極にあるものとして，積立金を一切保有せずに給付が出る都度に保険料を拠出する方式があり，これを「**賦課方式**」と呼んでいる．あらゆる財政方式は，この両極の間にある．一般的な年金制度においては，その費用に見合った掛金を制度に拠出し，債務に見合った積立金を保有することを目指すこととなる．その意味で，財政方式は**積立方式** (Funding Method) とも呼ばれる．

財政方式は．**定常状態**と呼ばれる財政均衡状態における積立金の水準によって分類される．以下の表 3.1 は，これから扱われる財政方式を積立金の水準の低い順番に並べたものである．

表 3.1 財政方式の種類

財政方式			記号
(1) 賦課方式			P
(2) 退職時年金現価積立方式			T
(3) 事前積立方式	(A) 発生給付方式	a. 単位積立方式	UC
		b. 予測単位積立方式	PUC
	(B) 平準積立方式	a. 加入年齢方式	E
		b. 閉鎖型総合保険料方式	C
		c. 到達年齢方式	A
		d. 個人平準保険料方式	I
	(C) 加入時積立方式		In
	(D) 完全積立方式		Co
(4) その他の財政方式		(A) 開放型総合保険料方式	O
		(B) 開放基金方式	OAN

3.2.3 財政方式の分類

財政方式は，給付と費用の発生時期，または加入者の異動と費用の発生時期によって次のように分類される．年金数理は確定給付制度における財政計画を扱うものである．

(1) 賦課方式 (Pay-as-you-Go method)

賦課方式は，年金受給者に対する給付が発生するごとに，それに必要な金額を加入者から掛金として集める方式である．言い換えると，拠出された掛金は直ちに給付支払に充てられるため，年金制度は積立金を保有せず，積立金運用のリスクも生じない．掛金は制度の加入者 1 人当たり一定額，または加入者の給与に対する比率で求めることが一般的であり，B_n を n 年度の給付支払額，L_n を加入者数，LB_n を加入者の総給与とすると，掛金を加入者 1 人当たり一定額とした場合の掛金額は

$$^{P}P_n = \frac{B_n}{L_n}, \tag{3.15}$$

掛金を給与の一定割合とした場合の掛金率は

$$^{P}P_n = \frac{B_n}{LB_n} \tag{3.16}$$

となる．なお，給付の支払い，および掛金の拠出はすべて同時に発生するものとしている．

(3.15) および (3.16) 式より，賦課方式による年金制度の掛金は各年度の加入者数や給与，制度からの脱退者数および給付支払額に応じて変動する．一般的に，企業は景気の動向を反映して年度による新規加入者数 (採用数) が大きく異なり人員構成にばらつきが生じるため，企業年金で賦課方式を採用した場合，年度によって掛金が大きく変動するリスクが生じる．また，積立金の保有を前提にしないということは，年金制度が終了したときに加入者や受給権者に対して給付を行う準備がないことを意味し，**受給権保護**の観点から見ると問題である．したがって，企業年金制度では後述の事前積立方式が採用され，賦課方式の使用は禁止されている．一方，賦課方式は積立金を保有しないので運用

リスクを負わない．また，インフレなどによって給付水準の変更を行う場合であっても，インフレなどが給与に反映されていれば掛金率は変動しない．つまり賦課方式においては特定の時期の加入者に対して後発債務などの償却による特別な負担が課せられることはない．さらに加入者の規模が大きくなるほど人員構成は安定し，掛金が安定する．以上の理由から，公的年金においては賦課方式を採用することが多い．なお，賦課方式の保険料は積立金利息がないので，保険料の水準はあらゆる財政方式の中で最大となる．

BOX3：分類学としての年金数理

はじめて年金数理を学ぶ者にとって，次から次に紹介される「財政方式」とはいったい何なのだろう，こんなことを学習して何の役に立つのだろうか，との戸惑いがあるかもしれない．年金数理の教科書には，「アメリカのアクチュアリーである**トローブリッジ** (Charles L.Trowbridge) が 1952 年に記した論文をベースにしている」と書かれているが，この頃の時代背景を確認しよう．1950 年は GM (ゼネラル・モーターズ) が年金制度を導入した年である．ウィルソン会長の提案により，同社の年金制度は信託方式で設立され，アメリカ経済の成長そのものの恩恵に浴するため，株式中心の投資を実践した．多くの企業が信託方式の年金制度を採用した背景には，「株式運用による高いリターンが期待できる信託方式は，生命保険会社が提供する商品よりも少ない費用で運営可能である」という，コンサルタントの助言があったとされる．また，企業年金は当初賦課方式からスタートしたが，一定の積立義務が導入されたのは 1942 年の歳入法からである．しかし，当時は未積立債務の償却は強制されていなかった．

このような状況下において，年金制度の運営にあたり，当時の年金アクチュアリーがさまざまな方法を考案したことは，想像に難くない．この頃トローブリッジは，世の中に蔓延っていた多種多様な財政方式を整理する必要があると考え，そのためには「定常状態」という概念が重要であることを発見したのではなかろうか？

(2) 退職時年金現価積立方式 (Terminal Funding method)

退職時年金現価積立方式は，加入者が制度から脱退した場合に，脱退後の給付をまかなうための掛金を拠出する方式である．脱退者が一時金の受給資格を得ていれば一時金額そのものを掛金とし，年金の受給資格者であれば年金現価を拠出する．したがってこの方式では，脱退者であって年金の受給資格を取得している者については給付支払の準備がなされていることとなる．

(3) 事前積立方式

前に述べた (1), (2) の方式と異なり，脱退以降の給付の準備を加入期間中全期間にわたって行っていく方式を**事前積立方式**という．事前積立方式は，給付の増加額 (発生額) に応じて掛金を拠出する**発生給付方式**と，加入期間全体にわたって収支が相等するようにおおむね均等な掛金を設定する**平準積立方式**に分類され，発生給付方式はさらに**単位積立方式**と**予測単位積立方式**に分かれる．事前積立方式では加入期間中に積立を行っていくものであるため，加入者に対してもある程度の受給権の保護がなされていることとなる．

(3.A.a) 単位積立方式 (Unit Credit cost method)

この方式は，給付の増加分を掛金として拠出する方式である．ただし掛金とするのは増加額そのものではなく，給付の支払時期を考慮した現価である．x_e 歳で制度に加入した者の，x 歳時点での 1 年間の掛金額 ${}^{UC}P_{(x_e,x)}$ は，

$$
\begin{aligned}
{}^{UC}P_{(x_e,x)} = \sum_{z=x}^{x_r-1} \sum_{j} \frac{C_z^{(j)}}{D_x} \left(K_{(x+1,x+1-x_e)}^{(j)} - K_{(x,x-x_e)}^{(j)} \right) \\
+ \frac{D_{x_r}}{D_x} \left(K_{(x_r+1,x+1-x_e)}^{(r)} - K_{(x_r,x-x_e)}^{(r)} \right) \qquad (3.17)
\end{aligned}
$$

となる．ここで，$K_{(x,t)}^{(j)}$ は x 歳，加入期間 t 年に脱退事由 j で制度から脱退した場合の給付額である．

なお式 (3.17) では，制度の給付額は退職時の年齢 y，勤続期間 u，脱退事由 j のみによって決まるものとし，$K_{(y,u)}^{(j)}$ で表した．つまり，$K_{(x,t,s)}^{(j)}$ は，給付時の年齢 $x+s+1$ と勤続年数 $t+s+1$ にのみ依存し，

$$\begin{cases} K^{(j)}_{(x,t,s)} = K^{(j)}_{(x+s+1,t+s+1)}, & (j \neq r) \\ K^{(j)}_{(x,t,x_r-x)} = K^{(j)}_{(x_r,t+x_r-x)} & (j = r) \end{cases}$$

が成立するものとした．本章においては，以降も特に断らない限り同様とする．

ここで $K^{(j)}_{(x+1,x+1-x_r)} - K^{(j)}_{(x,x-x_r)}$ は 1 年間の給付の伸びそのものであり，掛金額は給付の伸びの現価となっている．給付額が給与比例の場合，給付の伸びは給与の増加と支給乗率の増加の両方を反映している．また，支給率の伸びが保険料にそのまま反映されるため，ある年齢または勤続期間で給付額が確定する制度や，逆に特定の年齢などで支給乗率が急激に増加する制度などでは，その給付額の変化が掛金にそのまま反映されるため掛金額が安定的ではない．

次に，この方式における積立額の検証を行う．

$$\begin{cases} l_{(x_e,x)} : x_e \text{ 歳で加入した者の } x \text{ 歳時点の加入者数} \\ d^{(j)}_{(x_e,x)} : x_e \text{ 歳で加入し，} x \text{ 歳に到達した後の 1 年間に脱退事由 } j \\ \qquad \text{で脱退した者の数} \\ {}^{UC}F_{(x_e,x)} : x_e \text{ 歳で加入した者の } x \text{ 歳到達時点における 1 人当た} \\ \qquad \text{りの積立額 (資産残高)} \end{cases}$$

とすると，生保数理において責任準備金の再帰式を導いたときと同様の方法により漸化式

$$l_{(x_e,x-1)} \left({}^{UC}F_{(x_e,x-1)} + {}^{UC}P_{(x_e,x-1)} \right)(1+i) - \sum_j d^{(j)}_{(x_e,x-1)} K^{(j)}_{(x,x-x_e)}$$
$$= l_{(x_e,x)} \cdot {}^{UC}F_{(x_e,x)} \tag{3.18}$$

が成立する (図 3.2 参照，次ページ)．

ここで，

$$l_{(x_e,x)} = l_{(x_e,x-1)} \frac{l^{(T)}_x}{l^{(T)}_{x-1}}, \qquad d^{(j)}_{(x_e,x-1)} = l_{(x_e,x-1)} \frac{d^{(j)}_{x-1}}{l^{(T)}_{x-1}}$$

を (3.18) に代入して整理すると，次式が得られる：

$$l^{(T)}_{x-1} \left({}^{UC}F_{(x_e,x-1)} + {}^{UC}P_{(x_e,x-1)} \right)(1+i) - \sum_j d^{(j)}_{x-1} K^{(j)}_{(x,x-x_e)}$$

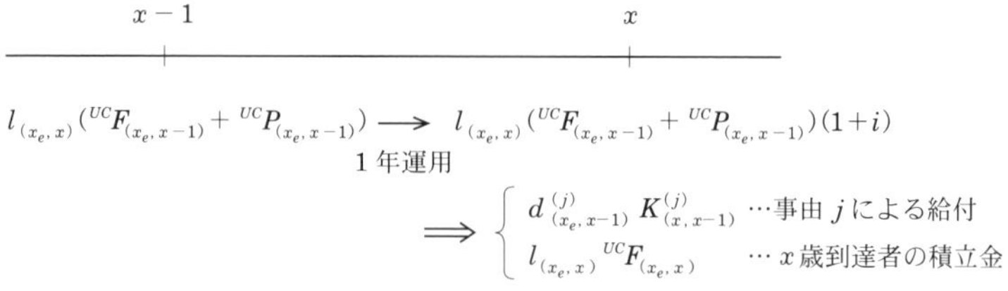

$$\begin{array}{c} x-1 \qquad\qquad\qquad\qquad x \\ \hline \end{array}$$

$$l_{(x_e,x)}({}^{UC}F_{(x_e,x-1)}+{}^{UC}P_{(x_e,x-1)}) \xrightarrow[\text{1 年運用}]{} l_{(x_e,x)}({}^{UC}F_{(x_e,x-1)}+{}^{UC}P_{(x_e,x-1)})(1+i)$$

$$\Longrightarrow \begin{cases} d^{(j)}_{(x_e,x-1)}K^{(j)}_{(x,x-1)} & \cdots\text{事由 } j \text{ による給付} \\ l_{(x_e,x)}{}^{UC}F_{(x_e,x)} & \cdots x\text{ 歳到達者の積立金} \end{cases}$$

図 3.2

$$= l_x^{(T)} \cdot {}^{UC}F_{(x_e,x)}.$$

両辺に v^x を掛けて，計算基数で表すと

$$D_{x-1}\left({}^{UC}F_{(x_e,x-1)} + {}^{UC}P_{(x_e,x-1)}\right) - \sum_j C_{x-1}^{(j)} K_{(x,x-x_e)}^{(j)}$$
$$= D_x \cdot {}^{UC}F_{(x_e,x)} \tag{3.19}$$

が得られる．ここで $x = x_e+1,\cdots,x$ について (3.19) を辺々加えると，

$$\sum_{y=x_e}^{x-1} D_y\,{}^{UC}P_{(x_e,y)} - \sum_{y=x_e}^{x-1}\sum_j C_y^{(j)} K_{(y+1,y+1-x_e)}^{(j)} = D_x \cdot {}^{UC}F_{(x_e,x)} \tag{3.20}$$

となる．なお，(3.20) を導く過程では，${}^{UC}F_{(x_e,x_e)} = 0$ を用いている[1]．単位積立方式の積立金は，以下のように表現される．

命題 3.1 (単位積立方式の積立金)

$${}^{UC}F_{(x_e,x)} = \sum_{z=x}^{x_r-1}\sum_j \frac{C_z^{(j)}}{D_x} K_{(x,x-x_e)}^{(j)} + \frac{D_{x_r}}{D_x} K_{(x_r,x-x_e)}^{(r)} \tag{3.21}$$

が成立する．

証明　まず，(3.20) の左辺第 1 項に単位積立方式の保険料の算式 (3.17) を

[1] x_eの加入者が保険料を支払う前には積立金は存在しない！

代入すると，次式が得られる：

$$D_x \cdot {}^{UC}F_{(x_e,x)} = \sum_{y=x_e}^{x-1} \sum_{z=y}^{x_r-1} \sum_j C_z^{(j)} \left(K_{(y+1,y+1-x_e)}^{(j)} - K_{(y,y-x_e)}^{(j)} \right) + \sum_{y=x_e}^{x-1} D_{x_r} \left(K_{(x_r+1,y+1-x_e)}^{(r)} - K_{(x_r,y-x_e)}^{(r)} \right) - \sum_{y=x_e}^{x-1} \sum_j C_y^{(j)} K_{(y+1,y+1-x_e)}^{(j)}$$

右辺第 1 項の (y,z) に関する和の領域を図示すると，図 3.3 のようになる．

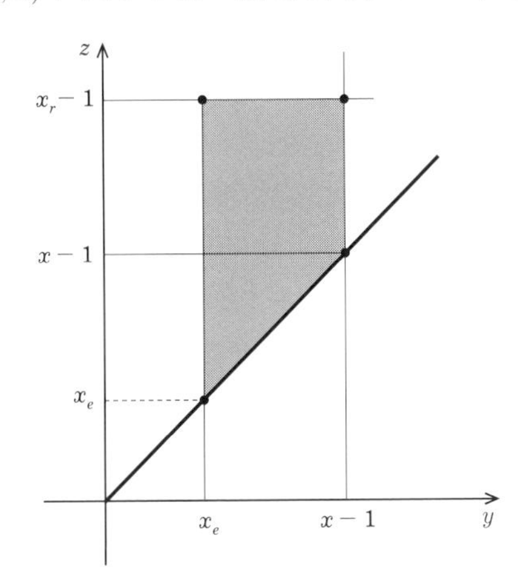

図 3.3

y と z の和の順序を交換すると，次式が得られる：

$$\begin{aligned} D_x \cdot {}^{UC}F_{(x_e,x)} &= \sum_{y=x_e}^{x-1} \left\{ \sum_{z=y}^{x_r-1} \sum_j C_z^{(j)} \left(K_{(y+1,y+1-x_e)}^{(j)} - K_{(y,y-x_e)}^{(j)} \right) + D_{x_r} \left(K_{(x_r+1,y+1-x_e)}^{(r)} - K_{(x_r,y-x_e)}^{(r)} \right) \right\} \\ &\quad - \sum_{y=x_e}^{x-1} \sum_j C_y^{(j)} K_{(y+1,y+1-x_e)}^{(j)} \\ &= \sum_{z=x_e}^{x-1} \sum_{y=x_e}^{z} \left\{ \sum_j C_z^{(j)} \left(K_{(y+1,y+1-x_e)}^{(j)} - K_{(y,y-x_e)}^{(j)} \right) \right\} \end{aligned}$$

$$
\begin{aligned}
&\quad + \sum_{z=x}^{x_r-1} \sum_{y=x_e}^{x-1} \left\{ \sum_j C_z^{(j)} \left(K_{(y+1,y+1-x_e)}^{(j)} - K_{(y,y-x_e)}^{(j)} \right) \right\} \\
&\quad + \sum_{y=x_e}^{x-1} D_{x_r} \left(K_{(x_r+1,y+1-x_e)}^{(r)} - K_{(x_r,y-x_e)}^{(r)} \right) \\
&\quad - \sum_{y=x_e}^{x-1} \sum_j C_y^{(j)} K_{(y+1,y+1-x_e)}^{(j)} \\
&= \sum_{z=x_e}^{x-1} \sum_j C_z^{(j)} \left(K_{(z+1,z+1-x_e)}^{(j)} - K_{(x_e,0)}^{(j)} \right) \\
&\quad + \sum_{z=x}^{x_r-1} \sum_j C_z^{(j)} \left(K_{(x,x-x_e)}^{(j)} - K_{(x_e,0)}^{(j)} \right) \\
&\quad + D_{x_r} \left(K_{(x_r,x-x_e)}^{(r)} - K_{(x_e,0)}^{(r)} \right) - \sum_{y=x_e}^{x-1} \sum_j C_y^{(j)} K_{(y+1,y+1-x_e)}^{(j)} \\
&= \sum_{z=x}^{x_r-1} \sum_j C_z^{(j)} K_{(x,x-x_e)}^{(j)} + D_{x_r} K_{(x_r,x-x_e)}^{(r)}. \qquad (3.22)
\end{aligned}
$$

ここで，$K_{(x_e,0)}^{(j)} = 0$ を使った．これより (3.21) が得られる． □

(3.21) より，単位積立方式における積立金は，各加入者の加入期間に対応した給付額の現価となっていることがわかる．また，加入者の過去勤務期間にかかる給付の評価を (3.6) とした場合の過去勤務期間の給付となっている．

(3.A.b) 予測単位積立方式

この方式は，将来の給付を予測し，給付のうちのある 1 年間に発生したものをその 1 年のうちに拠出する方式である．x_e 歳で制度に加入した者の，予測単位積立方式における x 歳時点の掛金額を ${}^{PUC}P_{(x_e,x)}$ としたとき，これを

$$
\begin{aligned}
{}^{PUC}P_{(x_e,x)} &= \sum_{z=x}^{x_r-1} \sum_j \frac{C_z^{(j)}}{D_x} K_{(z+1,z+1-x_e)}^{(j)} \gamma_{(x_e,x,z+1)}^{(j)} \\
&\quad + \frac{D_{x_r}}{D_x} K_{(x_r,x_r-x_e)}^{(r)} \gamma_{(x_e,x,x_r)}^{(r)} \qquad (3.23)
\end{aligned}
$$

と定義する．

ここで $\gamma_{(x_e,x,y)}^{(j)}$ は，$K_{(y,y-x_e)}^{(j)}$ のうち，現在時点 x 歳から 1 年間に発生した

給付の比率を表す．つまり，予測単位積立方式では，退職時の給付 $K^{(j)}_{(y,y-x_e)}$ のうち $\gamma^{(j)}_{(x_e,x,y)}$ の割合を x 歳からの 1 年間で積み立てることになる．例えば，$\gamma^{(j)}_{(x_e,x,y)}$ を

$$\gamma^{(j)}_{(x_e,x,y)} = \frac{1}{y-x_e} \tag{3.24}$$

のように定めると，給付に対して各勤続期間に応じて均等に準備することになる．

また，$\alpha^{(j)}_{(x,t)}$ を給付額を計算するための係数とし，$K^{(j)}_{(y,y-x_e)}$ のうち x 歳時点では，

$$\frac{\alpha^{(j)}_{(x,x-x_e)}}{\alpha^{(j)}_{(y,y-x_e)}} K^{(j)}_{(y,y-x_e)}$$

が割り当てられていると考え，

$$\gamma^{(j)}_{(x_e,x,y)} = \frac{\alpha^{(j)}_{(x,x-x_e)} - \alpha^{(j)}_{(x-1,x-1-x_e)}}{\alpha^{(j)}_{(y,y-x_e)}} \tag{3.25}$$

のように定めると，給付の増加額に対応して掛金を準備してゆくこととなる．

なお，$\alpha^{(j)}_{(x,t)}$ については，給付額が給与比例で与えられる場合には，(3.9) の支給乗率であり，定額制の場合は

$$\alpha^{(j)}_{(x,t)} = K^{(j)}_{(x,t)}$$

であって給付額そのものである．したがって，定額制で，$\gamma^{(j)}_{(x_e,x,y)}$ が (3.25) の形であれば，単位積立方式と予測単位積立方式の掛金額は同じである．

${}^{PUC}F_{(x_e,x)}$ を予測単位積立方式における，x_e 歳で加入した者の x 歳到達時点の 1 人当たりの積立金額とする．このとき，単位積立方式で (3.18) から (3.20) を導いたのと同じ論法で，添え字 UC を PUC に置きかえた以下の式が成立する：

$$\sum_{y=x_e}^{x-1} D_y \cdot^{PUC} P_{(x_e,y)} - \sum_{y=x_e}^{x-1} \sum_j C_y^{(j)} K_{(y+1,y+1-x_e)}^{(j)}$$
$$= D_x \cdot^{PUC} F_{(x_e,x)}.$$

この式に (3.23) で与えられる掛金を代入し，和の順序を交換すると次式が得られる (図 3.3 参照)：

$$\begin{aligned}
&D_x \cdot {}^{PUC} F_{(x_e,x)} \\
&= \sum_{y=x_e}^{x-1} \left\{ \sum_{z=y}^{x_r-1} \sum_j C_z^{(j)} K_{(z+1,z+1-x_e)}^{(j)} \gamma_{(x_e,y,z+1)}^{(j)} \right. \\
&\qquad \left. + D_{x_r} K_{(x_r,x_r-x_e)}^{(r)} \gamma_{(x_e,y,x_r)}^{(r)} \right\} \\
&\quad - \sum_{y=x_e}^{x-1} \sum_j C_y^{(j)} K_{(y+1,y+1-x_e)}^{(j)} \\
&= \sum_{z=x_e}^{x-1} \sum_{y=x_e}^{z} \left\{ \sum_j C_z^{(j)} K_{(z+1,z+1-x_e)}^{(j)} \gamma_{(x_e,y,z+1)}^{(j)} \right\} \\
&\quad + \sum_{z=x}^{x_r-1} \sum_{y=x_e}^{x-1} \left\{ \sum_j C_z^{(j)} K_{(z+1,z+1-x_e)}^{(j)} \gamma_{(x_e,y,z+1)}^{(j)} \right\} \\
&\quad + \sum_{y=x_e}^{x-1} D_{x_r} K_{(x_r,x_r-x_e)}^{(r)} \gamma_{(x_e,y,x_r)}^{(r)} - \sum_{y=x_e}^{x-1} \sum_j C_y^{(j)} K_{(y+1,y+1-x_e)}^{(j)} \\
&= \sum_{z=x_e}^{x-1} \left\{ \sum_j \left(C_z^{(j)} K_{(z+1,z+1-x_e)}^{(j)} \sum_{y=x_e}^{z} \gamma_{(x_e,y,z+1)}^{(j)} \right) \right\} \\
&\quad + \sum_{z=x}^{x_r-1} \left\{ \sum_j \left(C_z^{(j)} K_{(z+1,z+1-x_e)}^{(j)} \sum_{y=x_e}^{x-1} \gamma_{(x_e,y,z+1)}^{(j)} \right) \right\} \\
&\quad + \left(D_{x_r} K_{(x_r,x_r-x_e)}^{(r)} \right) \sum_{y=x_e}^{x-1} \gamma_{(x_e,y,x_r)}^{(r)} - \sum_{z=x_e}^{x-1} \sum_j C_z^{(j)} K_{(z+1,z+1-x_e)}^{(j)}.
\end{aligned}$$

ここで $\gamma_{(x_e,y,z)}^{(j)}$ の定義より，

$$\sum_{y=x_e}^{z} \gamma_{(x_e,y,z+1)}^{(j)} = 1 \tag{3.26}$$

であるから，上式の第 1 項 = 第 4 項が打ち消し合うので次式が得られる：

$$D_x \cdot {}^{PUC}F_{(x_e,x)} = \sum_{z=x}^{x_r-1} \left\{ \sum_j \left(C_z^{(j)} K_{(z+1,z+1-x_e)}^{(j)} \sum_{y=x_e}^{x-1} \gamma_{(x_e,y,z+1)}^{(j)} \right) \right\}$$
$$+ D_{x_r} K_{(x_r,x_r-x_e)}^{(r)} \sum_{y=x_e}^{x-1} \gamma_{(x_e,y,x_r)}^{(r)}. \qquad (3.27)$$

よって，

$$ {}^{PUC}F_{(x_e,x)} = \sum_{z=x}^{x_r-1} \left\{ \sum_j \left(\frac{C_z^{(j)}}{D_x} K_{(z+1,z+1-x_e)}^{(j)} \sum_{y=x_e}^{x-1} \gamma_{(x_e,y,z+1)}^{(j)} \right) \right\}$$
$$+ \frac{D_{x_r}}{D_x} K_{(x_r,x_r-x_e)}^{(r)} \sum_{y=x_e}^{x-1} \gamma_{(x_e,y,x_r)}^{(r)} \qquad (3.28)$$

となる．(3.28) の各項の括弧内は，各脱退時期の給付 $K_{(z+1,z+1-x_e)}^{(j)}$ および $K_{(x_r,x_r-x_e)}^{(r)}$ のうち $(x-1)$ 歳までに発生した給付のことである．したがって，予測単位積立方式の積立金はそれまでの勤続期間について割り当てられた給付現価である．

$\gamma_{(x_e,y,z)}^{(j)}$ が (3.24) によって定められているときは，

$$\sum_{y=x_e}^{x-1} \gamma_{(x_e,y,z+1)}^{(j)} = \frac{x-x_e}{z+1-x_e}$$

となり，${}^{PUC}F_{(x_e,x)}$ は勤務期間の比率による過去勤務期間にかかる給付現価となっている．

また，$\gamma_{(x_e,y,z)}^{(j)}$ が，(3.25) によって定められているときは，

$$\sum_{y=x_e}^{x-1} \gamma_{(x_e,y,z+1)}^{(j)} = \frac{\alpha_{(x,x-x_e)}^{(j)}}{\alpha_{(z+1,z+1-x_e)}^{(j)}}$$

であるが，給付額が給与比例として定められている場合，つまり

$$K_{(z+1,z+1-x_e)}^{(j)} = B_{(z+1,z+1-x_e)}^{*(j)} \alpha_{(z+1,z+1-x_e)}^{(j)}$$

の場合，将来発生する給付のうち当期までに割り当てられた給付と，当期の実際の給付との差をとると，

$$
\begin{aligned}
&K^{(j)}_{(z+1,z+1-x_e)}\sum_{y=x_e}^{x-1}\gamma^{(j)}_{(x_e,y,z+1)}-K^{(j)}_{(x,x-x_e)}\\
&\quad=B^{*(j)}_{(z+1,z+1-x_e)}\alpha^{(j)}_{(z+1,z+1-x_e)}\frac{\alpha^{(j)}_{(x,x-x_e)}}{\alpha^{(j)}_{(z+1,z+1-x_e)}}\\
&\qquad-B^{*(j)}_{(x,x-x_e)}\alpha^{(j)}_{(x,x-x_e)}\\
&\quad=(B^{*(j)}_{(z+1,z+1-x_e)}-B^{*(j)}_{(x,x-x_e)})\alpha^{(j)}_{(x,x-x_e)}
\end{aligned}
$$

となる．ただし，$B^{*(j)}_{(x+1,x+1-x_e)}$ は退職時点の給付算定給与とし，(3.21) と (3.27) の基数に掛けた係数の差をとっている．

これから，予測単位積立方式の積立金は単位積立方式の積立金と比較して，昇給の見込み分だけ大きくなることがわかる．したがって，前述のとおり給付が給与に依存していない定額制の場合は，予測単位積立方式の積立金は単位積立方式の積立金と一致する．

(3.B) 平準積立方式

この方式は，加入者が制度に加入したときから退職時まで全期間を通じて一定 (率) の掛金を支払う方式である．ここで一定 (率) とは，掛金を給与に比例して支払う場合は，給与に対する一定率のことを，給与に比例しない場合は一定額のことを意味する．平準積立方式では，制度に加入したときから退職時まで一定 (率) の掛金を支払うため，掛金の総額は制度への加入年齢に応じて決まる．x_e 歳で制度に加入した者について，給付現価は (3.3) を用いると，

$$
S^a_{(x_e,0)}=\sum_{y=x_e}^{x_r-1}\sum_j\frac{C^{(j)}_y}{D_{x_e}}K^{(j)}_{(y+1,y+1-x_e)}+\frac{D_{x_r}}{D_{x_e}}K^{(r)}_{(x_r,x_r-x_e)}
$$

となる．

一方，平準掛金率または掛金額を ${}^LP_{x_e}$ とすると，掛金収入現価は

$$
\begin{cases}
{}^LP_{x_e}\times(\text{人数現価}), & (\text{定額掛金の場合})\\
{}^LP_{x_e}\times(\text{給与現価}) & (\text{給与比例掛金の場合})
\end{cases}
$$

で与えられるため，(3.13) および (3.14) を用いて収支が相等するような掛金

率を求めると，定額掛金の場合の掛金 ${}^{L}P_{x_e}$ は

$$
{}^{L}P_{x_e} = \frac{\sum_{y=x_e}^{x_r-1} \sum_{j} C_y^{(j)} K_{(y+1,y+1-x_e)}^{(j)} + D_{x_r} K_{(x_r,x_r-x_e)}^{(r)}}{\sum_{y=x_e}^{x_r-1} D_y} \tag{3.29}
$$

で与えられ，給与比例掛金の場合の掛金 ${}^{L}P_{x_e}$ は

$$
{}^{L}P_{x_e} = \frac{\sum_{y=x_e}^{x_r-1} \sum_{j} C_y^{(j)} K_{(y+1,y+1-x_e)}^{(j)} + D_{x_r} K_{(x_r,x_r-x_e)}^{(r)}}{B_{(x_e)} \sum_{y=x_e}^{x_r-1} D_y \dfrac{b_y}{b_{x_e}}}
$$

で与えられる．

平準積立方式においても (3.18) から (3.20) が成立するので，平準積立方式の積立金を ${}^{L}F_{(x_e,x)}$ とし，掛金が (3.29) で定められているとすると

$$
D_x \cdot {}^{L}F_{(x_e,x)} = \sum_{y=x_e}^{x-1} (D_y \cdot {}^{L}P_{x_e}) - \sum_{y=x_e}^{x-1} \sum_{j} C_y^{(j)} K_{(y+1,y+1-x_e)}^{(j)} \tag{3.30}
$$

が成り立つ．$D_x = v^x l_x^{(T)}, D_y = v^y l_y^{(T)}$ を代入すると，

$$
l_x^{(T)} v^x \, {}^{L}F_{(x_e,x)} = \sum_{y=x_e}^{x-1} \left(l_y^{(T)} \cdot {}^{L}P_{x_e} v^y \right) - \sum_{y=x_e}^{x-1} \sum_{j} d_y^{(j)} v^{y+1} K_{(y+1,y+1-x_e)}^{(j)}
$$

となり，両辺を v^x で割ると

$$
\begin{aligned}
l_x^{(T)} \, {}^{L}F_{(x_e,x)} &= \sum_{y=x_e}^{x-1} (l_y^{(T)} \cdot {}^{L}P_{x_e}) v^{y-x} \\
&\quad - \sum_{y=x_e}^{x-1} \left(\sum_{j} d_y^{(j)} K_{(y+1,y+1-x_e)}^{(j)} \right) v^{y+1-x} \\
&= \sum_{y=x_e}^{x-1} \left(l_y^{(T)} \, {}^{L}P_{x_e} \right) (1+i)^{x-y} \\
&\quad - \sum_{y=x_e}^{x-1} \left(\sum_{j} d_y^{(j)} K_{(y+1,y+1-x_e)}^{(j)} \right) (1+i)^{x-y-1}
\end{aligned}
$$

となる．これより，x 歳における積立金 ${}^{L}F_{(x_e,x)}$ は，x_e 歳で同時期に加入し

た者が支払った掛金の元利合計から，$(x-1)$ 歳までに支払った給付の元利合計を控除したものを，x 歳まで残存している加入者 ($l_x^{(T)}$ 人いる) 1 人当たりに換算したものである．

●――発生給付方式と平準積立方式の比較

発生給付方式による掛金と平準積立方式による掛金の違いについて考えてみよう．

発生給付方式は，給付の増加幅に焦点を当てて増加幅に見合った掛金を支払っていく方式である．したがって，全加入期間を通じて給付が均等に発生するような制度の場合 (例えば，勤続 1 年当たり “1” という年金給付を行う制度)，給付の発生時期までの期間が長いほど，つまり一般的に年齢が若いほど掛金は小さく，逆に年齢が大きくなり定年年齢に近づくほど掛金は大きくなる．

一方，平準積立方式では，最終的に掛金と給付が収支相等するように，加入期間を通じて平準な掛金を支払うことを目的としている．したがって，制度に加入した当初は平準保険料方式の掛金が発生給付方式の掛金を上回り，ある年齢を超えると大小関係が逆転する．積立金は一般的には加入当初の掛金を大きく見込む平準保険料方式が大きくなる．次の例で，具体的にその関係を示すが，制度の内容や退職率によってはその関係が成り立たない場合がある．

例題 3.2

定年退職者に対して，勤続年数に拘わらず金額 1 の一時金給付を行う制度について，(3.23) 式にもとづく予測単位積立方式と，(3.29) で与えられる平準積立方式の掛金の大小関係を比較せよ．

解答　予測単位積立方式と平準積立方式の掛金はそれぞれ以下の式で与えられる：

$$^{PUC}P_{(x_e,x)} = \frac{D_{x_r}}{D_x}\frac{1}{x_r - x_e},$$

$$
{}^{L}P_{x_e} = \frac{D_{x_r}}{\sum_{y=x_e}^{x_r-1} D_y} = \frac{D_{x_r}}{N_{x_e} - N_{x_r}}.
$$

両者の差をとると，

$$
\begin{aligned}
{}^{PUC}P_{(x_e,x)} - {}^{L}P_{x_e} &= \frac{D_{x_r}}{D_x}\frac{1}{x_r - x_e} - \frac{D_{x_r}}{N_{x_e} - N_{x_r}} \\
&= \frac{D_{x_r}}{D_x}\left\{\frac{1}{x_r - x_e} - \frac{D_x}{N_{x_e} - N_{x_r}}\right\}. \qquad (3.31)
\end{aligned}
$$

ここで，

$$
f(x) = \frac{N_{x_e} - N_{x_r}}{D_x}
$$

とすると，D_x は x の減少関数なので，$f(x)$ は x の増加関数である．また

$$
f(x_e) = \frac{N_{x_e} - N_{x_r}}{D_{x_e}} < x_r - x_e, \qquad f(x_r) = \frac{N_{x_e} - N_{x_r}}{D_{x_r}} > x_r - x_e
$$

の関係が成り立つため，(3.31) は $x = x_e$ で最小値 (負値) をとり，年齢が上昇するにつれて上昇し，$x = x_r$ では正の値となる．したがって，x_e 歳においては予測単位積立方式の掛金は平準積立方式の掛金より小さいが，年齢が上昇するにつれてその差は小さくなり，ある年齢を超えると大小関係が逆転し，$x_r - 1$ 歳において予測単位積立方式の掛金が最大 ($>$ 平準積立方式の掛金) となる． □

なお，財政方式に拘わらず定年退職者への給付額は一定であるので，掛金に上記の関係がある場合，積立金はすべての年齢で平準積立方式が予測単位積立方式を上回っている．企業年金制度においては，年金支払いの準備を平準的に行っていくという目的があったことや，積立水準が高く給付の保全措置に優れていることなどから，平準積立方式が一般的に用いられている．

(3.C) 加入時積立方式 (Initial Funding method)

この方式は，制度に新たに加入した者について，加入時に一括して掛金を支払う方式を言う．したがって，この方式による掛金額は制度に加入した者の給

付現価そのものであり，加入時に一括で支払うことでその加入者の給付の準備が行われることになる．加入時積立方式を採用した場合，既存の会社に新たに年金制度を導入しようとすると，すべての加入者は制度導入時に給付現価すべてを掛金として支払わなければならず，その金額は非現実で莫大な値となる．また，実際には税法上，掛金の拠出には年間の上限が設けられているため，実務上は企業年金ではこの財政方式が採用されることはない．

(3.D) 完全積立方式 (Complete Funding method)

この方式は，すべての加入者と受給権者の給付現価を賄うために，一括または数回に分けて原資を払い込む方法である．これによれば積立金の利息のみで給付が賄えることになるが，加入時積立方式よりもさらに非現実的でる．

3.3 数理債務

この節では数理債務について述べる．数理債務とは一言で言えば，将来の年金給付を行うために，将来の掛金収入を考慮して，現在保有すべき金額である．

3.3.1 数理債務の定義

前節においては，収支相等の原則にもとづいて，各財政方式における掛金を求めた．このとき，掛金，給付，利息の間には

$$\begin{aligned}&\text{「(長期的な) 掛金収入」}+\text{「(長期的な) 利息収入」}\\&\quad=\text{「(長期的な) 給付支払」}\end{aligned}\tag{3.32}$$

という関係が成立する．(3.32) の両辺を，年金制度設立以降の一時点 (この時点を現時点と考える) でそれぞれ評価すると，

$$\begin{aligned}&\text{「過去の収入現価 (元利合計)」}+\text{「将来の収入現価」}\\&\quad=\text{「過去の給付現価 (元利合計)」}+\text{「将来の給付現価」}\end{aligned}$$

となり，さらに

$$\text{「過去の収入現価 (元利合計)」}-\text{「過去の給付現価 (元利合計)」}$$
$$=\text{「将来の給付現価」}-\text{「将来の収入現価」} \tag{3.33}$$

が成立する.

財政方式を事前積立方式とした場合に，(3.33) の左辺は，加入者については (3.20) 式により加入者にかかる年金資産を表している．ここで，x_e 歳を制度に加入した時点の年齢，x 歳を現在時点の年齢 (ただし，$x \geqq x_e$) として，**数理債務** $V_{(x_e,x)}$ を

$$V_{(x_e,x)}=\text{「将来の給付現価」}-\text{「将来の掛金収入現価」} \tag{3.34}$$

によって定義する[2)].

(3.34) を変形すると

$$V_{(x_e,x)}+\text{「将来の掛金収入現価」}=\text{「将来の給付現価」} \tag{3.35}$$

となり，これは数理債務とは将来の掛金収入とあわせて給付を行うために現在保有すべき金額であることを意味している．以上は生命保険数理で学んだ「**過去法による責任準備金**」が「**将来法による責任準備金**」に一致するという事実と同じことを主張している.「積立金」が「過去法責任準備金」であり,「数理債務」が「将来法責任準備金」に対応している.

3.3.2 財政方式ごとの数理債務

本節では，各財政方式ごとに数理債務がどのように表現されるか見ていこう.

(1) 賦課方式

この方式では，給付が発生する都度その給付と同額を掛金として支払うので，数理債務 $V_{(x_e,x)}$ は (3.1) を用いると

$$V_{(x_e,x)}=\sum_j\sum_{t_j} {}_{t_j|}q_x^{(j)}K^{(j)}v^{t_j}-\sum_j\sum_{t_j} {}_{t_j|}q_x^{(j)}c^{(j)}v^{t_j}$$

---

2) なお，$V_{(x_e,x)}$ は，数理上債務や (将来法) 責任準備金と言われることがある．本書では数理債務で統一する.

$$= \sum_j \sum_{t_j} {}_{t_j|}q_x^{(j)}(K^{(j)} - c^{(j)})v^{t_j}$$
$$= 0$$

となる．ただし，$c^{(j)}$ は給付額 $K^{(j)}$ に対応した掛金額である．これは賦課方式においては積立金を保有しないということと一致する．

(2) 退職時年金現価積立方式

この方式では，加入者が制度から脱退したときに一時金給付額または脱退後に受け取る年金現価相当額を一括して掛金として支払う方式である．したがって，加入者については脱退時に「給付額 = 掛金額」という等式が成り立つため，数理上の債務は 0 となる．一方，受給権者については，制度から脱退しているため掛金収入現価は 0 であり，数理債務は給付現価つまり年金現価となる．したがって，制度全体の数理債務は年金受給権者にかかる年金現価である．

(3) 事前積立方式

事前積立方式においても，年金受給権者については退職時年金現価積立方式と同様に年金現価が数理債務となる．一方，加入者については前項までにおいて積立金額の計算を行っているため，ここでは数理債務が積立金額に一致していることを示す．なお，いずれの方式においても $P_{(x_e,y)}$ を x_e 歳で加入した人の y 歳における定額の保険料とすると，数理債務は

$$V_{(x_e,x)} = \sum_{y=x}^{x_r-1} \sum_j \frac{C_y^{(j)}}{D_x} K^{(j)}_{(y+1,y+1-x_e)} + \frac{D_{x_r}}{D_x} K^{(r)}_{(x_r,x_r-x_e)} - \sum_{y=x}^{x_r-1} \frac{D_y}{D_x} P_{(x_e,y)} \tag{3.36}$$

で与えられる．

(3.A.a) 単位積立方式

(3.36) の右辺の第 3 項の $P_{(x_e,y)}$ に (3.17) を代入すると，

$$\sum_{y=x}^{x_r-1} \left(\frac{D_y}{D_x} \cdot {}^{UC}P_{(x_e,y)} \right)$$

$$
\begin{aligned}
&= \sum_{y=x}^{x_r-1} \left(\frac{1}{D_x} \left\{ \sum_{z=y}^{x_r-1} \sum_j C_z^{(j)} \left(K_{(y+1,y+1-x_e)}^{(j)} - K_{(y,y-x_e)}^{(j)} \right) \right.\right. \\
&\qquad\qquad \left.\left. + \ D_{x_r} \left(K_{(x_r+1,y+1-x_e)}^{(r)} - K_{(x_r,y-x_e)}^{(r)} \right) \right\} \right) \\
&= \sum_{z=x}^{x_r-1} \left\{ \frac{1}{D_x} \sum_j C_z^{(j)} \sum_{y=x}^{z} \left(K_{(y+1,y+1-x_e)}^{(j)} - K_{(y,y-x_e)}^{(j)} \right) \right\} \\
&\quad + \frac{D_{x_r}}{D_x} \left(K_{(x_r,x_r-x_e)}^{(r)} - K_{(x_r,x-x_e)}^{(r)} \right) \\
&= \sum_{z=x}^{x_r-1} \left\{ \frac{1}{D_x} \sum_j C_z^{(j)} \left(K_{(z+1,z-x_e+1)}^{(j)} - K_{(x,x-x_e)}^{(j)} \right) \right\} \\
&\quad + \frac{D_{x_r}}{D_x} \left(K_{(x_r,x_r-x_e)}^{(r)} - K_{(x_r,x-x_e)}^{(r)} \right)
\end{aligned}
$$

となる．したがって (3.36) より

$$
V_{(x_e,x)} = \sum_{y=x}^{x_r-1} \sum_j \frac{C_y^{(j)}}{D_x} K_{(x,x-x_e)}^{(j)} + \frac{D_{x_r}}{D_x} K_{(x_r,x-x_e)}^{(r)}
$$

となり，(3.21) より $V_{(x_e,x)} = {}^{UC}F_{(x_e,x)}$ となり，数理債務と積立金が一致することが示された．

なお，x_e 歳の加入者については

$$
\begin{aligned}
&\sum_{y=x_e}^{x_r-1} \left(\frac{D_y}{D_{x_e}} \cdot {}^{UC}P_{(x_e,y)} \right) \\
&\quad = \sum_{y=x_e}^{x_r-1} \frac{D_y}{D_{x_e}} \sum_{z=y}^{x_r-1} \sum_j \frac{C_z^{(j)}}{D_y} \left(K_{(y+1,y+1-x_e)}^{(j)} - K_{(y,y-x_e)}^{(j)} \right) \\
&\qquad + \sum_{y=x_e}^{x_r-1} \frac{D_{x_r}}{D_{x_e}} \left(K_{(x_r+1,y+1-x_e)}^{(r)} - K_{(x_r,y-x_e)}^{(r)} \right) \\
&\quad = \sum_{z=x_e}^{x_r-1} \sum_j \frac{C_z^{(j)}}{D_{x_e}} \sum_{y=x_e}^{z} \left(K_{(y+1,y+1-x_e)}^{(j)} - K_{(y,y-x_e)}^{(j)} \right) \\
&\qquad + \frac{D_{x_r}}{D_{x_e}} \left(K_{(x_r,x_r-x_e)}^{(r)} - K_{(x_e,0)}^{(r)} \right) \\
&\quad = \sum_{z=x_e}^{x_r-1} \sum_j \frac{C_z^{(j)}}{D_{x_e}} K_{(z+1,z+1-x_e)}^{(j)} + \frac{D_{x_r}}{D_{x_e}} K_{(x_r,x_r-x_e)}^{(r)}
\end{aligned}
$$

となる．これは，x_e 歳の加入者の給付現価を表すため，

$$V_{(x_e,x_e)} = 0$$

が成り立つ.

(3.A.b) 予測単位積立方式

予測単位積立方式の掛金は (3.23) で与えられるため, (3.36) の第 3 項は,

$$\begin{aligned}
&\sum_{y=x}^{x_r-1}\left(\frac{D_y}{D_x}\cdot {}^{PUC}P_{(x_e,y)}\right)\\
&= \sum_{y=x}^{x_r-1}\left(\frac{1}{D_x}\left\{\sum_{z=y}^{x_r-1}\sum_j C_z^{(j)} K_{(z+1,z+1-x_e)}^{(j)}\gamma_{(x_e,y,z+1)}^{(j)}\right.\right.\\
&\qquad\left.\left. + \ D_{x_r} K_{(x_r,x_r-x_e)}^{(r)}\gamma_{(x_e,y,x_r)}^{(r)}\right\}\right)\\
&= \sum_{z=x}^{x_r-1}\frac{1}{D_x}\left(\sum_{y=x}^{z}\sum_j C_z^{(j)} K_{(z+1,z+1-x_e)}^{(j)}\gamma_{(x_e,y,z+1)}^{(j)}\right)\\
&\quad + \sum_{y=x}^{x_r-1}\frac{D_{x_r}}{D_x} K_{(x_r,x_r-x_e)}^{(r)}\gamma_{(x_e,y,x_r)}^{(r)} \qquad \text{(和の交換を行った)}\\
&= \sum_{z=x}^{x_r-1}\left\{\frac{1}{D_x}\sum_j\left(C_x^{(j)} K_{(z+1,z+1-x_e)}^{(j)}\sum_{y=x}^{z}\gamma_{(x_e,y,z+1)}^{(j)}\right)\right.
\end{aligned}$$

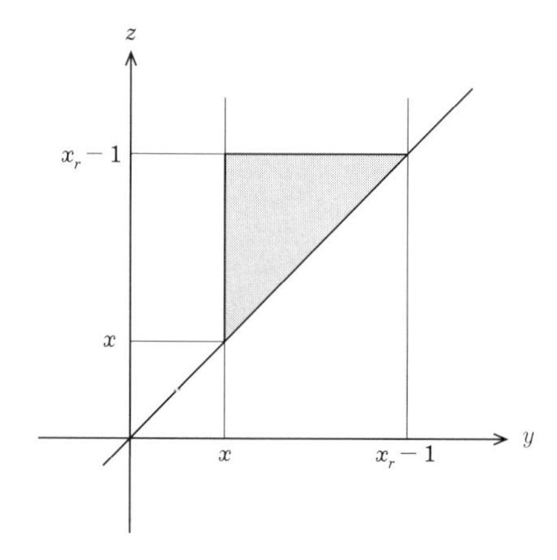

図 **3.4**

$$
+\frac{D_{x_r}}{D_x}K^{(r)}_{(x_r,x_r-x_e)}\sum_{y=x}^{x_r-1}\gamma^{(r)}_{(x_e,y,x_r)}\Bigg\}
$$

となる．これを，(3.36) に代入すると

$$
\begin{aligned}
V_{(x_e,x)} &= \sum_{y=x}^{x_r-1}\sum_j \frac{C^{(j)}_y}{D_x}K^{(j)}_{(y+1,y+1-x_e)} + \frac{D_{x_r}}{D_x}K^{(r)}_{(x_r,x_r-x_e)} \\
&\quad - \sum_{z=x}^{x_r-1}\frac{1}{D_x}\sum_j\left(C^{(j)}_z K^{(j)}_{(z+1,z+1-x_e)}\sum_{y=x}^{z}\gamma^{(j)}_{(x_e,y,z+1)}\right) \\
&\quad - \frac{D_{x_r}}{D_x}K^{(r)}_{(x_r,x_r-x_e)}\sum_{y=x}^{x_r-1}\gamma^{(r)}_{(x_e,y,x_r)} \\
&= \sum_{y=x}^{x_r-1}\sum_j\left\{\frac{C^{(j)}_y}{D_x}K^{(j)}_{(y+1,y+1-x_e)}\left(1-\sum_{w=x}^{z}\gamma^{(j)}_{(x_e,w,z+1)}\right)\right\} \\
&\quad + \frac{D_{x_r}}{D_x}K^{(r)}_{(x_r,x_r-x_e)}\left(1-\sum_{w=x}^{x_r-1}\gamma^{(r)}_{(x_e,w,x_r)}\right) \\
&= \sum_{y=x}^{x_r-1}\sum_j\left(\frac{C^{(j)}_y}{D_x}K^{(j)}_{(y+1,y+1-x_e)}\sum_{z=x_e}^{x-1}\gamma^{(j)}_{(x_e,z,y+1)}\right) \\
&\quad + \frac{D_{x_r}}{D_x}K^{(r)}_{(x_r,x_r-x_e)}\sum_{z=x_e}^{x-1}\gamma^{(r)}_{(x_e,z,x_r)} \qquad \text{((3.26) を用いた)}
\end{aligned}
$$

となり，(3.28) より $V_{(x_e,x)} = {}^{PUC}F_{(x_e,x)}$ となり，数理債務と積立金が等しいことが示された．なお，x_e 歳加入者については

$$
\begin{aligned}
&\sum_{y=x_e}^{x_r-1}\left(\frac{D_y}{D_{x_e}}\cdot {}^{PUC}P_{(x_e,y)}\right) \\
&\quad = \sum_{z=x_e}^{x_r-1}\left\{\frac{1}{D_{x_e}}\left(\sum_j C^{(j)}_z K^{(j)}_{(z+1,z+1-x_e)}\right)\sum_{y=x_e}^{z}\gamma^{(j)}_{(x_e,y,z+1)}\right\} \\
&\qquad + \frac{D_{x_r}}{D_x}K^{(r)}_{(x_r,x_r-x_e)}\sum_{y=x_e}^{x_r-1}\gamma^{(r)}_{(x_e,y,x_r)}
\end{aligned}
$$

であるが，(3.26) より γ の項はいずれも 1 となるため，上式は x_e 歳の給付現価に一致する．したがって，

$$
V_{(x_e,x_e)} = 0
$$

となる．

(3.B) 平準積立方式

この方式において，平準積立方式の掛金が定額のとき，(3.29) より

$$ {}^{L}P_{x_e} \sum_{y=x_e}^{x_r-1} D_y = \sum_{y=x_e}^{x_r-1} \sum_j C_y^{(j)} K_{(y+1,y+1-x_e)}^{(j)} + D_{x_r} K_{(x_r,x_r-x_e)}^{(r)} $$

となり，両辺の和を分割すると

$$ \begin{aligned} {}^{L}P_{x_e} \left(\sum_{y=x_e}^{x-1} D_y + \sum_{y=x}^{x_r-1} D_y \right) &= \sum_{y=x_e}^{x-1} \sum_j C_y^{(j)} K_{(y+1,y+1-x_e)}^{(j)} \\ &\quad + \sum_{y=x}^{x_r-1} \sum_j C_y^{(j)} K_{(y+1,y+1-x_e)}^{(j)} \\ &\quad + D_{x_r} K_{(x_r,x_r-x_e)}^{(r)} \end{aligned} $$

となる．したがって，

$$ \begin{aligned} &\sum_{y=x}^{x_r-1} \sum_j C_y^{(j)} K_{(y+1,y+1-x_e)}^{(j)} + D_{x_r} K_{(x_r,x_r-x_e)}^{(r)} - {}^{L}P_{x_e} \sum_{y=x}^{x_r-1} D_y \\ &\quad = {}^{L}P_{x_e} \sum_{y=x_e}^{x-1} D_y - \sum_{y=x_e}^{x-1} \sum_j C_y^{(j)} K_{(y+1,y+1-x_e)}^{(j)} \end{aligned} $$

が成り立つ．この式の右辺は (3.30) により $D_x \cdot {}^{L}F_{(x_e,x)}$ なので，

$$ (\text{上の式の左辺}) = D_x \cdot {}^{L}F_{(x_e,x)} $$

となり，(3.36) より，

$$ \begin{aligned} V_{(x_e,x)} &= \sum_{y=x}^{x_r-1} \sum_j \frac{C_y^{(j)}}{D_x} K_{(y+1,y+1-x_e)}^{(j)} \\ &\quad + \frac{D_{x_r}}{D_x} K_{(x_r,x_r-x_e)}^{(r)} - \sum_{y=x}^{x_r-1} \frac{D_y}{D_x} P_{(x_e,y)} \\ &= {}^{L}F_{(x_e,x)}. \end{aligned} $$

したがって，平準積立方式の数理債務についても積立金と一致する．なお，x_e 歳の加入者についても，今までと同様に $V_{(x_e,x_e)} = 0$ が成り立つ (証明は演習問題 3.4 に残す).

(3.C) 加入時年金現価積立方式

この方式においては，制度への加入時に掛金の支払いが完了している．したがって，加入者についても将来の保険料収入現価は 0 であり，数理債務は加入者の給付現価そのものである．

● **3 章で登場した主な記号一覧**

x_e：制度への加入年齢

x_r：定年年齢

$v = \dfrac{1}{1+i}$：現価率

$d = \dfrac{i}{1+i} = 1 - v$：割引率

$l_x^{(T)}$：脱退残存表における x 歳での残存数

${}_{t_j|}q^{(j)}$：事由 j による給付の発生が t_j 年後と t_{j+1} 年後の間で起こる確率

$S^p_{(x,t)}$：現在の年齢 x 歳，支給済み期間 (受給待期者については据置期間) t 年となる受給権者の給付現価

$S^a_{(x,t)}$：現在の年齢 x 歳，勤続期間 t 年となる加入者の給付現価

${}_{t|}q_x^{(j)}$：脱退事由 j による多重脱退残存表上の t 年経過後脱退率

${}_tp_x$：t 年後残存率

$K^{(j)}_{(x,t,s)}$：現在の年齢 x 歳，勤続期間 t 年の加入者の s 年経過後の脱退事由 j による給付額．特に，$K^{(r)}_{(x,t,x_r-x)}$ は定年到達時の給付額

${}^{FS}K^{(j)}_{(x,t)}$：$K^{(j)}_{(x,t,s)}$ の将来期間にかかる部分

${}^{PS}K^{(j)}_{(x,t)}$：$K^{(j)}_{(x,t,s)}$ の過去期間にかかる部分

${}^{FS}S^a_{(x,t)}$：$S^a_{(x,t)}$ の将来期間にかかる給付現価

${}^{PS}S^a_{(x,t)}$：$S^a_{(x,t)}$ の過去期間にかかる給付現価

S^f：新規加入者 (将来加入者) の給付現価

$B^{(j)}_{(x,t,s)}$：現在の年齢 x 歳，勤続期間 t 年の加入者が，s 年後に事由 j で脱退するときの給付算定基礎給与

$\alpha^{(j)}_{(x,t,s)}$：現在の年齢 x 歳，勤続期間 t 年の加入者が，s 年後に事由 j で脱退するときの支給乗率

$G^a_{(x)}$：x 歳加入者 1 人当たりの人数現価

$GB^a_{(x)}$：x 歳加入者 1 人当たりの給与現価

${}^PP_n$：賦課方式による，n 年度の加入者 1 人当たりの掛金額 (保険料)

${}^{UC}P_{(x_e,x)}$：単位積立方式による，x_e 歳で制度に加入した者の，x 歳時点での 1 年間の掛金額 (保険料)

$K_{(y,u)}^{(j)}$：脱退時の年齢 y，勤続期間 u，脱退事由 j のときの給付額

${}^{UC}F_{(x_e,x)}$：単位積立方式による，x_e 歳で加入した者の，x 歳到達時の積立金 (資産残高)

${}^{PUC}P_{(x_e,x)}$：予測単位積立方式による，x_e 歳加入，x 歳時点の加入者 1 人当たりの掛金額

$\gamma_{(x_e,x,y)}^{(j)}$：$K_{(y,u)}^{(j)}$ のうち，現時点 x 歳から 1 年間に発生した給付の比率

${}^{PUC}F_{(x_e,x)}$：予測単位積立方式による，x_e 歳で加入した者の，x 歳到達時の積立金 (資産残高)

${}^{L}P_{x_e}$：平準積立方式による，x_e 歳加入の加入者 1 人当たりの掛金額 (保険料)

${}^{L}F_{(x_e,x)}$：平準積立方式による，x_e 歳で加入した者の x 歳到達時の積立額 (資産残高)

$V_{(x_e,x)}$：x_e 歳加入，現在の年齢が x 歳の者の 1 人当たりの数理債務

演習問題

解答に当たっては，原則として本文で使用した記号を用いること．

基本問題

3.1

加入者の 1 人当たりの総給付現価 $S^a_{(x,t)}$ を連続給付の場合の積分形で書き替えよ．

3.2

トローブリッジ・モデルの年金制度において，財政方式として平準積立方式により運営する場合，以下の問いに答えよ．なお，記号中の添字 L は平準積立方式を示すものとする．

(1) 毎年 1 人当たりの定額掛金を ${}^LP$ とし，x_e 歳で新規加入する被保険者について成り立っている収支相等の原則を，計算基数を用いて等式に表せ．さらに，この等式より ${}^LP$ を求めよ．

(2) x_e 歳で将来にわたって制度に加入してくる者の給付現価 S^f と人数現価 G^f のそれぞれを無限等比級数 (算式中に計算基数を用いてよい) として表した上で，${}^LP = \dfrac{S^f}{G^f}$ が (1) の ${}^LP$ と等しくなることを示せ．

3.3

トローブリッジ・モデルの年金制度を導入し，個人平準保険料方式で運営することとする．制度導入前の退職者および制度導入時の加入者の過去勤務期間をすべて通算することとした場合の掛金と，平準積立方式の掛金との差額の現価は，加入年齢方式の責任準備金と等しいことを示せ．

3.4

3.3.2 節の (3.B) 平準積立方式 (94 ページ) の x_e 歳の加入者について，$V_{(x_e,x_e)}$ が 0 になることを示せ．

3.5

空欄に適当な計算式を入れよ．

離散的 (1 年単位) な給与比例の給付建て年金制度を考え，モデル給与 1 当たりの責任準備金を求める．脱退時には最終給与に比例する給付を支払い，保険料もまた給与比例で徴収する．x 歳で加入した加入者が給与指数どおりに給与が上昇すると仮定すると，t 年経過した群団の責任準備金は，

$$b_{x+t}\,l_{x+t}\,{}_tV_x = \sum_{j=t}^{x_r-1-x} \boxed{(1)}\,\alpha_{j+\frac{1}{2}} - \sum_{j=t}^{x_r-1-x} \boxed{(2)}\,P_x$$

である．ここで，v は現価率，b_{x+t} は給与指数，l_{x+t} は $(x+t)$ 歳における加入者数，${}_tV_x$ は $(x+t)$ 歳における給与 1 に対する責任準備金，d_{x+j} は $(x+j)$ 歳における脱退者数である．ただし，脱退時期は期央とし，(x_r-1) の退職者には定年退職者を含んでいる．また，$\alpha_{j+\frac{1}{2}}$ は j 年後の期央の予想給与 1 に対し支払われる給付率，P_x は給与 1 に対する期始払い掛金率とする．

これより，

$${}_tV_x = \frac{1}{b_{x+t}l_{x+t}}\left\{\sum_{j=t}^{x_r-1-x} \boxed{(1)}\,\alpha_{j+\frac{1}{2}} - \sum_{j=t}^{x_r-1-x} \boxed{(2)}\,P_x\right\}$$

となるが，この式の t を $t+1$ とすると

$${}_{t+1}V_x = \frac{1}{b_{x+t+1}l_{x+t+1}}\left\{\sum_{j=t+1}^{x_r-1-x} \boxed{(3)}\,\alpha_{j+\frac{1}{2}} - \sum_{j=t+1}^{x_r-1-x} \boxed{(4)}\,P_x\right\}$$

であり，この式を前の式を用いて整理すると，

$$\begin{aligned}
&{}_{t+1}V_x \\
&\quad - \frac{b_{x+t}}{b_{x+t+1}}\frac{l_{x+t}}{l_{x+t+1}}\left\{\sum_{j=t}^{x_r-1-x} \boxed{(3)}\,v^{-1}\alpha_{j\ +\frac{1}{2}} - \boxed{(5)}\,\alpha_{t+\frac{1}{2}}\right. \\
&\quad\quad \left. - \sum_{j=t+1}^{x_r-1-x} \boxed{(4)}\,v^{-1}P_x - \boxed{(6)}\,P_x\right\}\left(\boxed{(7)}\right)^{-1} \\
&\quad = \frac{b_{x+t}}{b_{x+t+1}}\frac{l_{x+t}}{l_{x+t+1}}\left\{\boxed{(8)}\left(\sum_{j=t}^{x_r-1-x} \boxed{(1)}\,\alpha_{j+\frac{1}{2}}\right.\right.
\end{aligned}$$

$$- \sum_{j=t+1}^{x_r-1-x} \boxed{(2)}\, \alpha_{j+\frac{1}{2}} \Big) \Big(\boxed{(7)} \Big)^{-1}$$

$$+ \boxed{(8)}\, P_x - \boxed{(9)}\, \alpha_{t+\frac{1}{2}} \Big\}$$

$$= \frac{b_x}{b_{x+t+1}} \frac{l_{x+t}}{l_{x+t+1}} \Big\{ \boxed{(8)}\ \boxed{(10)} - \boxed{(9)}\, \alpha_{t+\frac{1}{2}} \Big\}$$

となり，ファクラーの公式が導出される．

発展問題

3.6

トローブリッジ・モデルを想定する．定常状態における開放基金方式の 1 人当たり標準掛金率が，単位積立方式の年齢別 1 人当たり掛金の在職中の加入者数による加重平均で表されることを示せ．ただし，掛金の拠出は，年 1 回期始払いとする．

3.7

加入期間 t で制度から脱退した加入者に一時金 t が支払われるような退職一時金制度が定常状態に達している．制度に定年年齢 (最終年齢は 100 歳) は存在せず，利力を 0.05，x 歳の脱退力を $\dfrac{1}{100-x}$ とする．制度からの脱退は連続的に発生するものとして，以下の問に答えよ．

(1) 20 歳で加入した者 1 人当たりの，加入時点の給付現価 S_{20} および人数現価 G_{20} を式で表し，加入年齢方式の掛金率 P_{20} を求めよ．ただし，掛金率は連続払いとする (以下，本問に共通).

(2) 20 歳加入，加入期間 t の加入者の加入年齢方式による責任準備金 ${}_tV_{20}$ を求めよ．

(3) ある年度に，60 歳以上で脱退した場合の一時金額が 40 で頭打ちとなるような制度変更を実施した．加入年齢を 20 とした場合の加入年齢方式による掛金率 P^*_{20} を求めよ．

3.8

以下の制度内容の年金制度を実施している集団が 2 種類の給与体系を検討している.

制度内容

- 加入時期：年 1 回期始に加入.
- 給付内容：(定年到達時給与) $\times \alpha$ の年金年額を，定年到達時から年 1 回期始払いで終身にわたって支給する (定年以外の事由による脱退には給付なし).
- 昇給時期：年 1 回期始に昇給.
- 脱退時期：年 1 回期末に脱退 (ただし，定年退職は定年到達時の期始に脱退).
- 拠出方法：(昇給後給与合計) $\times$ (掛金率) を年 1 回期始払い.
- 財政方式：加入年齢方式 (加入年齢 x_e 歳).

その 2 種類の給与体系の年齢別給与 $b_x (x_e \leqq x \leqq x_r)$ が次のとおりである場合，以下の各問に答えよ．ただし，s は，$x_e < s \leqq x_r - 1$ を満たす整数である.

- 給与体系 A：$b_x^A = \begin{cases} 1 & (x = x_e) \\ 1 + \dfrac{x - x_e}{x_r - x_e} & (x_e < x \leqq x_r) \end{cases}$

- 給与体系 B：$b_x^B = \begin{cases} 1 & (x = x_e) \\ 1 + \left(\dfrac{x - x_e}{s - x_e}\right)^2 & (x_e < x < s) \\ 2 & (s \leqq x \leqq x_r) \end{cases}$

解答にあたり必要であれば v を現価率，x_e を加入年齢，x_r を定年年齢，$\ddot{a}_x$ を x 歳支給開始，期始払い終身年金現価率，D_x, C_x などを期始拠出，期末脱退に応じた計算基数として用いよ．

また，設問 (3) における責任準備金は，期始の昇給直後・加入直後・掛金の拠出直前のものと考えること．

(1)　2 種類の給与体系におけるそれぞれの標準掛金率 $P_{x_e}^A, P_{x_e}^B$ (年 1 回期始払い) を求めよ．

(2)　$P_{x_e}^A \leqq P_{x_e}^B(s=m), P_{x_e}^A > P_{x_e}^B(s=m+1)$ となる m が，ただ 1 つ存在することを示せ．

(3)　$s=m$ のとき，$P_{x_e}^A = P_{x_e}^B$ となったとする．このとき，加入者の責任準備金は，給与体系 A と給与体系 B のどちらが大きくなるかを示せ．

3.9

トローブリッジ・モデルの年金制度がある．財政方式は加入年齢方式，加入年齢は x_e 歳，定年年齢は x_r 歳とする．計算基礎率のうち，予定脱退率のみを洗い替える財政再計算を行ったところ，財政再計算前後の脱退力に以下の関係があった．(財政再計算については，5.1 節を参照のこと)

- $\mu_x^A = \dfrac{1}{100-x}$
- $\mu_x^B = \dfrac{k}{m-x} \quad (k \geqq 1)$

ここに，A は財政再計算前，B は財政再計算後の計数を表すものとし，m は定数 $(m > x_r)$ とする．

(1)　再計算前後の残存数に，$l_{x_e}^A = l_{x_e}^B, l_{x_r}^A = l_{x_r}^B, l_x^A \geqq 0, l_x^B \geqq 0, (x_e \leqq x \leqq x_r)$ の関係があったという．m の値を x_e, x_r, k で表せ．

(2)　m が上の関係を満たすとき，財政再計算前後の加入年齢方式による標準掛金率 $P_{x_e}^A, P_{x_e}^B$ の大小関係を示せ．

(3)　財政再計算後の標準掛金率 $P_{x_e}^B$ が最大となるような定数 k の値を求めよ．

3.10

ある企業に次の年金制度を導入するものとし，以下の問いに答えよ．

制度内容

- 生存脱退者に加入期間 1 年当たり $\dfrac{1}{x_r - x_e}$ の年金 (ただし，1 年未満の端数期間を切り捨てる) を，x_r 歳 (定年) 時より終身給付する (死亡脱退者および生存脱退後 x_r 歳までに死亡した者へは給付は行わない).
- 保険料は期始払い，定年退職は期末脱退とする.
- 制度導入時の積立金は，在職中の加入者の制度導入時点における過去加入期間に対応する年金額の給付現価に等しい.

(1)　x 歳の加入者 1 人当たりの給付現価を求めよ.

(2)　財政方式を加入年齢方式とする場合の標準掛金率 ${}^E P_{x_e}$ を求めよ.

(3)　在職中の加入者の過去加入期間に対応する年金額の給付現価が，生存脱退率に無関係であることを示せ.

(4)　財政方式を開放基金方式とする場合，生存脱退率が変動しても，特別掛金が発生しないことを説明せよ.

第4章

定常状態と財政方式の分類

本章では，年金制度のある意味での理想状態である定常状態を考察し，その下で第3章で述べた財政方式がどうなるかを分析することにより財政方式の分類を行う．年金数理の中では数学的に最も興味深い部分である．

4.1 年金制度の定常状態

前章までは，年金制度の個々の加入者を対象として，掛金，数理債務などの計算を行ってきたが，実際に年金制度の評価を行う場合には，年金制度全体として債務の評価を行い，掛金を決定していく必要がある．つまり制度に加入している加入者全体と，制度から脱退した年金受給権者全体を評価の対象とする必要がある．

4.1.1 定常状態の定義

この節では，年金制度について状態が時間変化に対して不変となる定常状態を仮定し，その仮定の下に年金制度全体について評価を行っていく．年金制度が**定常状態**にあるということは，次の(1)〜(6)が成り立つことである．

(1) 加入者が定常状態にある

毎年度の一定時期に x_e 歳で $l_{x_e}^{(T)}$ 人が制度に加入し，各年齢における脱退率に従って制度から脱退する．定年年齢を x_r 歳とすると，加入者の各年齢の人数分布 $\{l_{x_e}^{(T)}, l_{x_e+1}^{(T)}, \cdots, l_{x_r-1}^{(T)}\}$ は，測定の時期に拘わらず脱退残存表に従った一定の分布を表す．

年金制度の給付もしくは掛金額が給与比例の場合，給与は昇給率 b_x に従って上昇し，加入者の総給与 $\{l_{x_e}^{(T)} b_{x_e}, l_{x_e+1}^{(T)} b_{x_e+1}, \cdots, l_{x_r-1}^{(T)} b_{x_r-1}\}$ も，同様に一定の分布を表す．

また，制度から生存脱退した者は，脱退以降は死亡率に従って死亡し，制度の加入者と制度から脱退し，かつ生存している者を合わせた人数 l_x (ただし，$l_{x_e} = l_{x_e}^{(T)}$) の人員分布 $\{l_{x_e}, l_{x_e+1}, \cdots, l_{x_r-1}, l_{x_r}, l_{x_r+1}, \cdots, l_{\omega-1}\}$ は，生命表に従った一定の分布を表す．

(2) 年金制度からの給付額が年度に拘わらず一定である

加入者は脱退残存表に従うので，制度からの脱退者は各年度で一定であり，脱退者に対して支払う一時金給付額は各年度で一定である．また，一定の条件を満たした脱退者に対して一定期間年金給付を行う場合，年金受給権者の人員分布も一定となるため，年金の給付額も各年度で一定である．

(3) 年金制度全体の数理債務が年度に拘わらず一定である

加入者および受給権者の人員分布が一定であるため，加入者に対して公平な給付となっていれば，数理債務 (将来の給付現価 − 将来の標準掛金収入現価) は一定である．

(4) 年金制度の積立不足が存在しない

過去勤務債務の償却が終了し，**後発債務**の発生がなく，「年金資産 = 数理債務」という関係が成立している．

(5) 年金制度全体への掛金額が一定である

加入者の人数分布が一定であるため，標準掛金額は一定である．また，積立不足が存在しないため特別掛金額がない．

(6) 積立金の額が一定で数理債務と一致する

掛金額および給付額が一定であり，利息収入が一定であるため，積立金残高は一定値を示す (一定値に収束する).

実際の年金制度では定常状態はありえないが，年金数理を考える上では定常状態を仮定することは有効である.

4.1.2 定常状態への収束過程

この節では，年金制度が定常状態に収束していく過程について考える．定常状態にある人員構成の企業に年金制度を導入しても，直ちに年金制度が定常状態になるわけではない．年金制度を導入する場合には，すでに企業を退職した者は給付の対象としないことが一般的で，制度導入当初は給付が定常状態でないためである．制度導入時の加入者が制度から脱退し年金の受給資格を得るに従って，給付が定常状態へ近づく．ただし，給付が脱退者に対する一時金給付のみの場合は，制度導入当初から給付額が定常状態となっている．また，制度導入時に積立不足が存在する場合は，積立不足の償却が終了するまでは掛金は定常状態とはならない.

以上をまとめると，年金制度を新たに導入した場合，一時金のみの制度を除いて，制度導入後の年金受給者数の増加に従って給付額は増加しながら定常状態へ収束する．給付額が定常状態に達したとき，従業員および年金受給権者の人員分布は定常状態に達しているため，数理債務は一定額を示す.

さらに掛金額は，導入時の過去勤務債務の償却を行うために，制度設立当初は特別掛金を支払い，過去勤務債務の償却が終了すると標準掛金だけの支払となり定常状態に到達する.

年金制度が積立金を形成するためには設立当初の掛金額は給付額より大きくなければならない．掛金と給付の差額，およびその運用収益で積立金が形成される．定常状態においては，過去勤務債務の償却が終了しているため，積立金は数理債務の額と一致する.

ここで，B_n を n 年度における給付支払額，C_n を掛金支払額，F_n を期末の積立金の額，V_n を数理債務の額とし，積立不足は有限期間で償却するように規則正しい掛金を設定し，積立金の運用は予定どおりであるとすると，以下の関係が成り立つ．なお，B, C, V, F はそれぞれ B_n, C_n, V_n, F_n の収束値である．

$$
\begin{aligned}
&B_1 \leqq B_2 \leqq \cdots \leqq B_{n_1} = B_{n_1+1} = \cdots = B,\\
&C_1 \geqq C_2 \geqq \cdots \geqq C_{n_2} \geqq C_{n_2+1} \geqq \cdots \to C,\\
&V_1 \leqq V_2 \leqq \cdots \leqq V_{n_1} = V_{n_1+1} - \cdots = V,\\
&F_1 \leqq F_2 \leqq \cdots \leqq F_{n_1} = F_{n_1+1} = \cdots = F,\\
&F_n = V_n
\end{aligned}
$$

となる $n_1, n_2 (n_1 > n_2)$ が存在し，

$$
\begin{aligned}
&n \leqq n_2 \text{のとき，} \quad B_n \leqq C_n,\\
&n > n_1 \text{のとき，} \quad B_n > C_n
\end{aligned}
$$

を満たす．

なお，年金制度の実務において，定常状態と近似的に用いられる用語で「**成熟状態**」といわれるものがある.「**成熟度指標**」を定義し，成熟度があるレベルを超えた状態は「**成熟度が高い**」(成熟状態) であると呼ばれる．多くの場合は，給付額と掛金額との比率を求め，給付が掛金を上回っている状態のときをそう呼んでいる．

積立金運用の場面においては，給付額が掛金額を超えている，つまり給付を行うために積立金から資金を取り崩す必要があるかどうかが重要であるが，年金数理上ではそれほど問題視はしない．

4.1.3 極限方程式

年金制度が定常状態にあるとき，給付支払額 B，掛金支払額 C，積立金 $F(=V)$ の間に成り立つ関係について考える．

給付支払および掛金支払は年度始に発生するものと仮定すると，定常状態にある年金制度においては，予定利率を i として，次の関係式

$$
(F + C - B)(1 + i) = F \tag{4.1}
$$

が成り立つ．両辺に v をかけると

$$F + C - B = vF$$

となり，$d = 1 - v$ を割引率 (利息 i の現価) とすると

$$dF + C = B \tag{4.2}$$

の関係が成立する．この式を年金制度の**極限方程式**という．

極限方程式は定常状態における年金制度の 1 年間の収支関係を表している．左辺第 1 項は

$$dF = (iF)\frac{1}{1+i}$$

であり，これは年金資産の予定利率 i による収益 iF の年度始時点の現価である．したがって (4.2) は 1 年間の収入 (掛金と運用収益) と給付支払が等しいことを表している．単年度で収支相等が成り立っているのである．

(4.2) をさらに変形すると

$$F = \frac{B}{d} - \frac{C}{d}$$

となるが，B, C は定常状態を仮定すると年度で一定であり，

$$\frac{1}{d} = \frac{1}{1-v} = 1 + v + v^2 + \cdots = \ddot{a}_\infty$$

であるため，$\dfrac{B}{d}, \dfrac{C}{d}$ は年金制度が永久に継続するとした場合の給付現価，および掛金収入現価を表している．(4.1) は

「積立金」=「給付現価」−「掛金収入現価」 (4.3)

を意味するが，ここまで述べてきた財政方式では

「将来加入者の給付現価」=「収入現価」

であるため，

「積立金」=「現在加入者の給付現価」+「年金受給権者の給付現価」

$-$「現在加入者の掛金収入現価」$=$「数理債務」

であることが確認できる.

◉——連続払いの極限方程式

掛金および給付の支払が連続的に行われるものとすると,

$$F + (C - B)\bar{a}_{\overline{1|}} = vF$$

となり, $\bar{a}_{\overline{1|}}$ は 1 年契約連続払い確定年金の現価で,

$$\bar{a}_{\overline{1|}} = \int_0^1 e^{-\delta t} dt = \frac{1-v}{\delta} \qquad (\delta = \log v：利力)$$

なので, 極限方程式は,

$$\delta F + C = B$$

となる. この式が連続払いの極限方程式である.

> **例題 4.1** (期末払いの極限方程式)
>
> 毎年の給付額 B, 保険料収入 C, 期始の積立金残高 F, 予定利率 i (連続払いの場合は利力 δ) としたとき, 支払時期が以下の場合について極限方程式はどうなるか記せ.
>
> (1) 保険料期始払い, 給付期始払い
>
> (2) 保険料期始払い, 給付期末払い
>
> (3) 保険料連続払い, 給付期末払い
>
> (4) 保険料連続払い, 給付連続払い

解答

(1) $(F + C - B)(1 + i) = F.$

(2) $(F + C)(1 + i) - B = F.$

(3) $F\exp\left\{\int_0^1 \delta dt\right\} + C\int_0^1 \exp\left\{\int_t^1 \delta ds\right\}dt - B = F.$

(4) $F\exp\left\{\int_0^1 \delta dt\right\} + (C-B)\int_0^1 \exp\left\{\int_t^1 \delta ds\right\}dt = F.$ □

●——定常状態における関係式

毎年の給付額 B が一定の場合，

$$\frac{B}{d} = B\ddot{a}_\infty = S^p + S^a + S^f \tag{4.4}$$

が成立する．ここで，S^p は受給権者の給付現価，S^a は加入者の給付現価，S^f は将来加入者の給付現価である．

同様に掛金額 C について，

$$\frac{C}{d} = C\ddot{a}_\infty = PG^a + PG^f$$

が成立する．ここで，PG^a は現在加入者の標準掛金収入現価，PG^f は将来加入者の標準掛金収入現価である．

また，現在加入者の人数現価 G^a については，

$$\begin{aligned} G^a &= \sum_{x=x_e}^{x_r-1} l_x^{(T)} G_{(x)}^a = \sum_{x=x_e}^{x_r-1}\left(l_x^{(T)} \sum_{y=x}^{x_r-1}\frac{D_y}{D_x}\right) \\ &= \sum_{x=x_e}^{x_r-1}\sum_{y=x}^{x_r-1} l_x^{(T)} v^{y-x} = \sum_{y=x_e}^{x_r-1}\sum_{x=x_e}^{y} l_y^{(T)} v^{y-x} \\ &= \sum_{y=x_e}^{x_r-1} l_y^{(T)}\frac{1-v^{y-x_e+1}}{1-v} = \frac{1}{d}\sum_{y=x_e}^{x_r-1} l_y^{(T)} - \frac{v}{d} l_{x_e}^{(T)} \sum_{y=x_e}^{x_r-1}\frac{D_y}{D_{x_e}} \\ &= \frac{1}{d}L - G^f \end{aligned}$$

となる．ここで，L は加入者数 $\left(=\sum_{x=x_e}^{x_r-1} l_x^{(T)}\right)$，$G^f$ は将来加入者の人数現価である．したがって，

$$G^a + G^f = \frac{L}{d} \tag{4.5}$$

が成立する．同様に，総給与現価について

$$GB^a + GB^f = \frac{LB}{d} \tag{4.6}$$

が成立する．ここで，GB^a は現在加入者の総給与現価，GB^f は将来加入者の総給与現価，LB は加入者の総給与 $\left(= \sum_{y=x_e}^{x_r-1} l_x^{(T)} B_{(x)}\right)$ である．

また，この年金制度からは，1 年間に

$$S = \sum_{x=x_e}^{x_r-1} d_{(x,x-x_e)}^{(j)} K_{(x+1,x+1-x_e)}^{(j)} + d_{x_r}^{(r)} K_{(x_r,x_r-1)}^{(r)}$$

の一時金給付および年金現価が脱退者に対して与えられる．そのため，脱退が期末に発生するものとして

$$S^a + S^f = \frac{v}{d} S \tag{4.7}$$

が成立する．

例題 4.2

トローブリッジ・モデルにおいて，(4.4) および (4.7) が成立することを示せ．

解答 (4.7) について，

$$\begin{aligned} S^a &= \sum_{x=x_e}^{x_r-1} l_x^{(T)} \frac{D_{x_r}}{D_x} \ddot{a}_{x_r} = \sum_{x=x_e}^{x_r-1} v^{x_r-x} l_{x_r} \ddot{a}_{x_r} \\ &= \frac{v}{1-v}(1-v^{x_r-x_e})(l_{x_r}\ddot{a}_{x_r}) = \frac{v}{d} l_{x_r} \ddot{a}_{x_r} - \frac{v}{d} v^{x_r-x_e} l_{x_r} \ddot{a}_{x_r} \\ &= \frac{v}{d} l_{x_r} \ddot{a}_{x_r} - \frac{v}{d}\left(l_{x_e}^{(T)} \frac{D_{x_r}}{D_{x_e}} \ddot{a}_{x_r}\right), \end{aligned}$$

よって，

$$S^a + S^f = \frac{v}{d}(l_{x_r}\ddot{a}_{x_r}).$$

次に，(4.4) について，

$$\begin{aligned}
S^p &= \sum_{x=x_r}^{\omega} l_x \ddot{a}_x = \sum_{x=x_r}^{\omega} \left(l_x \sum_{y=x}^{\omega} \frac{D_y}{D_x} \right) \\
&= \sum_{x=x_r}^{\omega} \sum_{y=x}^{\omega} l_y v^{y-x} = \sum_{y=x_r}^{\omega} \left(l_y \sum_{x=x_r}^{y} v^{y-x} \right) \\
&= \sum_{y=x_r}^{\omega} l_y \frac{1-v^{y-x_r+1}}{1-v} = \frac{1}{d} \sum_{y=x_r}^{\omega} l_y - \frac{v}{d} \sum_{y=x_r}^{\omega} l_y v^{y-x_r} \\
&= \frac{B}{d} - \frac{v}{d} l_{x_r} \ddot{a}_{x_r} = \frac{B}{d} - (S^a + S^f),
\end{aligned}$$

したがって，

$$S^a + S^f + S^p = \frac{B}{d}. \qquad \square$$

◉——重要な関係式

これまでに登場した必ず覚えておきたいトローブリッジ・モデルの下で成り立つ重要公式を以下に掲げる．例題にない公式の導出は読者に任せる．図 4.1 とともに記憶するとよい．図は，x_e 歳に制度に加入して右上向きの直線上を動いてゆき，x_r 歳で退職し，そこで受給者となって年金が支給される様子を描いている．n 年後の年金給付 (S^p, S^a, S^f) や保険料収入 (G^a, G^f) は現価 v^n で割り引いた結果として得られる．

- $S = S^p + S^a + S^f$
- $S^a = {}^{PS}S^a + {}^{FS}S^a$
- $G = G^a + G^f$
- $S = \dfrac{B}{d}$
- $G = \dfrac{L}{d}$
- $S^p = \dfrac{B}{d} - \dfrac{v}{d} l_{x_r} \ddot{a}_{x_r}$
- $S^p + S^a = \dfrac{B}{d} - \dfrac{v}{d} l_{x_e}^{(T)} \dfrac{D_{x_r} \ddot{a}_{x_r}}{D_{x_e}}$
- $G^a = \dfrac{L}{d} - \dfrac{v}{d} l_{x_e}^{(T)} \dfrac{N_{x_e} - N_{x_r}}{D_{x_e}}$

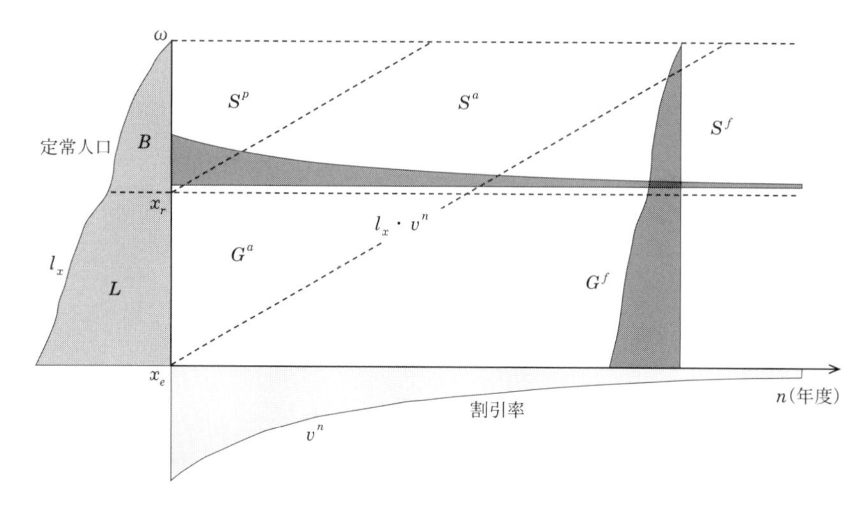

図 **4.1** 重要な関係式の図示

4.2 補足債務のある財政方式

一部の財政方式では補足債務を伴うものがある．年金数理は生命保険数理と異なり，個々の加入者ごとに収支相等する掛金を徴収する必要はなく制度全体で収支が合えばよい．このため，加入者の年金給付を制度導入時点で分割して，以前の勤続期間に見合う給付とその債務を制度全体の借金のように考えて，それを償却する補足債務付きの財政方式が生まれた．この方式のメリットは，制度導入前の債務を認識することにより計画的な償却ができることである．

4.2.1 年金制度の導入と過去勤務債務

3.3 節において，各財政方式の数理債務は，その財政方式による積立金残高 (掛金の元利合計から給付支払額の元利合計) に等しいことを示した．しかし，実際の年金制度では両者が一致する可能性は以下の理由でほとんどない．

(1) 制度導入時からの加入期間に見合う掛金しかとらずに予定勤続期間に対応する給付を行うとき，当初から巨額な数理債務が発生する．これは，制度導入後に過去に遡及する給付改善を行うときにも発生する．

(2)　積立金の運用利回りや退職率，死亡率などが予定計算基礎どおりでなかった場合に数理債務と積立金に過不足が生じる．

前者を**過去勤務債務**，後者を**後発債務**という．特に前者のうち，制度を導入したことによる過去勤務債務を**発足時過去勤務債務**という．一般的に会社が年金制度を導入する場合，導入時にすでに会社を退職している従業員は年金制度の加入者の対象とせず，導入時の従業員のみを制度の加入者とする．また，従業員に対して行う給付は不公平が生じないような給付を行う．つまり，制度導入時に定年年齢直前の従業員が定年年齢に達した場合であっても，制度導入以降に制度に加入した者 (新入社員) が定年年齢に達した場合であっても，同様の基準で給付を行うということである．言いかえると給付の算定に関しては制度の加入期間には依存せず，その会社の勤続期間を給付額計算の基礎とするということになる．なお，制度導入時の従業員について，制度導入前の勤続期間を**過去勤務期間**という．将来を通じて年金の給付を行っていくためには，数理債務 $V_{(x_e,x)}$ を積立金として保有していなければならないが，制度導入時には積立金が存在しないため， $V_{(x_e,x)}$ の額が制度発足時過去勤務債務である．年金制度は，積立金の額が $V_{(x_e,x)}$ となるように運営する必要があり，この発足時過去勤務債務は，これまでの財政方式で述べてきた掛金とは別の掛金によって償却されることとなる．今までの財政方式によって導かれた掛金を**標準掛金**，この過去勤務債務償却のための掛金を**特別掛金**という．

制度導入以降は，

$$「積立不足」=「数理債務」-「積立金」$$

として，積立不足が認識されるが，制度導入後に給付改善などを行わない場合や，後発債務が発生しない場合には，積立不足は特別掛金の支払に応じて減少し，積立不足の償却が終わった時点で積立金と数理債務とが一致して，積立金 = 数理債務という収支均衡が成立する．

本節では，過去勤務債務および後発債務の処理方法を述べる．両者は発生原因こそ異なるものの，両者を合わせたものを本書では**補足債務**と呼び，

$$「数理債務」-「積立金」$$

で計算し，特に区別することなく一括して処理することにする．

4.2.2 補足債務の処理とその方法

この節では制度導入時の過去勤務債務の処理方法を述べるが，その方法は給付変更による過去勤務債務や後発債務にも適用される．以下の説明では従業員およびすでに退職した者について，人員構成は定常状態を仮定することとする．

◉――(3.B.a) 加入年齢方式

この方式は，企業年金制度で最も普及している財政方式である．標準掛金を平準積立方式の掛金とし，特別掛金を過去勤務債務の一定額または各年度の未償却過去勤務債務を一定割合で償却するように定める方法である．

制度導入時点の従業員の過去勤務期間をすべて通算し，かつ，すでに退職した者に対しても給付を行うものとすると (すなわち給付の定常状態が成立している)，制度導入時の数理債務は，

$$^{L}V = S^{a} + S^{p} - {}^{L}P \cdot G^{a}$$

で与えられ，積立金は

$$^{L}F = 0$$

であるため，導入時過去勤務債務を U_0 とすると，

$$U_0 = {}^{L}V$$

となる．

なお，平準積立方式では加入年齢に応じて従業員ごとに掛金が決まることとなるが，実際の運営では制度に加入する代表的な年齢 (特定年齢) を定め，その年齢における平準積立方式の掛金を特定年齢以外で加入した者に対しても適応することが一般的である．この方式を**特定年齢方式**ということがある．特定年齢方式において発足時過去勤務債務は，過去勤務期間を給付の対象とすることによる債務のほか，特定年齢と実際の加入年齢との差による，収支過不足が含まれる．

(1) 過去勤務債務の定額償却

過去勤務債務を n 年間にわたって毎回一定額で償却する場合，1 年間の特別掛金 C^{PSL} は，k を年間の保険料支払回数とすると

$$C^{PSL} = \frac{U_0}{\ddot{a}^{(k)}_{\overline{n}|}} \tag{4.8}$$

で与えられる．ここで，$\ddot{a}^{(k)}_{\overline{n}|}$ は期始払い，年金年額 1，年 k 回払い確定年金の現価である．

特別掛金を，毎回，加入者 1 人当たりの定額，あるいは加入者の給与の一定率として徴収するとき，その掛金額 (率) ${}^{L}P_{PSL}$ は，加入者数 L (総給与 LB) を用いると，

$${}^{L}P_{PSL} = \begin{cases} \dfrac{U_0}{\ddot{a}^{(k)}_{\overline{n}|} \cdot k \cdot L}, & (\text{加入者 1 人当たり定額の場合}) \\ \dfrac{U_0}{\ddot{a}^{(k)}_{\overline{n}|} \cdot k \cdot LB} & (\text{給与の一定割合の場合}) \end{cases}$$

となる．

平準積立方式の年間掛金額を ${}^{L}C$ とすると，初年度末の年金資産 ${}^{L}F_1$ は

$${}^{L}F_1 = ({}^{L}C + C^{PSL} - B)(1+i)$$

である．給付が定常状態であるため，年度末の数理債務は ${}^{L}V$ で期始と変わらない．また，${}^{L}V$ は定常状態における積立金の額であるため，${}^{L}V$，B および ${}^{L}C$ の間で極限方程式が成立する．

したがって，年度末の積立不足 U_1 は

$$\begin{aligned} U_1 &= {}^{L}V - {}^{L}F_1 \\ &= {}^{L}V - ({}^{L}C + C^{PSL} - B)(1+i) \\ &= {}^{L}V + (B - {}^{L}C)(1+i) - C^{PSL}(1+i) \\ &= {}^{L}V + i \cdot {}^{L}V - C^{PSL}(1+i) \\ &= (U_0 - C^{PSL})(1+i) \end{aligned} \tag{4.9}$$

となる．

(4.9) は導入時過去勤務債務から，初年度の償却分を控除し，1 年分の予定利息を加えたものである．したがって，(4.9) は制度導入時の過去勤務債務のうち，初年度までに処理が終わっていないものを表し，これを**未償却過去勤務債務**という．

(4.9) に (4.8)(ただし $k=1$) を代入すると，

$$
\begin{aligned}
U_1 &= (\ddot{a}_{\overline{n|}}\, C^{PSL} - C^{PSL})(1+i) \\
&= C^{PSL}(\ddot{a}_{\overline{n|}} - 1)(1+i) \\
&= C^{PSL}\ddot{a}_{\overline{n-1|}} \qquad (4.10)
\end{aligned}
$$

となり，これは未償却過去勤務債務が，特別掛金の収入現価と等しいことを意味している．

(2) 過去勤務債務の定率償却

未償却過去勤務債務が存在する場合，その一定割合を特別掛金として償却するのが定率償却による方法である．償却割合を r とすると，1 年度の掛金額は

$$C_1^{PSL} = U_0 r$$

で，1 年度末の未償却過去勤務債務は (4.10) を用いて，

$$U_1 = (U_0 - C^{PSL})(1+i) = U_0(1-r)(1+i)$$

となる．

以下同様にして，n 年度の掛金額については

$$C_n^{PSL} = U_{n-1} r,$$

n 年度末の未償却過去勤務債務については

$$U_n = (U_{n-1} - C_n^{PSL})(1+i) = U_{n-1}(1-r)(1+i)$$

の漸化式が成立する．

ここで $U_0 = {}^{L}V$ であるから，この漸化式を解くと

$$C_n^{PSL} = {}^LV\{(1-r)(1+i)\}^{n-1}r,$$
$$U_n = {}^LV\{(1-r)(1+i)\}^n$$

となる．

定率償却の場合，未積立債務の処理を早期に行うために，一定の条件に従って (例えば未償却過去勤務債務残高が，年間の標準掛金額を下回ることなど) 未償却過去勤務債務の残高を一括に処理することが行われている．

加入年齢方式では，過去勤務債務の償却が終了した段階で ${}^LF = {}^LV$ が成立し，定常状態となる．

◉——(3.B.b) 個人平準保険料方式

個人平準保険料方式は，生命保険と同様に，個人ごとに異なる掛金率を適用する財政方式である．したがって，従業員の数が定常状態であるものとすると，加入者 1 人当たりの掛金 ${}^IP$ は制度導入時の年齢 x に応じて

$${}^IP_x = \frac{\displaystyle\sum_{y=x}^{x_r-1}\sum_j C_y^{(j)} K_{(y+1,y+1-x_e)}^{(j)} + D_{x_r} K_{(x_r,x_r-x_e)}^{(r)}}{\displaystyle\sum_{y=x}^{x_r-1} D_y}$$

のようになる．

なお，制度導入時にすでに退職している者に給付を行う場合，年金受給権者に対して年金現価を一括して拠出するものとする．制度導入時に x_e 歳の者および，制度導入以降に制度に加入してくる者については，${}^IP_{x_e} = {}^LP$ であるため，制度導入時に $(x_e + 1)$ 歳の者が定年退職時期を迎えたときに制度全体の年間掛金は平準保険料方式の掛金額に一致する．

制度導入時に $x\,(x_e \leqq x < x_r)$ 歳の加入者について，平準積立方式の数理債務を ${}^LV_{(x_e,x)}$ とすると

$${}^LV_{(x_e,x)} = \sum_{y=x}^{x_r-1}\sum_j \frac{C_y^{(j)}}{D_x} K_{(y+1,y+1-x_e)}^{(j)}$$

BOX4：数理的健全性とは何か？

年金数理が年金受給権の保護を目的にしているとしても，それはいかにして実現できるのであろうか．グローバル金融危機によって確定給付制度の積立不足が深刻化したことがあったが，多くの国の年金財務規制では，ここで学んだような掛金と同じ財政方式を用いた継続基準による責任準備金と非継続基準と呼ばれる単位積立方式に類似した財政方式による両方の規制があって，それをクリアすることが要求される．

1957 年のモノグラフ「年金制度の数理的健全性の概念」で企業年金制度の財務健全性について深く考察したのが，**ドーランス・ブロンソン** (Dorance C.Bronson) というアメリカのアクチュアリーである．彼は，当時のアクチュアリーが年金制度の健全性について定義もはっきりしないのにお墨付きを与えている現状に警鐘を鳴らし，企業年金制度では企業倒産のときに最低限の積立金を保有する財政方式として事前積立方式を採用すること，計算基礎は合理的に決定すること，過去勤務債務があること自体が不健全なのではなく計画的な保険料支払い能力が重要であることなどを指摘し，エリサ法で明確になる受給権保護の実質的な内容について基礎固めをしたのである．

$$
\begin{aligned}
&+\frac{D_{x_r}}{D_x}K^{(r)}_{(x_r,x_r-x_e)} - {}^{L}P\sum_{y=x}^{x_r-1}\frac{D_y}{D_x}\\
&= {}^{I}P_x\sum_{y=x}^{x_r-1}\frac{D_y}{D_x} - {}^{L}P\sum_{y=x}^{x_r-1}\frac{D_y}{D_x}\\
&= \sum_{y=x}^{x_r-1}\frac{D_y}{D_x}({}^{I}P_x - {}^{L}P)
\end{aligned}
$$

となる．これは，個人平準積立方式の掛金と平準積立方式の掛金との差額の収入現価は，平準積立方式の数理債務，すなわち平準積立方式の導入時過去勤務債務の額に等しいことを表している．つまり，

$$^{L}P_x = {}^{L}P + ({}^{I}P_x - {}^{L}P)$$

とすることで，$({}^{I}P_x - {}^{L}P)$ は平準積立方式の過去勤務債務償却掛金であるといえる．したがって，掛金が定常状態になったとき，定常状態の掛金は平準積立方式の掛金となり，積立金は平準積立方式の数理債務となっている．

●――(3.B.c) 総合保険料方式

総合保険料方式は，年金制度全体として収支相等する 1 本の掛金率を適用する財政方式である．毎年適用する掛金率は変動する．また，前の 2 方式のように掛金を標準掛金と特別掛金に区分することはできない．制度導入時の加入者に対しては過去勤務期間を通算し，すでに退職した者についても給付を行う場合，総合保険料方式の掛金は制度導入時からの経過年数によって変化し，導入初年度の掛金は

$$^{C}P_1 = \frac{S^a + S^p}{G^a}$$

で与えられる．

初年度の掛金額を $^{C}C_1$ とすると，1 年度末 (2 年度始) には

$$^{C}F_1 = ({}^{C}C_1 - B)(1+i)$$

の積立金を保有する．

2 年度以降は積立金を利用して収支相等が成立するように掛金が再計算される．n 年度の掛金額および積立金については，

$$^{C}P_n = \frac{S^a + S^p - {}^{C}F_{n-1}}{G^a}, \tag{4.11}$$

$$^{C}F_n = ({}^{C}F_{n-1} + {}^{C}C_n - B)(1+i) \tag{4.12}$$

が成り立つ．ただし，

$$^{C}C_n = L \cdot {}^{C}P_n \tag{4.13}$$

である．(4.11) および (4.13) を (4.12) に代入すると，

$$^{C}F_n = \left({}^{C}F_{n-1} + L \cdot \frac{S^a + S^p - {}^{C}F_{n-1}}{G^a} - B\right)(1+i)$$

$$= \left(1 - \frac{L}{G^a}\right)(1+i) \cdot {}^C F_{n-1} + \left(L \cdot \frac{S^a + S^p}{G^a} - B\right)(1+i) \tag{4.14}$$

という漸化式が導かれる．

ここで A を

$$A = \left(1 - \frac{L}{G^a}\right)(1+i)A + \left(L \cdot \frac{S^a + S^p}{G^a} - B\right)(1+i) \tag{4.15}$$

を満たすものとし，(4.14) から辺々を差し引くと

$$\begin{aligned} {}^C F_n - A &= \left(1 - \frac{L}{G^a}\right)(1+i)({}^C F_{n-1} - A) \\ &= \left\{\left(1 - \frac{L}{G^a}\right)(1+i)\right\}^n ({}^C F_0 - A) \end{aligned} \tag{4.16}$$

となる．この式において (4.5) を用いると，以下が成立する．

補題 4.1

不等式 $\left(1 - \frac{L}{G^a}\right)(1+i) < 1$ が成立する．

補題 4.2

不等式 $G^a > L$ が成立する．

この補題より，

$$\left(1 - \frac{L}{G^a}\right)(1+i) > 0$$

が成り立つことから，(4.16) の右辺は n が増加するに応じて 0 に収束する．つまり ${}^C F_n$は A に収束することがわかる．

(4.15) から A を求めると，

$$vG^a A = (G^a - L)A + \{L(S^a + S^p) - BG^a\}$$

より，

$$A = \frac{L(S^a + S^p) - BG^a}{L - dG^a}$$

が得られる．さらに，(4.5), (4.7) および $S^f = {}^{L}P \cdot G^f$ より

$$\begin{aligned} A &= \frac{d\,(G^a + G^f)(S^a + S^p) - d\,(S^a + S^p + S^f)G^a}{d\,(G^a + G^f) - d\,G^a} \\ &= \frac{G^f(S^a + S^p) - S^f G^a}{G^f} \\ &= S^a + S^p - {}^{L}P_{x_e} G^a \end{aligned}$$

となり，これは平準積立方式の数理債務である．さらに，${}^{C}F_n$が A に収束しているとき，収束値を (4.11) に代入すると

$${}^{C}P_n \to \frac{S^a + S^p - (S^a + S^p - {}^{L}P_{x_e} G^a)}{G^a} = {}^{L}P_{x_e} \qquad (n \to \infty)$$

となる．したがって，総合保険料方式は定常状態においては平準積立方式に収束する．

◉——(3.B.d) 到達年齢方式

到達年齢方式は，制度加入時点の年齢を加入年齢とし，定年までの予定加入年数に対応する給付に見合う標準掛金率を決定し，制度加入時点の過去勤務債務は別途，特別掛金によって徴収する方式である．標準掛金は将来加入期間ごと，つまり制度導入時の年齢ごとに設定する方法 (個人平準保険料方式) と制度全体で決める方法 (総合保険料方式) がある．

(1) 個人平準保険料方式

標準掛金は (3.4) で定義した ${}^{FS}S^a_{(x,t)}$ を用いて

$${}^{AI}P_x = \frac{{}^{FS}S^a_{(x,x-x_e)}}{G_x} \tag{4.17}$$

となる．ただし x は制度導入時の年齢であり，制度導入以降に加入した加入者

に対しては平準積立方式の掛金 ${}^{L}P$ が適用される．初年度の標準掛金額 ${}^{AI}C_1$ は

$$
{}^{AI}C_1 = \sum_{x=x_e}^{x_r-1} \left(l_x^{(T)} \cdot {}^{AI}P_x \right)
$$

である．さらに制度全体の過去勤務債務は

$$
\begin{aligned}
{}^{AI}U_0 &= S^p + S^a - \sum_{x=x_e}^{x_r-1} (l_x^{(T)} \cdot {}^{AI}P_x\, G_x) \\
&= S^p + S^a - \sum_{x=x_e}^{x_r-1} \left(l_x^{(T)} \cdot {}^{FS}S^a_{(x,x-x_e)} \right) \\
&= S^p + S^a - {}^{FS}S^a \\
&= S^p + {}^{PS}S^a
\end{aligned}
$$

で，過去期間分の給付現価となるが，この額を標準掛金とは別途に特別掛金で償却を行っていく．

制度導入後 2 年度以降は，(4.17) で $(x_r - 1)$ 歳の掛金から順に平準積立方式の掛金に置き換わっていく．そして制度導入時に $(x_e + 1)$ 歳の加入者が定年退職を迎えた後は，標準掛金は加入者全員について平準積立方式の掛金が適用される．さらに特別掛金の償却が終了しているとすると掛金は平準積立方式で定常状態となる．

(2) 総合保険料方式

制度導入時の加入者について，将来加入期間の給付を総合保険料方式で設定する場合，初年度の標準掛金は

$$
{}^{AC}P_1 = \frac{{}^{FS}S^a}{G^a} = \frac{S^p + S^a - (S^p + {}^{PS}S^a)}{G^a}
$$

で与えられる．制度導入時過去勤務債務は

$$
\begin{aligned}
{}^{AC}U_0 &= S^p + S^a - {}^{AC}P_1 \cdot G^a \\
&= S^p + S^a - {}^{FS}S^a \\
&= S^p + {}^{PS}S^a
\end{aligned}
$$

であり，(1) と同様に特別掛金で償却していく．

次年度以降は，積立金を保有し，かつ制度導入時の過去勤務債務は特別掛金で償却されることとなるため，${}^{AC}U_{n-1}$ を第 n 年度末の過去勤務債務とすると，標準掛金は

$$ {}^{AC}P_n = \frac{S^p + S^a - ({}^{AC}F_{n-1} + {}^{AC}U_{n-1})}{G_a} \tag{4.18} $$

で与えられる．

ここで ${}^{AC}U_n$ については，C_n^{PSL} を n 年度の特別掛金として，

$$ {}^{AC}U_n = ({}^{AC}U_{n-1} - C_n^{PSL})(1+i) \tag{4.19} $$

という関係がある．また積立金 ${}^{AC}F_n$ については，${}^{AC}C_n$ を標準掛金として，

$$ {}^{AC}F_n = ({}^{AC}F_{n-1} + {}^{AC}C_n + C_n^{PSL} - B)(1+i), \tag{4.20} $$

$$ {}^{AC}C_n = L \cdot {}^{AC}P_n \tag{4.21} $$

が成立する．(4.19) と (4.20) の両辺を加えて

$$ {}^{AC}F_n + {}^{AC}U_n = ({}^{AC}F_{n-1} + {}^{AC}U_{n-1} + {}^{AC}C_n - B)(1+i) $$

となる．さらに

$$ V_n = {}^{AC}F_n + {}^{AC}U_n $$

とおくと，(4.18) と上の 2 つの式より

$$ {}^{AC}P_n = \frac{S^p + S^a - V_{n-1}}{G_a}, \tag{4.22} $$

$$ V_n = (V_{n-1} + {}^{AC}C_n - B)(1+i) \tag{4.23} $$

となる．

(4.21) ~ (4.23) は，(4.11) ~ (4.13) において ${}^{C}F_n$を V_n に置き換えた式である．したがって，

$$ {}^{AC}P_n \to {}^{L}P, \qquad V_n \to {}^{L}F $$

であり，過去勤務債務の償却が完了したとき，つまり ${}^{AC}U_n \to 0$ となった場合，

$$ {}^{AC}F_n \to {}^{L}F $$

となり，この方法においても定常状態においては平準積立方式へ収束する．

●──(4.A) 開放型総合保険料方式の定義

本節でこれまで述べてきた財政方式では，導入時過去勤務債務を有期で償却することを前提にして掛金を設定した．このため制度導入当初に掛金を高く設定し，年度の経過によって掛金を引き下げ，最終的に平準積立方式に収束することとしていた．

開放型総合保険料方式は，標準掛金と特別掛金を区別せず，制度導入時に決定した 1 本の掛金率を将来にわたり適用する．

n 年度について，${}^{O}C_n$ を年間の掛金額，${}^{O}P$ を加入者 1 人当たりの定額掛金，B_n を制度導入以降の各年度の制度全体の給付支払額，L を年金制度の加入者数 (定常人口を仮定) とすると，収支相等の原則を満たすためには

$$ \sum_{n=1}^{\infty} ({}^{O}C_n \cdot v^{n-1}) = \sum_{n=1}^{\infty} B_n v^{n-1} $$

となり，${}^{O}C_n = {}^{O}P \cdot L$ であるので，

$$ \sum_{n=1}^{\infty} ({}^{O}P \cdot L \cdot v^{n-1}) = \sum_{n=1}^{\infty} B_n v^{n-1} \tag{4.24} $$

となる．ここで，${}^{O}P$ を求めると

$$ {}^{O}P \cdot L \cdot \frac{1}{d} = \sum_{n=1}^{\infty} B_n v^{n-1} $$

より，

$$ {}^{O}P = \frac{\sum_{n=1}^{\infty} B_n v^{n-1}}{\frac{L}{d}} = \frac{\sum_{n=1}^{\infty} B_n v^{n-1}}{G^a + G^f} \tag{4.25} $$

となる．分子は給付現価，分母は現在加入者と将来加入者の人数現価である．すなわち，掛金算出に当たって，将来加入者を見込むことによって掛金を一定

値にすることができる．このように，現在加入者だけの閉じた集団を対象とするのではなく，将来制度に新たに加入する者を見込んで掛金を設定する方式を**開放型総合保険料方式**という．これに対して，現在加入者だけで掛金を設定する総合保険料方式を**閉鎖型総合保険料方式**という．

(4.24) の両辺に $(1+i)$ を乗じて整理すると，

$$
\begin{aligned}
&{}^{O}P \cdot L + {}^{O}P \cdot L \cdot v + {}^{O}P \cdot L \cdot v^2 + \cdots \\
&\quad = \sum_{n=2}^{\infty} B_n v^{n-2} - ({}^{O}P \cdot L - B_1)(1+i),
\end{aligned}
$$

よって，

$$
{}^{O}P = \frac{\sum_{n=2}^{\infty} B_n v^{n-2} - F_1}{G^a + G^f}
$$

となり，(閉鎖型) 総合保険料方式と同様に制度導入以降に保険料を表す算式の分子は給付現価から積立金を控除したものとなる．

◉——開放型総合保険料方式の区分

(4.25) により，開放型総合保険料方式の掛金水準は，制度導入時の給付の見込み方，つまり制度導入時の加入者および退職者に対して，給付を行うかどうかによって決まる．制度導入時の加入者および退職者 (の一部) に給付を行わない場合，制度導入時には掛金と比較して給付が少なく，その差額が積立金となるが，給付は年度が経過するに従って増加し，給付が定常状態に達したときに制度全体も定常状態になる．制度導入時においては掛金率は (4.25) で表されるが，定常状態においては，

$$
{}^{O}P = \frac{S^p + S^a + S^f - {}^{O}F}{G^a + G^f} \tag{4.26}
$$

で表される．ただし ${}^{O}F$ は定常状態における積立金とする．

(1) 制度導入時の加入者，退職者すべてに給付を行う場合

この場合，(4.25) の分子の B_n は年度に拘わらず B (定常状態の給付) と一

定であるため，(4.4), (4.5) を用いて，

$$
{}^{O}P = \frac{\frac{B}{d}}{\frac{L}{d}} = \frac{B}{L}, \qquad {}^{O}C = B
$$

となり，賦課方式の掛金と同じ算式で与えられる．このことは，できるだけ給付の対象を広くとることや，掛金額について世代間の公平性が求められる公的年金において，賦課方式が採用されることの証左にもなる．

(2) 制度導入時の加入者は給付の対象とするが，すでに退職した者は給付の対象としない場合

(4.25) の分子は，S を年間の退職者の発生給付現価として，(4.7) より

$$
S^a + S^f = \frac{v}{d} \cdot S
$$

であり，

$$
{}^{O}P = \frac{v}{L} \cdot S, \qquad {}^{O}C = vS
$$

となる．これは退職時年金現価積立方式の掛金である．

(3) 制度導入時の加入者は給付の対象とするが，制度導入時以降の加入期間のみを給付の対象とし過去勤務期間は通算しない場合

(4.25) の分子は，${}^{FS}S^a$ を加入者の将来期間の給付現価として

$$
\begin{aligned}
{}^{FS}S^a + S^f &= S^p + S^a + S^f - (S^p + {}^{PS}S^a) \\
&= \frac{B}{d} - (S^p + {}^{PS}S^a) \qquad (4.27)
\end{aligned}
$$

で与えられる．ここで，(3.6) および (3.21) より，(4.27) の右辺第 2 項の ${}^{PS}S^a$ は単位積立方式の定常状態における制度全体の積立金 ${}^{UC}F$ となるため，単位積立方式における極限方程式

$$
S^p + {}^{PS}S^a = {}^{UC}F = \frac{B - {}^{UC}C}{d}
$$

が成立する．

したがって，(4.25) は，

$$ {}^{FS}S^a + S^f = \frac{B}{d} - \frac{B - {}^{UC}C}{d} = \frac{{}^{UC}C}{d} $$

となり，この場合の掛金は単位積立方式と同じとなる．なお，掛金の水準は，制度導入時の将来期間分の給付をどのように定めているかによって決まる．

(4) 制度導入時の加入者も給付の対象とせず，制度導入後の新規加入者のみを給付の対象とする場合

(4.25) の分子は

$$ S^f = \frac{v}{d} S^a_{(x_e, x_e)} $$

となり，掛金は加入時積立方式と同様の算式となる．加入時積立方式は加入時に掛金を拠出するが，ここでは掛金を期始に支払うことを前提としているため，1 年間の割引率 v 相当分だけ掛金が安くなる．

◉──開放型総合保険料方式による後発債務の償却

定常状態における掛金率は (4.26) で与えられるが，開放型総合保険料方式で後発債務が発生した場合の処理方法を考える．

定常状態に達した後のある年度に，積立金に ΔF という欠損 (利差損) が発生した場合，翌年度の 1 人当たり掛金 ${}^{O}P^1$ および年間掛金額 ${}^{O}C^1 (= {}^{O}P^1 \cdot L)$ は，

$$ {}^{O}P^1 = \frac{S^p + S^a + S^f - ({}^{O}F - \Delta F)}{G^a + G^f} = \frac{\dfrac{B}{d} - ({}^{O}F - \Delta F)}{\dfrac{L}{d}} \tag{4.28} $$

であるから，

$$ {}^{O}P^1 \cdot \frac{L}{d} = \frac{B}{d} - ({}^{O}F - \Delta F), $$

ゆえに，

$$d({}^{O}F - \Delta F) + {}^{O}C^{1} = B \tag{4.29}$$

で与えられる．この式は見直し後の掛金 ${}^{O}C^{1}$ と欠損を抱えたままの積立金 $({}^{O}F - \Delta F)$ で極限方程式が成立していることを示している．

また，定常状態に達した後で年金受給者および加入者の過去勤務期間に遡って給付水準の見直しを行う (給付を α 倍する) 場合，1 人当たり掛金 ${}^{O}P^{2}$ および年間掛金額 ${}^{O}C^{2}(= {}^{O}P^{2} \cdot L)$ は

$${}^{O}P^{2} = \frac{\alpha(S^{p} + S^{a} + S^{f}) - {}^{O}F}{G^{a} + G^{f}} = \frac{\alpha\dfrac{B}{d} - {}^{O}F}{\dfrac{L}{d}}$$

であるから，

$${}^{O}P^{2} \cdot \frac{L}{d} = \alpha\frac{B}{d} - {}^{O}F,$$

ゆえに，

$$d \cdot {}^{O}F + {}^{O}C^{2} = \alpha B \tag{4.30}$$

で与えられる．この式は見直し後の掛金 ${}^{O}C^{2}$ と制度変更後の定常状態の年間給付額 αB で極限方程式が成立していることを示している．

(4.29) および (4.30) から，開放型総合保険料方式では掛金の見直しが積立水準 (積立金額そのもの) に影響を与えないことがわかる．したがって，物価上昇などに合わせて継続的に給付水準の見直しを行うような制度の場合，給付および掛金の見直しによって掛金額や給付額に対して積立金額は相対的に小さくなり，制度運営は賦課方式に近づくことがわかる．

(4.28) から (4.26) を引いて整理すると

$${}^{O}P^{1} - {}^{O}P = \frac{\Delta F}{G^{a} + G^{f}}$$

となる．この式は，発生した利差損 ΔF を償却するための掛金を表しているといえる．この掛金による年間掛金額 ΔC は，

$$\Delta C = \left({}^{O}P^{1} - {}^{O}P\right) L$$

$$
\begin{aligned}
&= \frac{\Delta F}{G^a + G^f} L \\
&= \Delta F \cdot d \\
&= \Delta F \cdot \frac{i}{1+i} \ \left(= \Delta F \cdot \frac{1}{\ddot{a}_\infty} \right)
\end{aligned}
$$

であり，不足金の利息のみを償却するための特別掛金であるといえる．いいかえると，この特別掛金は不足金そのもの (元本) の償却を行っていない (あるいは永久償却を行う) ことを意味する．

●——(4.B) 開放基金方式

開放型総合保険料方式の欠点は，制度導入後に後発債務が発生しても償却することができないことである．この欠点を改善する方式が厚生年金基金の代行部分の財政方式で利用されたことから開放基金方式と呼ばれるようになった．この方式では，制度導入時の過去勤務債務を計上し，特別掛金として有限期間で償却する．開放基金方式では総合保険料方式と異なり，掛金は標準掛金と特別掛金とに区別される．標準掛金は将来期間の給付をまかなうものとして

$$
{}^{OAN}P = \frac{{}^{FS}S^a + S^f}{G^a + G^f} \tag{4.31}
$$

のように設定される．

仮に，制度導入時の制度設計で過去期間を通算するように定めた場合，制度導入時過去勤務債務は，

$$
\begin{aligned}
{}^{OAN}U &= S^p + S^a + S^f - {}^{OAN}P \left(G^a + G^f \right) \\
&= S^p + S^a + S^f - \left({}^{FS}S^a + S^f \right) \\
&= S^p + {}^{PS}S^a
\end{aligned}
$$

となる．この方式では，この ${}^{OAN}U$ を特別掛金を用いて有期で償却することとなる．特別掛金による制度導入時過去勤務債務の償却が終了して制度が定常状態に達すると，掛金は (4.31) で与えられる標準掛金だけになり，発生給付方式と同様の積立水準となる．

定常状態に到達した後，またそれ以前でも後発債務の発生により掛金の見直しを行うが，数理債務 ${}^{OAN}V$ と積立金 ${}^{OAN}F$ を比較して，

- ${}^{OAN}V > {}^{OAN}F$ のとき：
  ${}^{OAN}U = {}^{OAN}V - {}^{OAN}F$ に対して特別掛金を設定.
- ${}^{OAN}V \leqq {}^{OAN}F$ のとき：
  ${}^{OAN}U = {}^{OAN}V - {}^{OAN}F$ で標準掛金の調整.

を行う.

後者の場合，標準掛金の調整額 ΔP は

$$\Delta P = \frac{{}^{OAN}U}{G^a + G^f}$$

となり，標準掛金と特別掛金の合計は，S を計算時点での給付現価として

$$\begin{aligned}{}^{OAN}P + \Delta P &= {}^{OAN}P + \frac{S - {}^{OAN}P \cdot (G^a + G^f) - {}^{OAN}F}{G^a + G^f} \\ &= \frac{S - {}^{OAN}F}{G^a + G^f} \qquad (4.32)\end{aligned}$$

となる．この式は，開放型総合保険料方式の掛金を表す式である．

つまり，開放基金方式は開放型総合保険料方式と異なり，制度導入時の給付設計に拘わらず発生給付方式と同等以上の積立水準を維持することとなる．

●——トローブリッジ・モデルにおける各財政方式の相互関係

トローブリッジ・モデルの下での各財政方式の相互関係を公式としてまとめておこう．この関係は図 4.2 を覚えておくと導きやすい．保険料の額に $\dfrac{1}{d}$ を乗ずることにより給付現価が出てくる．なお，上の記号は，3 章の表 3.1 で定義したものである．この導出については演習問題 4.8 として読者の課題とする．

- $S = \dfrac{B}{d} = \dfrac{{}^{P}C}{d}$
- $S^p = \dfrac{{}^{P}C - v\,{}^{T}C}{d}$
- $S^p + S^a = \dfrac{{}^{P}C - v\,{}^{In}C}{d}$
- $S^a = \dfrac{v\,{}^{T}C - v\,{}^{In}C}{d}$
- $S^f = \dfrac{v\,{}^{In}C}{d}$
- $S^p + {}^{PS}S^a = \dfrac{B - v\,{}^{UC}C}{d} = \dfrac{{}^{P}C - v\,{}^{UC}C}{d}$
- ${}^{PS}S^a = \dfrac{v\,{}^{T}C - v\,{}^{UC}C}{d}$
- ${}^{FS}S^a = \dfrac{{}^{UC}C - v\,{}^{In}C}{d}$

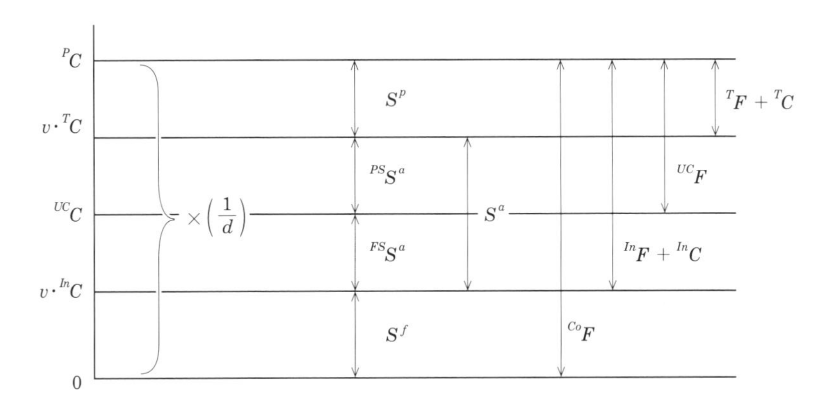

図 4.2　保険料，給付現価，積立金の関係の整理

● 4 章で登場した主な記号一覧

B：制度全体としての給付支払額

C：制度全体としての掛金額 (保険料収入)

F：制度全体としての積立金額

S^p：制度全体としての受給権者の給付現価

S^a：制度全体としての加入者 (在職者) の給付現価

C^{PSL}：制度全体としての特別掛金額

${}^{I}P_x$：個人平準保険料方式の，導入時の年齢が x 歳の者の 1 人当たりの掛金額 (保険料)

${}^{C}P_n$：総合保険料方式の，n 年度の 1 人当たりの掛金額 (保険料)

${}^{C}C_n$：総合保険料方式の，制度全体としての n 年度の掛金額 (保険料)

${}^{C}F_n$：総合保険料方式の，制度全体としての n 年度の積立金

${}^{AI}P_x$：到達年齢方式 (個人平準保険料方式) の，導入時の年齢が x 歳の者の 1 人当たりの掛金

${}^{AI}C_n$：到達年齢方式 (個人平準保険料方式) の，制度全体としての n 年度の掛金

${}^{AC}P_x$：到達年齢方式 (総合保険料方式) の，導入時の年齢が x 歳の者の 1 人当たりの掛金

${}^{AC}C_n$：到達年齢方式 (総合保険料方式) の，制度全体としての n 年度の掛金

${}^{O}P_n$：開放型総合保険料方式の，n 年度の 1 人当たりの掛金額 (保険料)

${}^{O}C_n$：開放型総合保険料方式の，制度全体としての掛金額 (保険料)

${}^{O}F_n$：開放型総合保険料方式の，制度全体としての n 年度の積立金

${}^{OAN}P$：開放基金方式の，1 人当たりの掛金

演習問題

基本問題

4.1

第 4.2 節の (3.B.c) 総合保険料方式の補題 4.1 および補題 4.2 を証明せよ.

4.2

トローブリッジ・モデルの場合に，次の財政方式を積立水準が高い順に並べよ.

① 加入時積立方式,　② 単位積立方式,
③ 平準積立方式,　④ 退職時年金現価積立方式

4.3

定常状態に到達しているトローブリッジ・モデルの年金制度における次の各財政方式における積立金はどうなるか. 積立金の説明にある語群の記号を用いて表せ.

積立方式

① 加入時積立方式,　② 完全積立方式,
③ 退職時年金現価積立方式,　④ 単位積立方式,
⑤ 平準積立方式

積立金の説明

(A) 在職中の加入者の過去の加入期間に対応する給付現価,
(B) 在職中の加入者の過去の保険料の元利合計,
(C) 在職中の x_e 歳を除く加入者の給付現価,
(D) 在職中の加入者の給付現価,
(E) 将来加入が見込まれる加入者の給付現価,

(F) x_r 歳を除く年金受給権者の給付現価，
(G) 年金受給権者の給付現価

4.4

定常状態にあるトローブリッジ・モデルの年金制度における平準積立方式の極限方程式を書き，それを変形することにより

$$^{L}F = S^p + S^a - {}^{L}PG^a$$

を導け．

4.5

定常状態に達している年金制度において，x 歳の 1 人当たりの給与 B_x が $B_x = ax + b$ と表されるとき，以下の前提条件を満たす a および b の値を求めよ．

前提条件

- 加入年齢 x_e 歳
- 平均年齢 x_m 歳
- 平均給与 B_m 円
- 脱退時平均加入年数 t_{dm} 年
- 脱退時平均給与 B_{dm} 円

発展問題

4.6

定常状態に達しているトローブリッジ・モデルにおいて，ある年度以降の積立金の運用利回りは予定利率 i を下回る j となった．財政方式は加入年齢方式を採用し，翌年度以降，期初の未積立債務は，期初現在の加入者によって加

入中に償却するような，1 人当たり一定額の特別保険料を毎年計算して償却を行うものとする．

運用利差損以外に責任準備金または積立金から差損益が発生しないものとすると，加入者 1 人当たりの標準保険料と特別保険料の合計値の収束値は何になるか．

ここで，S^p, S^a, S^f, G^a, G^f を予定利率 i とした場合の給付現価および人数現価，$S^{p*}, S^{a*}, S^{f*}, G^{a*}, G^{f*}$ を予定利率 j とした場合の給付現価および人数現価とする．

4.7

ある年金制度において，定年による年金受給者には A ファンドから年金給付を行い，定年以外の年金受給者には当該年金受給権者の年金現価相当額を B ファンドに移換して，B ファンドから年金給付を行うものとする．定常状態に到達した後における A ファンドの年間掛金収入を P，A ファンドの年金給付額を S_A，また A ファンドから B ファンドへの年間の移管金総額を Q，B ファンドの年金給付額を S_B，A ファンドと B ファンドの利力をそれぞれ δ_A, δ_B とするとき，A ファンドの積立金と B ファンドの積立金との比率を式で表せ．なお，掛金・給付・移管金は連続的に発生するものとする．

4.8

定常状態にあるトローブリッジ・モデルの年金制度における給付現価 $(S^p,\ {}^{PS}S^a, S^a, S^f)$ を，各種財政方式の掛金額 $({}^{P}C,\ {}^{T}C,\ {}^{UC}C,\ {}^{In}C)$ および，$v = \dfrac{1}{1+i}$ を用いて表せ．なお，掛金額の左肩添字は財政方式を表し，P：賦課方式，T：退職時年金現価積立方式，UC：単位積立方式，In：加入時積立方式である．

4.9

トローブリッジ・モデルを想定する．単位積立方式による x 歳の 1 人当たりの掛金率を ${}^{UC}P_x$ とし，将来の加入期間にかかる給付率 $\dfrac{x_r - x}{x_r - x_e}$ を賄うのに

必要な掛金率を

$$ {}^{A}P_x = \frac{x_r - x}{x_r - x_e} \frac{D_{x_r} \ddot{a}_{x_r}}{N_x - N_{x_r}} $$

とする．ただし，掛金の拠出は，年 1 回期始払いとする．このとき，以下の問いに答えよ．

(1) ${}^{A}P_x > {}^{UC}P_x$ であることを示せ．

(2) ${}^{A}P_x$ は x の単調増加関数であることを示せ．

4.10

加入者数 L および給与総額 B が定常状態にある年金制度において，新規加入の加入者 1 人当たりの加入時の給与を式で表せ．

4.11

A 社は年金制度について，以下のような制度変更 (給付減額) を検討している．

[現行制度の給付内容：すべて退職一時金給付]

- 定年退職の場合：退職時の基本給 × 勤続年数
- 定年退職以外の場合：退職時の基本給 × 勤続年数 ×0.8

[変更案：すべて退職一時金給付]

- 定年退職の場合：退職時の基本給 × 勤続年数
- 定年退職以外の場合：退職時の基本給 × 勤続年数 ×0.6

ここで，現行制度の給与比例制の標準掛金率が 1 であるとき，変更後の標準掛金率はいくらになるか．小数第 3 位を四捨五入して小数第 2 位まで求めよ．

なお，計算の前提は以下のとおりであり，制度変更前後で変わらないものとする．

- 財政方式：加入年齢方式
- 特定年齢：30 歳 (30 歳到達直後の期始に制度に加入)
- 定年年齢：60 歳 (60 歳到達直後の期末に制度から脱退)
- 予定利率：2.0%
- 予定昇給率：1 年当たり一律 3.0%(定年退職者発生前の期末に昇給)
- 予定退職率 (死亡退職を含む)：すべての年齢で一律 4.0%
- 掛金は期始払い，定年退職者を除く中途退職は期始 (掛金払い込み後) に発生するものとする．
- $1.02^{30} = 1.81136$，$1.03^{30} = 2.42726$，$1.04^{30} = 3.24340$，$0.96^{30} = 0.29386$ とする．

4.12

加入者および受給権者の集団について定常人口を仮定する．開放型総合保険料方式では制度設立時の給付の取り扱いによって保険料の水準が異なる．次の (1) ～ (4) の各場合の開放型総合保険料方式による保険料は，下のア．～ カ．のうちのどの財政方式の定常状態の保険料と一致するか．

(1)　将来の加入者集団のみを給付の対象とする．

(2)　将来，現在の加入者，受給権者集団について，過去の期間を完全に通算する．

(3)　将来，現在の加入者について，将来期間のみを給付の対象とする．

(4)　将来，現在の加入者について，過去の期間を通算する．

語群

ア．退職時年金現価積立方式，	イ．加入年齢方式，
ウ．完全積立方式，	エ．加入時積立方式，
オ．単位積立方式，	カ．賦課方式

4.13

制度発足から T 年間かけて定常状態になる年金制度を考える．掛金と給付金が連続的に発生し，利力は $\delta\,(>0)$，t 年後の給付額 $B(t)$ は以下の式のとおり与えられている $(a, b > 0)$．極限方程式から定常状態を維持するための定額掛金率 c をそれぞれ求めよ．

(1)　$B(t) = \begin{cases} at & (0 \leqq t \leqq T) \\ aT & (t > T) \end{cases}$

(2)　$B(t) = \begin{cases} be^{at} & (0 \leqq t \leqq T) \\ be^{aT} & (t > T) \end{cases}$

4.14

ある年金制度は，年度初に掛金 C が払い込まれ，年度末に給付 B が支払われ，年度末給付支払後の積立金が F で定常状態にある．この制度における積立金 F の水準を下げるため，ある年度以降の掛金を $\alpha \cdot C(0 < \alpha < 1)$ とした場合，年度末の積立金が $\beta \cdot F(0 < \beta < 1)$ を下回る年度はいつか，割引率を v として答えよ．

4.15

定常状態に達している年金制度で，ある年度以降，運用利回りが i から $j\,(j < i)$ に低下した．最初に利回りが低下した年度を 1 年度として，利回り低下による未積立債務の償却を行わなかった結果，第 n 年度末に未積立債務の額が当初の積立金の k 倍 $(0 < k < 1)$ になった．このときの n を i, j, k を用いて表せ．なお，保険料および給付は年 1 回期始払いとする．

第5章
財政運営

株式会社などの企業や法人は，毎年の事業活動の成果を会計上の当期損益によって計測する．そのために，貸借対照表や損益計算書などの財務諸表を毎年作成している．また，財務分析を行うことにより，経営計画の見直しを行っている．それと同様に，年金制度も年金数理を用いて，毎年の財政状況を把握するとともに，必要なら財政計画を見直している．前者を年金財政の決算，後者を再計算という．

5.1　決算と再計算

年金財政は，当初決定した計算の前提どおり推移すれば掛金率を変更することなく，約束した年金給付を確実に支払うことができる．しかし，実際には予定どおり事態が進行することはなく財政上の過不足が生ずるため，定期的に財政状況を点検するとともに，ある時期には掛金を変更することも必要となる．毎年行われる財政検証は**決算**，数年 (通常は 5 年ごと) に 1 度行われる計算前提の見直しや掛金率の変更を伴う財政計画の見直しを**再計算**と称する．

5.1.1　年金制度における貸借対照表と損益計算書

年金制度の決算においては，企業会計と同様に貸借対照表 (B ／ S) および損益計算書 (P ／ L) を作成する．

- B ／ S においては，借方に積立金および (未償却) 過去勤務債務，貸方に数理債務が計上され，それらの差額として不足金または剰余金 (合わせて「**基本金**」という) が計上される．
- P ／ L においては，掛金および年金資産の運用収益が収入に，給付支払額と数理債務の積み増し額 (マイナスの場合は取り崩し) および過去勤務債務の償却額が支出となり，その差額が当年度の差損益 (不足金または剰余金) となる (図 5.1).

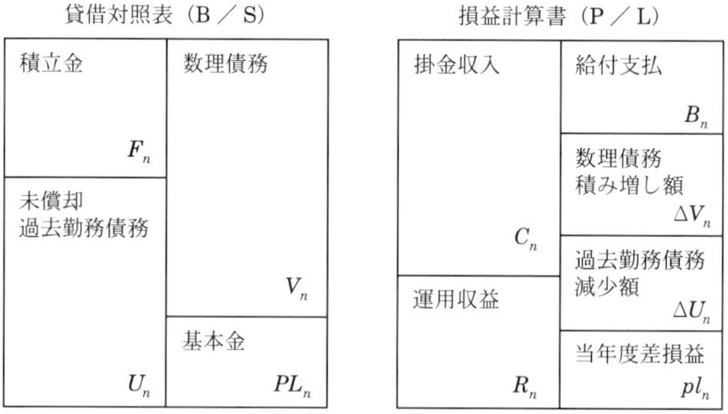

貸借対照表（B ／ S）

借方	貸方
積立金 F_n	数理債務 V_n
未償却過去勤務債務 U_n	基本金 PL_n

損益計算書（P ／ L）

収入	支出
掛金収入 C_n	給付支払 B_n
	数理債務積み増し額 ΔV_n
運用収益 R_n	過去勤務債務減少額 ΔU_n
	当年度差損益 pl_n

図 **5.1**

基本金および**当年度差損益**は，正値の場合は**剰余金**，負値の場合は**不足金**という．以下，B ／ S および P ／ L における各数値を次のように定義する．

F_n : n 年度末の積立金残高．ただし $n = 0$ は発足時 (初年度始) の積立金で通常は 0.

V_n : n 年度末の数理債務，ただし $n = 0$ は発足時 (初年度始) の数理債務.

U_n : n 年度末の未償却過去勤務債務残高，ただし $n = 0$ は発足時 (初年度始) の導入時過去勤務債務で $U_0 = V_0$.

$PL_n = (F_n + U_n) - V_n$

：基本金 (正の場合は n 年度末の剰余金，負の場合は絶対値が n 年度末の不足金).

B_n：n 年度の給付支払 (期始払い).

R_n：n 年度の積立金の運用収益.

C_n：n 年度の掛金収入 ($= C_n^N + C_n^{PSL}$)(期始払い).

C_n^N：n 年度の標準掛金収入.

C_n^{PSL}：n 年度の特別掛金収入.

ΔV_n：数理債務積み増し額 ($= V_n - V_{n-1}$).

ΔU_n：過去勤務債務減少額 ($= U_{n-1} - U_n$).

$pl_n = C_n + R_n - (B_n + \Delta V_n + \Delta U_n)$

：n 年度差損益．正の場合は n 年度の剰余金，負の場合は絶対値が n 年度の不足金.

◉——制度設立時の B ／ S

制度設立時は積立金が存在しない．つまり

$$V_0 = U_0 \tag{5.1}$$

である.

この U_0 に対して特別掛金が設定される (図 5.2).

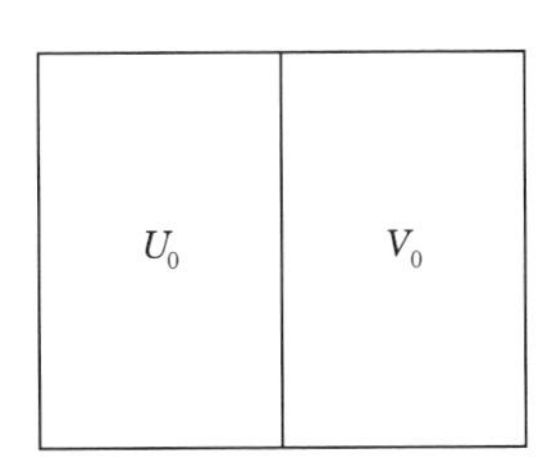

図 5.2

◉——制度設立初年度

制度設立初年度は，掛金収入 C_1，運用収益 R_1，給付支払 B_1 によって積立金残高は F_1 となる．未償却過去勤務債務は U_1，数理債務は V_1 となった．つまり，

$$F_1 = C_1 + R_1 - B_1, \tag{5.2}$$

$$PL_1 = F_1 + U_1 - V_1 \tag{5.3}$$

となる (図 5.3)．初年度における収支を考えると，

$$収入：C_1 + R_1,$$

$$支出：B_1 + \Delta V_1 + \Delta U_1$$

となるため，1 年間の損益は，(5.1), (5.2), (5.3) を用いて，

$$\begin{aligned} pl_1 &= (C_1 + R_1) - (B_1 + \Delta V_1 + \Delta U_1) \\ &= (C_1 + R_1 - B_1) - (V_1 - V_0) - (U_0 - U_1) \\ &= (F_1 + U_1 - V_1) + (V_0 - U_0) \\ &= PL_1 \end{aligned}$$

となる (図 5.4)．

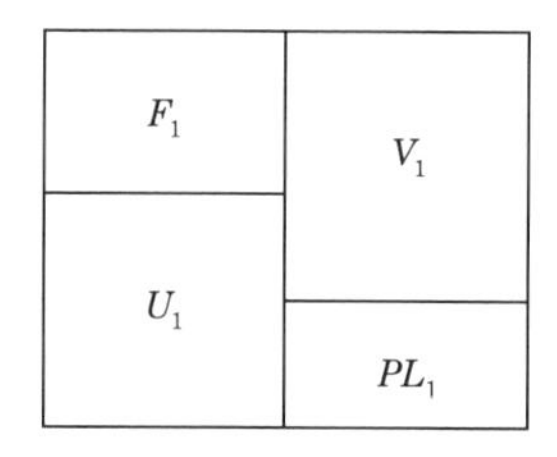

図 5.3

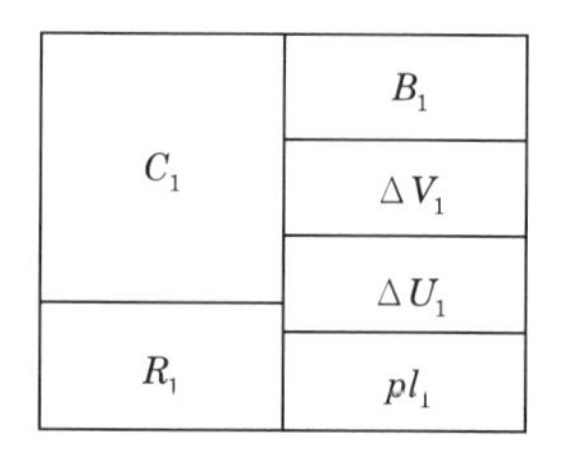

図 5.4

●—— n 年度 $(n \geqq 2)$

n 年度の基本金は，定義より

$$PL_n = (F_n + U_n) - V_n \tag{5.4}$$

である (図 5.5)．ただし，積立金については

$$F_n = F_{n-1} + C_n + R_n - B_n \tag{5.5}$$

が成り立つ．n 年度の収支は 1 年度と同様に

収入：$C_n + R_n$,

支出：$B_n + \Delta V_n + \Delta U_n$

であり，損益は (5.4), (5.5) を用いて，

$$\begin{aligned} pl_n &= (C_n + R_n) - (B_n + \Delta V_n + \Delta U_n) \\ &= (F_{n-1} + C_n + R_n - B_n) - F_{n-1} - (V_n - V_{n-1}) - (U_{n-1} - U_n) \\ &= (F_n + U_n - V_n) - (F_{n-1} + U_{n-1} - V_{n-1}) \\ &= PL_n - PL_{n-1} \end{aligned} \tag{5.6}$$

となる．したがって，

$$PL_n = PL_{n-1} + pl_n$$

が成立する．

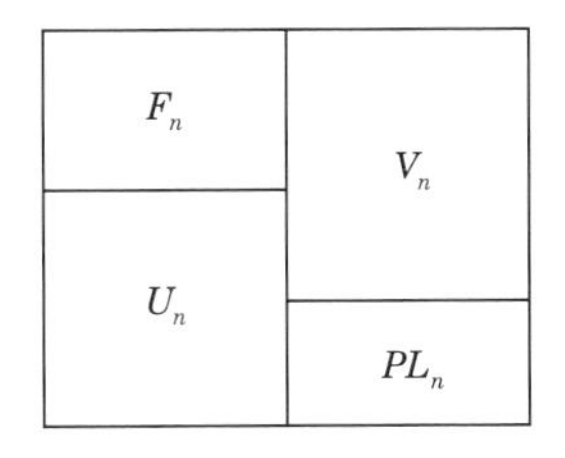

図 **5.5**

5.1.2 再計算時の取り扱い

再計算では，計算基礎の見直しを実施して数理債務の評価替えを行う．したがって，同時点で従前の計算基礎で評価した数理債務とは異なる評価額となる．

m 年度を再計算年度とし，その年度では通常の決算において損益 pl_m および PL_m が計上され，その後，再計算により数理債務が V_m から V_m^* に変化したものとする．

再計算では，数理債務の見直しとともに基本金 (不足金や剰余金) の処理を行うことになる．基本金の中には，決算における PL_m だけでなく，再計算に伴う数理債務の評価替えの効果 ($\Delta V^* = V_m^* - V_m$) も含まれることになる．

一般に，再計算時には次のようなルールにもとづいて基本金の処理が行われている．

(1) 再計算後の基本金に関するルール

決算では不足金をそのまま残すが，再計算後には不足金を放置することはしない．すなわち (2) に述べる処理を実施することにより，再計算後の基本金 PL_m^* は，

$$PL_m^* \geqq 0$$

となるようにする．

(2) 数理債務の評価替えにより発生した不足金 ($\Delta V_m^* > 0$ の) の処理

数理債務の見直しによって生じた不足金は，特別掛金の引き上げ，または再計算前の剰余金の取り崩しによって処理し，(1) となるようにする．前者の場合には未償却過去勤務債務が増加し，後者の場合には剰余金が減少する．

(3) 剰余金の処分

再計算で，剰余金を取り崩してもなお残額がある ($PL_m^* - V_m^* > 0$) という場合には，その剰余金を留保しておくことも，過去勤務債務の償却財源 (特別掛金率の引き下げ，または償却期間の短縮) に使用することも可能である．

標準掛金と特別掛金とに区分された財政方式における再計算の実務的な作業手順は，これらのルールをふまえると，次のようになる．

(i) 基礎率の見直しによる数理債務 V_m^* の計算．

(ii) $F_m^* = F_m - \max(PL_m, 0)$ とおき，再計算前の剰余金を留保することを前提として，F_m^* と V_m^* との比較を行い，その差額 (過去勤務債務) に対して特別掛金率を設定する．

(iii) $PL_m > 0$ の場合，剰余金を用いて特別掛金の引き下げを行うことを検討し，最終的な過去勤務債務 U_m^* と特別掛金を決定する．

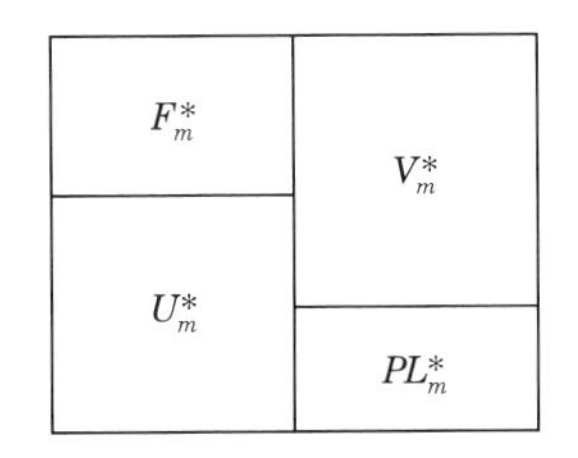

図 **5.6**

(ii) で $F_m^* > V_m^*$ となる場合はその差額が剰余金となるが，財政方式で開放基金方式を採用している場合は，(4.32) 式に従って標準掛金の調整 (引き下げ) を行うこともできる．なお，再計算により数理債務の変動額 ΔV_m^* が支出に，過去勤務債務の変動額 $\Delta U_m^* (= U_m^* - U_m)$ が収入になる．

BOX5：掛金の引き上げは簡単ではない

給付建て制度の場合，給付額や算定式が決まっているので，運用損が累積すると掛金を引き上げざるを得なくなる．もちろん，引き上げ額が企業の負担できる範囲内であれば先送りを嫌って引き上げを決断する場合も多い．ところが現実にはそうはいかない場合もよくある．その理由は，

(1) 企業は予算編成上，出費の増大を避けるものなので，事務局の説明負担が増す．
(2) 業況が苦しい場合に掛金引き上げはコスト増となる．
(3) 複数の会社からなっている年金基金の場合，掛金引き上げを嫌って会社ごと脱退する場合がある．また，そのような会社が主導して年金基金解散にむかって動き出す場合すらある．

などが挙げられる．そこで，掛金の引き上げをする代わりに，

① 特別掛金の償却年数の延長をする．
② 資産の評価を数理的評価に変更する．
③ 掛金引き上げの猶予をする．

などの代替手段を講ずることになる．

この中で「償却年数の延長」は，期間損益に変化がないので，払い込み掛金額がたとえ増加しても比較的抵抗が少ない．償却年数の延長をすると，特別掛金の収入現価が増加し，

$$\begin{aligned}&\text{責任準備金}\\&\quad = \text{給付現価} - \text{標準掛金収入現価} - \text{特別掛金収入現価}\end{aligned}$$

が減少するので，継続基準の財政検証の数値，すなわち

$$\frac{\text{純資産額} + \text{許容繰越不足金}}{\text{責任準備金}}$$

の数値はかえって大きく (良く) なる．

資産評価の変更方法として，資産の変動を 5 年平均などで平滑化することがあるが，不足が累積しているときに実施すると，損失の先送りとなるため，あまり勧められない．

最後の手段としては，給付減額や年金基金の解散がある．しかし給付の引き下げは年金基金の意義を減じ，思ったような効果が得られない場合も多い．

このような状況に直面しても財政の健全性を確保できるように，年金アクチュアリーは，日頃から要請に応じてこまめに基金を訪問し，基金の事務局・理事・代議員との信頼関係を築いて，何でも言える雰囲気を作っておくことが必要である．なお，上記 (2) に対応するため，利回りが好調なときに将来の不足金発生に備えて「リスク対応掛金」を設定することが可能になっており，利用されている．

5.2 数理損益

決算における，基本金の予定と実績の差異を数理損益と呼ぶ．これは，計算の前提と実績が異なることから発生するものである．ここでは，数理損益の発生メカニズムを算式によって確認してゆく．

5.2.1 数理債務の再帰式

まず，この節では 5.1.1 節で求めた年金制度の損益に関して，その発生要因の分析を行う．年金制度の損益は次式によって表される：

$$pl_n = (C_n + R_n) - (B_n + \varDelta V_n + \varDelta U_n). \tag{5.7}$$

ここではまず，上式中の数理債務の増加額 $\varDelta V_n$ が 1 年間に何を原因にしてどのように変化するのかを検証する．

ここで，事前積立方式の，x 歳の加入者 1 人当たりの数理債務を表した式 (3.36) を再掲する．

$$
\begin{aligned}
V_{(x_e,x)} = &\sum_{y=x}^{x_r-1}\sum_j \frac{C_y^{(j)}}{D_x}K_{(y+1,y+1-x_e)}^{(j)} \\
&+ \frac{D_{x_r}}{D_x}K_{(x_r,x_r-x_e)}^{(r)} - \sum_{y=x}^{x_r-1}\frac{D_y}{D_x}P_{(x_e,y)}
\end{aligned}
$$

モデルの単純化のために，給付は退職時の最終給与比例の一時金のみとし，掛金は期始の給与 (昇給前) に比例して徴収するものとした．この前提によれば，x 歳の加入者 1 人当たりの数理債務は

$$
\begin{aligned}
B_{(x_e,x)}V_{(x_e,x)}^a = &\sum_{y=x}^{x_r-1}\sum_j \frac{C_y^{(j)}}{D_x}K_{(y+1,y+1-x_e)}^{(j)} \\
&+ \frac{D_{x_r}}{D_x}K_{(x_r,x_r-x_e)}^{(r)} - \sum_{y=x}^{x_r-1}\frac{D_y}{D_x}B_{(x_e,y)}P_y
\end{aligned}
$$

と表される．ここで，$V_{(x_e,x)}^a$ は x_e 歳で加入し，現在 x 歳の加入者の給与 1 単位当たりの数理債務，$K_{(x,t)}^{(j)}$ は x 歳加入，期間 t で脱退事由 j によって制度から脱退した場合の給付額，$B_{(x_e,x)}$ は x_e 歳で加入し，現在 x 歳の加入者の 1 人当たり給与，b_x は給与指数，$a_{y-x_e}^{(j)}$ は y 歳に脱退事由 j で退職した場合の支給率，P_y は y 歳における年齢対応給与比例掛金率である．上式は

$$
\begin{aligned}
B_{(x_e,x)}V_{(x_e,x)}^a = &\sum_{y=x}^{x_r-1}\sum_j \frac{C_y^{(j)}}{D_x}B_{(x_e,y+1)}a_{y-x_e+1}^{(j)} \\
&+ \frac{D_{x_r}}{D_x}B_{(x_e,x_r)}a_{x_r-x_e}^{(r)} - \sum_{y=x}^{x_r-1}\frac{D_y}{D_x}B_{(x_e,y)}P_y
\end{aligned}
$$

と変形できるが，さらに $B_{(x_e,y)} = B_{(x_e,x)}\dfrac{b_y}{b_x}$ を用いて，

$$
\begin{aligned}
V_{(x_e,x)}^a = &\sum_{y=x}^{x_r-1}\sum_j \frac{C_y^{(j)}b_{y+1}}{D_x b_x}a_{y-x_e+1}^{(j)} \\
&+ \frac{D_{x_r}b_{x_r}}{D_x b_x}a_{x_r-x_e}^{(r)} - \sum_{y=x}^{x_r-1}\frac{D_y b_y}{D_x b_x}P_y
\end{aligned}
\tag{5.8}
$$

と表すことができる．

$V_{(x_e,x)}^a$ と $V_{(x_e,x+1)}^a$ に関する再帰式を求めると

$$
\begin{aligned}
&l_{x+1}b_{x+1}V^a_{(x_e,x+1)} \\
&\quad = (1+i)l_x b_x \left(V^a_{(x_e,x)} - \sum_j \frac{C_x^{(j)}}{D_x} a^{(j)}_{x-x_e+1} + P_x \right) \\
&\quad = l_x b_x (V^a_{(x_e,x)} + P_x)(1+i) - \sum_j d_x^{(j)} b_{x+1} a^{(j)}_{x-x_e+1}
\end{aligned} \tag{5.9}
$$

となる．この式は，特定の年齢集団における数理債務は，掛金支払いおよび予定利率による利息相当分によって増加し，給付の支払分だけ減少することを意味している．

なお，$x = x_r - 1$ の場合，(5.8) は

$$
V^a_{(x_e,x_r-1)} = \sum_j \frac{C^{(j)}_{x_r-1} b_{x_r}}{D_{x_r-1} b_{x_r-1}} a^{(j)}_{x_r-x_e} + \frac{D_{x_r} b_{x_r}}{D_{x_r-1} b_{x_r-1}} a^{(r)}_{x_r-x_e} - P_{x_r-1}
$$

となり，

$$
\begin{aligned}
&l_{x_r-1} b_{x_r-1} (V^a_{(x_e,x_r-1)} + P_{x_r-1})(1+i) - \sum_j d^{(j)}_{x_r-1} b_{x_r} a^{(j)}_{x_r-x_e} \\
&\quad = l_{x_r} b_{x_r} a^{(r)}_{x_r-x_e}
\end{aligned} \tag{5.10}
$$

が成立する．この式で便宜的に

$$
a^{(r)}_{x_r-x_e} = V_{(x_e,x_r)} \tag{5.11}
$$

とおくことで，(5.9) は $x = x_r - 1$ についても成立することが分かる．(5.11) は，定年年齢到達時には掛金の支払は終了しているため，給付現価 (給付支払額) がそのまま数理債務になっていることを意味している．

次に，数理債務で将来加入者を見込んでいる場合，n 年度の将来加入者の数理債務 V_n^f は

$$
V_n^f = \frac{v}{1-v} l^f_{x_e} b^f_{x_e} V^a_{(x_e,x_e)}
$$

のように表される．ただし，$l^f_{x_e}, b^f_{x_e}$ は n 年度における将来加入者の加入人数および 1 人当たりの給与を表す．V_n^f は 1 年間の時間の経過により利息相当分だけ増加し，$(1+i)V_n^f$ となるが，

$$
\begin{aligned}
(1+i)V_n^f &= \frac{1}{1-v} l_{x_e}^f b_{x_e}^f V_{(x_e,x_e)}^a \\
&= \frac{(1-v)+v}{1-v} l_{x_e}^f b_{x_e}^f V_{(x_e,x_e)}^a \\
&= V_n^f + l_{x_e}^f b_{x_e}^f V_{(x_e,x_e)}^a
\end{aligned}
\tag{5.12}
$$

が成立する．この式は，将来加入者の数理債務の利息は，1 年間の新規加入者の数理債務に一致することを意味する．

次に，(5.7) における 1 年間の未償却過去勤務債務の減少額 ΔU_n について検証する．**未償却過去勤務債務** U_n とは特別掛金収入現価のことをいい，P_{PSL} を給与 1 単位当たりの特別掛金率，過去勤務債務の残存償却期間を r として，

$$
U_n = \sum_{x=x_e}^{x_r-1} l_x b_x P_{PSL} \ddot{a}_{\overline{r}|}
$$

のように表される．ここで，$\ddot{a}_{\overline{r}|} = 1 + v\ddot{a}_{\overline{r-1}|}$ であるため，次式が得られる：

$$
U_n = \sum_{x=x_e}^{x_r-1} l_x b_x P_{PSL} + v \sum_{x=x_e}^{x_r-1} l_x b_x P_{PSL} \ddot{a}_{\overline{r-1}|}.
$$

したがって，

$$
\sum_{x=x_e}^{x_r-1} l_x b_x P_{PSL} \ddot{a}_{\overline{r-1}|} = \left(U_n - \sum_{x=x_e}^{x_r-1} l_x b_x P_{PSL} \right)(1+i) \tag{5.13}
$$

が成り立つ．この式は，未償却過去勤務債務は特別掛金の支払いによってその額と同額が減少し，減少後の未償却過去勤務債務に対して予定利率による利息相当額が増加することを意味する．

5.2.2 決算における差損益の分解

決算時の数理損益は，計算前提と実績の差異によって生ずるが，それぞれの要因ごとの貢献度に分解できる．これを，算式によって確認することにしよう．

n 年度末において，加入者の人員構成が定常人口 (各年齢の人数および 1 人当たりの給与は l_x, b_x) であることを仮定する．$(n+1)$ 年度末において，各年齢の人数および 1 人当たりの給与が l'_x, b'_x になったとすると，加入者の数理

債務は

$$
\begin{aligned}
V_{n+1}^{a} &= \sum_{x=x_e}^{x_r-1} l'_x b'_x V_{(x_e,x)}^{a} \\
&= \sum_{x=x_e+1}^{x_r-1} (l'_x b'_x - l_x b_x) V_{(x_e,x)}^{a} + l'_{x_e} b'_{x_e} V_{(x_e,x_e)}^{a} \\
&\quad + \sum_{x=x_e+1}^{x_r-1} l_x b_x V_{(x_e,x)}^{a}
\end{aligned}
\tag{5.14}
$$

となる.

右辺の第 3 項は，(5.9) を用いると次のように表される：

$$
\begin{aligned}
&\sum_{x=x_e+1}^{x_r-1} l_x b_x V_{(x_e,x)}^{a} \\
&\quad = \sum_{x=x_e}^{x_r-1} l_{x+1} b_{x+1} V_{(x_e,x+1)}^{a} - l_{x_r} b_{x_r} V_{(x_e,x_r)}^{a} \\
&\quad = \sum_{x=x_e}^{x_r-1} \left\{ l_x b_x (V_{(x_e,x)}^{a} + P_x)(1+i) - \sum_j d_x^{(j)} b_{x+1} a_{x-x_e+1}^{(j)} \right\} \\
&\quad\quad - l_{x_r} b_{x_r} V_{(x_e,x_r)}^{a} \\
&\quad = (V_n^a + C_n^N)(1+i) - \sum_{x=x_e}^{x_r-1} \sum_j d_x^{(j)} b_{x+1} a_{x-x_e+1}^{(j)} - l_{x_r} b_{x_r} V_{(x_e,x_r)}^{a}.
\end{aligned}
\tag{5.15}
$$

また $(n+1)$ 年度の将来加入者の人数および加入時給与の見込みが l'_{x_e}, b'_{x_e} となったとすると，(5.12) を用いて

$$
\begin{aligned}
V_{n+1}^{f} &= \frac{v}{d} l'_{x_e} b'_{x_e} V_{(x_e,x_e)}^{a} \\
&= \frac{v}{d} l'_{x_e} b'_{x_e} V_{(x_e,x_e)}^{a} - V_n^f + V_n^f \\
&= \frac{v}{d} (l'_{x_e} b'_{x_e} - l_{x_e} b_{x_e}) V_{(x_e,x_e)}^{a} + (1+i) V_n^f - l_{x_e} b_{x_e} V_{(x_e,x_e)}^{a}
\end{aligned}
\tag{5.16}
$$

となる.

(5.14) から (5.16) を用いると，(5.7) 中の数理債務の積み増し額 ΔV_n について，次のように分解できる：

$$
\begin{aligned}
\varDelta V_n &= V_{n+1} - V_n \\
&= \left(V_{n+1}^a - V_n^a\right) + \left(V_{n+1}^f - V_n^f\right) \\
&= \sum_{x=x_e+1}^{x_r-1} (l'_x b'_x - l_x b_x) V_{(x_e,x)}^a + l'_{x_e} b'_{x_e} V_{(x_e,x_e)}^a \\
&\quad + V_n^a i + C_n^N (1+i) - \sum_{x=x_e}^{x_r-1} \sum_j d_x^{(j)} b_{x+1} a_{x-x_e+1}^{(j)} - l_{x_r} b_{x_r} V_{(x_e,x_r)}^a \\
&\quad + \frac{v}{d} (l'_{x_e} b'_{x_e} - l_{x_e} b_{x_e}) V_{(x_e,x_e)}^a + V_n^f i - l_{x_e} b_{x_e} V_{(x_e,x_e)}^a \\
&= \sum_{x=x_e+1}^{x_r-1} (l'_x b'_x - l_x b_x) V_{(x_e,x)}^a + \frac{v}{d} (l'_{x_e} b'_{x_e} - l_{x_e} b_{x_e}) V_{(x_e,x_e)}^a \\
&\quad + (l'_{x_e} b'_{x_e} - l_{x_e} b_{x_e}) V_{(x_e,x_e)}^a + (V_n^a + V_n^f) i + C_n^N i \\
&\quad + C_n^N - \sum_{x=x_e}^{x_r-1} \sum_j d_x^{(j)} b_{x+1} a_{x-x_e+1}^{(j)} - l_{x_r} b_{x_r} V_{(x_e,x_r)}^a . \qquad (5.17)
\end{aligned}
$$

過去勤務債務 $\varDelta U_n$ については，(5.13) を用いて U_n と U_{n+1} の差を求めると，次式が得られる．ただし，

$$
C_n^{PSL} = \sum_{x=x_e}^{x_r-1} l_x b_x \cdot P_{PSL}
$$

としている：

$$
\begin{aligned}
\varDelta U_n &= U_n - U_{n+1} \\
&= U_n - \sum_{x=x_e}^{x_r-1} l'_x b'_x P_{PSL} \ddot{a}_{\overline{r-1|}} \\
&= U_n - \sum_{x=x_e}^{x_r-1} (l'_x b'_x - l_x b_x) P_{PSL} \ddot{a}_{\overline{r-1|}} - \sum_{x=x_e}^{x_r-1} l_x b_x P_{PSL} \ddot{a}_{\overline{r-1|}} \\
&= U_n - \sum_{x=x_e}^{x_r-1} (l'_x b'_x - l_x b_x) P_{PSL} \ddot{a}_{\overline{r-1|}} \\
&\quad - \left(U_n - \sum_{x=x_e}^{x_r-1} l_x b_x P_{PSL} \right) (1+i) \\
&= C_n^{PSL} + (C_n^{PSL} - U_n) i - \sum_{x=x_e}^{x_r-1} (l'_x b'_x - l_x b_x) P_{PSL} \ddot{a}_{\overline{r-1|}} .
\end{aligned}
\qquad (5.18)
$$

(5.17) および (5.18) により，(5.7) で与えられる 1 年間の年金制度の損益 pl_n は，以下のとおり発生要因別に分解することができる：

$$
\begin{aligned}
pl_n &= (C_n + R_n - B_n) - \Delta V_n - \Delta U_n \\
&= \Bigg(C_n^N + C_n^{PSL} + R_n \\
&\quad - \sum_{x=x_e}^{x_r-1} \sum_j d_x'^{(j)} b_{x+1} a_{x-x_e+1}^{(j)} - l'_{x_r} b'_{x_r} a_{x_r-x_e}^{(r)} \Bigg) \\
&\quad - \sum_{x=x_e+1}^{x_r-1} (l'_x b'_x - l_x b_x) V_{(x_e,x)}^a - \frac{v}{d}(l'_{x_e} b'_{x_e} - l_{x_e} b_{x_e}) V_{(x_e,x_e)}^a \\
&\quad - (l'_{x_e} b'_{x_e} - l_{x_e} b_{x_e}) V_{(x_e,x_e)}^a - (V_n^a + V_n^f) i - C_n^N i \\
&\quad - C_n^N + \sum_{x=x_e}^{x_r-1} \sum_j d_x^{(j)} b_{x+1} a_{x-x_e+1}^{(j)} + l_{x_r} b_{x_r} V_{(x_e,x_r)}^a \\
&\quad - C_n^{PSL} - (C_n^{PSL} - U_n) i + \sum_{x=x_e}^{x_r-1} (l'_x b'_x - l_x b_x) P_{PSL} \ddot{a}_{\overline{r-1|}} \\
&= R_n - (C_n^N + C_n^{PSL} + V_n - U_n) i \qquad \cdots (①) \\
&\quad - (l'_{x_e} b'_{x_e} - l_{x_e} b_{x_e}) V_{(x_e,x_e)}^a - \frac{v}{d} (l'_{x_e} b'_{x_e} - l_{x_e} b_{x_e}) V_{(x_e,x_e)}^a \\
&\qquad \cdots (②) \\
&\quad - \sum_{x=x_e+1}^{x_r-1} (l'_x b'_x - l_x b_x) V_{(x_e,x)}^a \\
&\quad - \sum_{x=x_e+1}^{x_r-1} \sum_j \left(d_x'^{(j)} - d_x^{(j)} \right) b_{x+1} a_{x-x_e+1}^{(j)} \\
&\quad - l'_{x_r} b'_{x_r} a_{x_r-x_e}^{(r)} + l_{x_r} b_{x_r} V_{(x_e,x_r)}^a \qquad \cdots (③) \\
&\quad + \sum_{x=x_e}^{x_r-1} (l'_x b'_x - l_x b_x) P_{PSL} \ddot{a}_{\overline{r-1|}}. \qquad \cdots (④)
\end{aligned}
\tag{5.19}
$$

ここに，$d_x'^{(j)}$ は脱退事由 j による x 歳における実際の脱退数を表しており，$\sum_j (d_x'^{(j)} - d_x^{(j)})$ は予定脱退者数と実際脱退者数の差異を表す．

(5.19) の第 1 行目 (①) はさらに，

$$(\text{①}) = R_n - (C_n + F_n - PL_n)i = \{R_n - (F_n + C_n)i\} + PL_n i$$

と変形できる．この式の右辺第 1 項は，実際の運用収益と予定利率による予想運用収益との差 (**利差損益**) を表し，第 2 項は前年度の基本金に係る予定利率による利息相当額である．

(5.19) の第 2 行目 (②) は

$$(\text{②}) = -(l'_{x_e} b'_{x_e} - l_{x_e} b_{x_e}) V^a_{(x_e, x_e)} + \left(1 - \frac{l'_{x_e} b'_{x_e}}{l_{x_e} b_{x_e}}\right) V^f_n \tag{5.20}$$

となる．(5.20) の右辺第 1 項は新規に制度に加入した者の実績と見込みの差を表す．第 2 項は将来加入者の見込みの差である．

(5.19) の第 3 ∼ 5 行目 (③) は (5.11) を用いて次のように変形する：

$$\begin{aligned}
(\text{③}) = &- \sum_{x=x_e+1}^{x_r} (l'_x b'_x - l_x b_x) V^a_{(x_e, x)} \\
&- \sum_{x=x_e}^{x_r-1} \sum_j \left(d'^{(j)}_x - d^{(j)}_x\right) b_{x+1} a^{(j)}_{x-x_e+1} \\
= &- \sum_{x=x_e+1}^{x_r} l'_x (b'_x - b_x) V^a_{(x_e, x)} - \sum_{x=x_e+1}^{x_r} (l'_x - l_x) b_{x+1} V^a_{(x_e, x)} \\
&- \sum_{x=x_e}^{x_r-1} \sum_j \left(d'^{(j)}_x - d^{(j)}_x\right) b_{x+1} a^{(j)}_{x-x_e+1} \\
= &- \sum_{x=x_e+1}^{x_r} l'_x (b'_x - b_x) V^a_{(x_e, x)} \\
&- \sum_{x=x_e+1}^{x_r} \left(\left(l_{x-1} - \sum_j d'^{(j)}_{x-1}\right) - \left(l_{x-1} - \sum_j d^{(j)}_{x-1}\right)\right) b_x V^a_{(x_e, x)} \\
&- \sum_{x=x_e}^{x_r-1} \sum_j \left(d'^{(j)}_x - d^{(j)}_x\right) b_{x+1} a^{(j)}_{x-x_e+1} \\
= &- \sum_{x=x_e+1}^{x_r-1} l'_x (b'_x - b_x) V^a_{(x_e, x)} \\
&- \sum_{x=x_e}^{x_r-1} \sum_j \left(d'^{(j)}_x - d^{(j)}_x\right) b_{x+1} \left(a^{(j)}_{y-x_e+1} - V^a_{(x_e, x+1)}\right).
\end{aligned} \tag{5.21}$$

上式の第 1 項は，期末の加入者について実際の給与と期始時点で予想されていた期末の給与との差による損益 (**昇給差損益**) を表す．昇給差損益は，数理債務が正値であれば，実際の昇給が予定を上回れば差損益はマイナス (昇給差損) となる．

(5.21) の第 2 項は，期中の実際の脱退者と予定されていた脱退者との差による損益 (**脱退差損益**) を表す．制度からの脱退者が発生した場合，脱退者に対して給付の支払いを行う (年金資産の減少) とともに，脱退者分の数理債務が減少する．脱退者損益は脱退者の給付支払額 ($b_x a^{(j)}_{x-x_e+1}$) と数理債務 ($b_x V^a_{(x_e,x+1)}$) との差額と，実際の脱退者と予定の脱退者との差額との積で表される．

具体的には，数理債務と給付支払額，脱退者の予定と実績と，差損益には次のような関係がある．

- 脱退者の給付 $>$ 数理債務の場合：

  脱退者の実績 $>$ 予定 $\rightarrow$ 差損,

  脱退者の実績 $<$ 予定 $\rightarrow$ 差益.

- 脱退者の給付$<$数理債務の場合：

  脱退者の実績 $>$ 予定 $\rightarrow$ 差益,

  脱退者の実績 $<$ 予定 $\rightarrow$ 差損.

(5.19) の第 5 行 (④) は過去勤務債務の償却の見込み (特別掛金収入の見込み) 差による差損益を表す．特別掛金を加入者の給与に対する一定割合で徴収する場合，加入者の総給与が増加すると特別掛金の収入見込みが増加し，差益となる．

5.3 計算の前提の変更

第 5 章の冒頭で述べたとおり，再計算では計算の前提の見直しを行う．ここでは，その見直しによる掛金および数理債務の影響を検証する．

5.3.1 予定利率

定常状態において，(4.2) などで表される極限方程式は，年金制度の給付支払が，掛金と積立金から生じる予定収益で賄われていることを意味している．このことから予定利率を引き下げた場合，積立金から生じる収益が減少するため，掛金が上昇することがわかる．

例えば，単位積立方式の掛金は，(3.17) により給付の増加分の現価として与えられる．給付の増加分は

$$K^{(j)}_{(x+1,x-x_e+1)} - K^{(j)}_{(x,x-x_e)}$$

であるが，給付が一時金のみである場合は給付の増加分は予定利率には依存しない．また，給付が年金給付の場合は年金現価が予定利率の低下によって増加するため，その増加分も一般的には増加する．単位積立方式の標準掛金は，これらの給付の増加分の期待値 (増加額 × 脱退確率) を割り引いたものであるため，給付の増加分が正である場合は，単位積立方式の掛金は予定利率低下によって増加する．

(3.21) で与えられる予測単位積立方式も同じように，1 年間に発生する給付 $K^{(j)}_{(y+1,y-x_e+1)}\gamma^{(j)}_{(x_e,x,y+1)}$ は一般的に正であり，予定利率に関係なく，または年金給付の場合 $K^{(j)}$ は予定利率低下に対して増加するため，掛金は予定利率の変化とは逆方向に変化する．

また，単位積立方式および予測単位積立方式では，数理債務は (5.6) および (5.10) で与えられるため，同様の理由によって掛金と予定利率は逆方向に変動する．

例題 5.1

トローブリッジ・モデルにおいて，予定利率が上昇した場合に平準積立方式の掛金は減少することを示せ．

解答　予定利率が i から i' に変化したとし，変更前後の標準掛金をそれぞ

れ P および P' とする．D_x, D'_x をそれぞれ i および i' に対応した計算基数とすると，P および P' は

$$P = \frac{\sum_{x=x_r}^{\omega} D_x}{\sum_{x=x_e}^{x_r-1} D_x}, \qquad P' = \frac{\sum_{x=x_r}^{\omega} D'_x}{\sum_{x=x_e}^{x_r-1} D'_x}$$

のようになる．$P - P'$ の分子を求めると

$$\begin{aligned}
&\left(\sum_{x=x_r}^{\omega} D_x\right)\left(\sum_{y=x_e}^{x_r-1} D'_y\right) - \left(\sum_{x=x_r}^{\omega} D'_x\right)\left(\sum_{x=x_e}^{x_r-1} D_y\right) \\
&= \sum_{x=x_r}^{\omega}\sum_{y=x_e}^{x_r-1}(D_x D'_y - D'_x D_y) \\
&= \sum_{x=x_r}^{\omega}\sum_{y=x_e}^{x_r-1} l_x l_y^{(T)}(v^x v'^y - v'^x v^y) \\
&= \sum_{x=x_r}^{\omega}\sum_{y=x_e}^{x_r-1} l_x l_y^{(T)} v^x v'^y \left(1 - \frac{v'^{x-y}}{v^{x-y}}\right) \\
&= \sum_{x=x_r}^{\omega}\sum_{y=x_e}^{x_r-1} l_x l_y^{(T)} v^x v'^y \left\{1 - \left(\frac{1+i}{1+i'}\right)^{x-y}\right\}
\end{aligned}$$

となる．$i' > i$ および $x > y$ より $P - P'$ は正となる． □

5.3.2 予定脱退率

単位積立方式の掛金を表す式 (3.17) を次のように変形する．

$$\begin{aligned}
{}^{UC}P_{(x_e,x)} = &\sum_{y=x}^{x_r-1}\sum_{j} {}_{y-x|}q_x^{(j)} v^{y-x+1}\left(K^{(j)}_{(x+1,x+1-x_e)} - K^{(j)}_{(x,x-x_e)}\right) \\
&+ {}_{x_r-x}p_x v^{x_r-1}\left(K^{(r)}_{(x+1,x+1-x_e)} - K^{(r)}_{(x,x-x_e)}\right) \qquad (5.22)
\end{aligned}$$

ここで，

$$\sum_{y=x}^{x_r-1}\sum_{j} {}_{y-x|}q_x^{(j)} + {}_{x_r-x}p_x = 1$$

であるため，掛金は，給付発生額に割引率を掛けたものについて脱退率および定年残存率によって加重平均したものとなっている．予測単位積立方式につい

ては (5.22) の給付発生額を表す項が，退職時 (y 歳) の給付にその年齢での給付発生額を乗じたものに置き替わったものである．

(5.22) から感覚的に理解できることは，まず特定の事由 (j^*) による脱退に対して，ほかの脱退よりも高い給付支払が行われる場合 (給付の増加幅が大きい場合)，退職率の見直しによって j^* の退職率が高くなった場合の掛金は上昇する傾向にある．

また，脱退事由がひとつだけであり，(5.22) の給付発生額を表す項は退職事由に拘わらず一定であると仮定する．脱退率の見直しにより特定の年齢 (x^*) において脱退率が上昇し，ほかの年齢では見直し前と変わらないとすると，(5.22) において ${}_{x^*-x|}q_x$ のみが増加し，$y > x^*$ における ${}_{y-x|}q_x$ および ${}_{x_r-x}p_x$ は減少することとなるため，割引効果を得られなくなり，掛金は上昇することとなる．

一方，予測単位積立方式に関しては，給付の発生額を表す項が年齢に応じて予定利率による利息分だけ増加するような制度の場合，給付の発生額の伸びと割引効果が相殺されるため，脱退率の見直しによる掛金の変動はない．言い換えると，給付の発生額が予定利率による利息分以上に増加するような制度で，脱退率の上昇は掛金の低下要因となり，逆に給付の発生額の増加幅が小さい制度では，脱退率の上昇は掛金の上昇要因となる．

平準積立方式の標準掛金は定額掛金の場合 (3.29) で与えられるが，(3.29) の分子からは給付が相対的に高い年齢 (および脱退事由) で脱退率が高くなった場合，掛金が上昇するであろうということが読み取ることができる．逆に言うと，給付が少ない，あるいは受給資格を満たさない年齢層で脱退率が低くなる場合にも掛金は上昇する．

ただし平準積立方式では，(3.29) の分母で与えられる掛金支払時期が掛金の変動に影響する．したがって，例えば脱退率の低下によって (3.29) の分子が掛金上昇の要因になっていたとしても，同時に残存率が増加することで分母に関して掛金低下の要因となることに注意する必要がある．

それでは，給付が「相対的に高い」とは何を意味するのであろうか．(3.29) を以下のとおり変形する：

$$
\begin{aligned}
&{}^{L}P_{x_e}\sum_{s=0}^{x_r-1-x_e} D_{x_e+s}\\
&=\sum_{s=0}^{x_r-1-x_e}\sum_{j} C_{x_e+s}^{(j)} K_{(x_e+s+1,s+1)}^{(j)} + D_{x_r} K_{(x_r,x_r-x_e)}^{(r)}.
\end{aligned}
\tag{5.23}
$$

上式の項左辺の x に関する和の項は,

$$
\begin{aligned}
\sum_{s=0}^{x_r-1-x_e} D_{x_e+s} &= \sum_{s=0}^{x_r-1-x_e} l_{x_e+s}^{(T)} v^{x_e+s}\\
&= \sum_{s=0}^{x_r-1-x_e}\left(\sum_{y=x_e+s}^{x_r-1}\sum_{j} d_y^{(j)} + l_{x_r}^{(T)}\right) v^{x_e+s}\\
&= \sum_{s=0}^{x_r-1-x_e}\left(\sum_{y=x_e+s}^{x_r-1}\sum_{j} d_y^{(j)}\right) v^{x_e+s}\\
&\quad + \sum_{s=0}^{x_r-1-x_e} l_{x_r}^{(T)} v^{x_e+s}\\
&= \sum_{y=x_e}^{x_r-1}\left(\sum_{s=0}^{y-x_e}\sum_{j} d_y^{(j)}\right) v^{x_e+s} + \sum_{s=0}^{x_r-1-x_e} l_{x_r}^{(T)} v^{x_e+s}\\
&= \sum_{y=x_e}^{x_r-1}\sum_{j} d_y^{(j)} \ddot{a}_{\overline{y-x_e+1}|} v^{x_e} + l_{x_r}^{(T)} \ddot{a}_{\overline{x_r-x_e}|} v^{x_e}
\end{aligned}
$$

である.

また, (5.23) の右辺は

$$
\begin{aligned}
&\sum_{s=0}^{x_r-1-x_e}\sum_{j} d_{x_e+s}^{(j)} v^{x_e+s+1} K_{(x_e+s+1,s+1)}^{(j)} + l_{x_r}^{(T)} v^{x_r} K_{(x_r,x_r-x_e)}^{(r)}\\
&\quad = \sum_{y=x_e}^{x_r-1}\sum_{j} d_y^{(j)} v^{y+1} K_{(y+1,y-x_e+1)}^{(j)} + l_{x_r}^{(T)} v^{x_r} K_{(x_r,x_r-x_e)}^{(r)}
\end{aligned}
$$

であるため, (5.23) の (左辺)−(右辺) を計算すると,

$$
\begin{aligned}
0 &= \sum_{y=x_e}^{x_r-1}\sum_{j} d_y^{(j)}\left({}^{L}P_{x_e}\ddot{a}_{\overline{y-x_e+1}|} v^{x_e} - v^{y+1} K_{(y+1,y-x_e+1)}^{(j)}\right)\\
&\quad + l_{x_r}^{(T)}\left({}^{L}P_{x_e}\ddot{a}_{\overline{x_r-x_e}|} v^{x_e} - v^{x_r} K_{(x_r,x_r-x_e)}^{(r)}\right)\\
&= \sum_{y=x_e}^{x_r-1}\sum_{j} d_y^{(j)}\left({}^{L}P_{x_e}\ddot{s}_{\overline{y-x_e+1}|} v^{y+1} - v^{y+1} K_{(y+1,y-x_e+1)}^{(j)}\right)
\end{aligned}
$$

$$+ l_{x_r}^{(T)} \left({}^L P_{x_e} \ddot{s}_{\overline{x_r - x_e}|} v^{x_r} - v^{x_r} K_{(x_r, x_r - x_e)}^{(r)} \right)$$

となり，さらにこの両辺に v^{-x_e} を掛けて

$$0 = \sum_{y=x_e}^{x_r-1} \sum_j d_y^{(j)} \left({}^L P_{x_e} \ddot{s}_{\overline{y-x_e+1}|} - K_{(y+1, y-x_e+1)}^{(j)} \right) v^{y+1-x_e}$$
$$+ l_{x_r}^{(T)} \left({}^L P_{x_e} \ddot{s}_{\overline{x_r - x_e}|} - K_{(x_r, x_r - x_e)}^{(r)} \right) v^{x_r - x_e} \tag{5.24}$$

となる．この式は，脱退者に対して支払われる給付と脱退時までに支払った掛金の元利合計の差額の現価総額は 0 に等しいことを表している．つまり，掛金は制度加入から脱退までの間に収支が相等するように設定されるものであるが，実際に払った掛金よりも多い給付を受け取る状態と，少ない給付しか受取らない状態とでバランスをとることで収支が相等しているのである．

したがって，(5.24) において給付が掛金の元利合計を上回っている年齢および脱退事由で脱退率が上昇した場合，収支相等のバランスが崩れるため，掛金を引き上げることでバランスを調整するのである．

例題 5.2

トローブリッジ・モデルにおいて，ある年齢 $y\,(x_e \leqq y < x_r)$ における予定脱退率が Δq だけ低下した場合 (y 歳の残存率 p_y が，p_y から $p_y + \Delta q$ へ上昇した場合)，平準積立方式の掛金は上昇することを示せ．

解答 変更前後の平準掛金を P および P' とすると，

$$P = \frac{{}_{x_r - x_e}p_{x_e} v^{x_r - x_e} \ddot{a}_{x_r}}{\sum_{x=x_e}^{x_r-1} {}_{x-x_e}p_{x_e} v^{x-x_e}}, \qquad P' = \frac{{}_{x_r - x_e}p'_{x_e} v^{x_r - x_e} \ddot{a}_{x_r}}{\sum_{x=x_e}^{x_r-1} {}_{x-x_e}p'_{x_e} v^{x-x_e}}$$

となる．ここで，

$${}_{x-x_e}p'_{x_e} = {}_{x-x_e}p_{x_e} \qquad (x \leqq y),$$
$${}_{x-x_e}p'_{x_e} = p_{x_e} p_{x_e+1} \cdots (p_y + \Delta q) p_{y+1} \cdots p_{x-1}$$

$$= {}_{x-x_e}p_{x_e} + {}_{y-x_e}p_{x_e}\Delta q\, {}_{x-y-1}p_{y+1} \qquad (x > y)$$

である．

$P' - P$ の分子を求めると，

$$\begin{aligned}
&v^{x_r-x_e}\ddot{a}_{x_r} \\
&\quad \times \left({}_{x_r-x_e}p'_{x_e} \sum_{x=x_e}^{x_r-1} {}_{x-x_e}p_{x_e} v^{x-x_e} - {}_{x_r-x_e}p_{x_e} \sum_{x=x_e}^{x_r-1} {}_{x-x_e}p'_{x_e} v^{x-x_e} \right) \\
&= v^{x_r-x_e}\ddot{a}_{x_r} \left\{ \left({}_{x_r-x_e}p_{x_e} + \Delta q \cdot {}_{x_r-y-1}p_{y+1} \right) \sum_{x=x_e}^{x_r-1} {}_{x-x_e}p_{x_e} v^{x-x_e} \right. \\
&\qquad \left. - {}_{x_r-x_e}p_{x_e} \left(\sum_{x=x_e}^{x_r-1} {}_{x-x_e}p_{x_e} v^{x-x_e} + \Delta q \sum_{x=y+1}^{x_r-1} {}_{x-y-1}p_{y+1} v^{x-x_e} \right) \right\} \\
&= v^{x_r-x_e}\ddot{a}_{x_r} \Delta q \cdot {}_{x_r-y-1}p_{y+1} \\
&\quad \times \left(\sum_{x=x_e}^{x_r-1} {}_{x-x_e}p_{x_e} v^{x-x_e} - \frac{{}_{x_r-x_e}p_{x_e}}{{}_{x_r-y-1}p_{y+1}} \sum_{x=y+1}^{x_r-1} {}_{x-y-1}p_{y+1} v^{x-x_e} \right) \\
&= v^{x_r-x_e}\ddot{a}_{x_r} \Delta q \cdot {}_{x_r-y-1}p_{y+1} \\
&\quad \times \left(\sum_{x=x_e}^{x_r-1} {}_{x-x_e}p_{x_e} v^{x-x_e} - \sum_{x=y+1}^{x_r-1} {}_{x-x_e}p_{x_e} v^{x-x_e} \right) \\
&= v^{x_r-x_e}\ddot{a}_{x_r}\, {}_{y-x_e}p_{x_e} \Delta q \cdot {}_{x_r-y-1}p_{y+1} \sum_{x=x_e}^{y} {}_{x-x_e}p_{x_e} v^{x-x_e} > 0
\end{aligned}$$

となる．したがって $P' > P$ となる． □

5.3.3 昇給率

(5.22) からもわかるように，発生給付方式においては給付額を大きく見込むほど掛金額は大きくなる．昇給率を高く見込むことが給付額を大きく見込むこととなるが，昇給率が高いというのは，掛金算定の対象者について，現在給与に対する給付発生時給与の倍率が高いということである．より正確に言うと (5.22) において，給付の発生確率 (脱退確率) が大きい年齢で給付増加額の絶対値が大きくなるように給与が変化すると掛金は高くなる．

一方，平準保険料方式では，給付が給与比例の場合には，掛金率も給与比例に設定することが一般的であるため，給付発生時だけではなく掛金支払時の給与の変化も掛金率に影響を及ぼす．つまり，掛金率の変化を検証するためには給付発生時における掛金支払時の給与の割合を検証することが必要である．例えば，退職者に対してのみ給与比例の給付を行う制度を考える．加入時の給与に対する定年退職時の給与の割合が同じ 2 つの昇給率について，給付の見込みは両者とも同じであるが，定年までの掛金支払時の昇給率に応じて掛金率は変化する．

例題 5.3

定年退職者に対して，退職時の給与の k 倍を一時金として支払う一時金制度を考える．財政再計算によって昇給指数が以下のように b_x^1から b_x^2 に変化した場合，加入年齢 x_e 歳における平準保険料方式の掛金率は上昇することを示せ．

$$b_x^1 = b_{x_e} + a_1(x - x_e), \qquad b_x^2 = b_{x_e} + a_2(x - x_e)$$

$$(x_e \leqq x \leqq x_r, \quad \text{および} \quad a_1 < a_2)$$

解答　変更前後の平準保険料をそれぞれ P_1および P_2 とすると，

$$P_1 = \frac{D_{x_r} b_{x_r}^1 k}{\sum_{x=x_e}^{x_r-1} D_x b_x^1}, \qquad P_2 = \frac{D_{x_r} b_{x_r}^2 k}{\sum_{x=x_e}^{x_r-1} D_x b_x^2}$$

となる．

$P_2 - P_1$ の分子を求めると，

$$\begin{aligned}
&(D_{x_r} b_{x_r}^2 k) \sum_{x=x_e}^{x_r-1} D_x b_x^1 - (D_{x_r} b_{x_r}^1 k) \sum_{x=x_e}^{x_r-1} D_x b_x^2 \\
&\quad = D_{x_r} k \Biggl\{ (b_{x_e} + a_2(x_r - x_e)) \sum_{x=x_e}^{x_r-1} D_x (b_{x_e} + a_1(x - x_e)) \\
&\qquad\qquad - (b_{x_e} + a_1(x_r - x_e)) \sum_{x=x_e}^{x_r-1} D_x (b_{x_e} + a_2(x - x_e)) \Biggr\}
\end{aligned}$$

$$
\begin{aligned}
&= D_{x_r}k\left\{(b_{x_e}+a_2(x_r-x_e))\left(\sum_{x=x_e}^{x_r-1}D_xb_{x_e}+a_1\sum_{x=x_e}^{x_r-1}D_x(x-x_e)\right)\right.\\
&\qquad\left.-(b_{x_e}+a_1(x_r-x_e))\left(\sum_{x=x_e}^{x_r-1}D_xb_{x_e}+a_2\sum_{x=x_e}^{x_r-1}D_x(x-x_e)\right)\right\}\\
&= D_{x_r}k\ \left\{b_{x_e}(a_1-a_2)\sum_{x=x_e}^{x_r-1}D_x(x-x_e)\right.\\
&\qquad\left.+(a_2-a_1)(x_r-x_e)\sum_{x=x_e}^{x_r-1}D_xb_{x_e}\right\}\\
&= D_{x_r}kb_{x_e}(a_2-a_1)\left\{(x_r-x_e)\sum_{x=x_e}^{x_r-1}D_x-\sum_{x=x_e}^{x_r-1}D_x(x-x_e)\right\}\\
&= D_{x_r}kb_{x_e}(a_2-a_1)\left\{\sum_{x=x_e}^{x_r-1}D_x(x_r-x)\right\}>0
\end{aligned}
$$

となる．したがって $P_2 > P_1$ となる． □

● **5 章で登場した主な記号一覧**

F_n：n 年度期始の資産残高

PL_n：基本金

R_n：年金資産の運用収益

C^N：制度全体としての標準掛金額

B_n：n 年度の給付

pl_n：1 年間の差損益

V_n^f：n 年度の将来加入者の数理債務

演習問題

基本問題

5.1

定常状態にある開放型総合保険料方式を採用しているトローブリッジ・モデルの年金制度がある．ある年度の積立金の運用収益が予定を上回ったため，年度の期始で算定した掛金を用いた責任準備金に対して，期末の積立金は U だけ上回った．

(1) 翌期の掛金を見直す場合，1 年間の掛金総額の当期と翌期の差を求めよ．

(2) 翌年度以降，積立金の運用収益率が予定利率どおりとなった場合，2 年経過後の積立金と，定常状態における積立金との差を求めよ．

5.2

ある年金制度の諸数値が以下のとおりであるとき，(1) 加入年齢方式，(2) 開放基金方式，(3) 開放型総合保険料方式，(4) 閉鎖型総合保険料方式，のそれぞれの財政方式において，収支相等する掛金率 (特別掛金率が発生する場合には，標準掛金率と特別掛金率との合計とする) はそれぞれいくらか．四捨五入により小数第 2 位まで求めよ．なお掛金の支払いは年 1 回期始払い，未積立債務の償却期間は 20 年とする．

年金受給権者の給付現価	200
在職中の加入者の給付現価	600
うち，将来期間対応分	250
うち，過去期間対応分	350
将来加入者の給付現価	200
在職中の加入者の給与現価	3000
将来加入者の給与現価	2500
積立金	500
在職中の加入者の給与総額	250
期始払い 20 年確定年金現価率 (2.5%)	15.979

5.3

演習問題 5.2 において，年金受給権者を除く給付を過去期間対応分も含めて 1.5 倍とする制度変更を実施した場合の保険料率を求めよ．

5.4

以下はある年金制度の貸借対照表と損益計算書である．この年金制度では，掛金は期始払い，給付は期末払いであり，この年度の運用利回りは 2.5%であった．財政方式は加入年齢方式であるが，特別掛金は徴収していない．以下の空欄に数字を埋めよ．なお，(4) と (5) は不足要因をマイナス表記すること．

[貸借対照表]

借方	貸方
積立金　9800	当年度末 責任準備金　12500
不足金　2700	

[損益計算書]

借方	貸方
給付金　2500	前年度末責任準備金　12000
当年度末 責任準備金　12500	掛金収入　2000
	運用収益　(1)
	当年度発生不足金　(2)

この年度の不足金の発生要因は利差損益，前年度末剰余金 (または不足金) に係る予定利息，および責任準備金変動等損益の 3 要因に分けられる．このうち，責任準備金変動等損益が 300 の不足要因であることがわかっているとする．

この場合，この年金制度の予定利率は (3) であり，利差損益は (4) ，前年度剰余金 (または不足金) に係る予定利息は (5) である．

5.5

以下の空欄に適当な算式を入れよ．

掛金および給付が連続払いの年金制度を考える．記号として，

$$
\begin{cases}
b_x：給与指数 (1 人当たりの給与と同じとする) \\
l_x：脱退残存表上の人数 (定常状態の人数と同じとする) \\
\mu_x：脱退力 (脱退事由は 1 つだけとする) \\
K_t：加入期間 t 年で脱退した場合の給与 1 に対する給付額 (一時金額とする) \\
\delta：利力 \\
P_{x_e}：x_e 歳で加入した場合の標準掛金 \\
V^a_{(x_e,x)}：x_e 歳加入，現在年齢 x 歳の給与 1 当たりの数理債務
\end{cases}
$$

を用いると，x_e歳加入，現在年齢 x 歳 の加入員に対する責任準備金は，

$$
\begin{aligned}
l_x \cdot b_x \cdot V^a_{(x_e,x)} &= \int_x^\omega \boxed{(1)}\, dy - \int_x^\omega P_{x_e} \cdot \boxed{(2)}\, dy \\
&= \int_x^\omega \boxed{(3)} \cdot e^{-\delta(y-x)} dy
\end{aligned}
$$

となる．この式の両辺に $e^{-\delta x}$ を乗じて，両辺を x で微分すると，

$$
\begin{aligned}
&\left\{ \frac{dl_x}{dx} \boxed{(4)} + \frac{db_x}{dx} \boxed{(5)} + \boxed{(6)} \frac{de^{-\delta x}}{dx} \right\} \cdot V^a_{(x_e,x)} + \boxed{(7)} \frac{dV^a_{(x_e,x)}}{dx} \\
&\quad = l_x b_x \cdot (\mu_x \cdot K_{x-x_e} - P_{x_e}) \cdot e^{-\delta x},
\end{aligned}
$$

ここで，$\dfrac{1}{l_x}\dfrac{dl_x}{dx} = -\mu_x$ である．また $\dfrac{1}{b_x}\dfrac{db_x}{dx} = \lambda_x$(昇給力) とすると左辺は，

$$
\left(\boxed{(8)} \right) \boxed{(9)}\, V^a_{(x_e,x)} + \boxed{(7)} \frac{dV^a_{(x_e,x)}}{dx}
$$

となるため，この式は次のように整理される．

$$
\frac{dV^a_{(x_e,x)}}{dx} = \left(\boxed{(8)} \right) V^a_{(x_e,x)} - \boxed{(10)} + P_{x_e}
$$

この式は，連続モデルにおいても 1 人当たりの数理債務は，脱退力および

利力による増加，昇給による減少，給付支払いによる減少および掛金による増加によって変動することを示している．

この関係は (5.9) 式で表される離散モデルと同じ意味を持つものであり，この式をティーレ (**Thiele**) の公式と呼ぶ．

発展問題

5.6

初期過去勤務債務額の償却のため，年 1 回期末払いで 20 年元利均等償却とした額を特別掛金として毎年拠出している年金制度がある．ところが，第 5 年度期末に初期過去勤務債務額の x%に相当する額の差損が発生した．このため，第 6 年度期始より次の A + B に相当する特別掛金に変更することとしたが，この場合，償却が完了するまでに第 6 年度期始より 13 年間かかることとなった．このときの x を求めよ．ただし，予定利率は 2.5%とし，期始払い確定年金現価率 $\ddot{a}_{\overline{n}|}$ としては下表の数値を使用すること．また，他年度において差損益は発生しないものとする．

- A：初期過去勤務債務額の第 5 年度期末時点における未償却過去勤務債務残高を，当初の残余償却期間で償却した場合の掛金率．
- B：第 5 年度期末に新たに発生した後発過去勤務債務を，第 6 年度期始から年 1 回期始払いで 10 年元利均等償却とした場合の掛金率．

[期始払い確定年金現価率 (予定利率 2.5%)]

n	$\ddot{a}_{\overline{n}|}$	n	$\ddot{a}_{\overline{n}|}$	n	$\ddot{a}_{\overline{n}|}$	n	$\ddot{a}_{\overline{n}|}$
1	1.000	6	5.646	11	9.752	16	13.381
2	1.976	7	6.508	12	10.514	17	14.055
3	2.927	8	7.349	13	11.258	18	14.712
4	3.856	9	8.170	14	11.983	19	15.353
5	4.762	10	8.971	15	12.691	20	15.979

5.7

定常状態にある開放型総合保険料方式を採用しているトローブリッジ・モデルの年金制度がある．ある年度の積立金の運用収益が予定を上回ったため，年度の期始で算定した掛金を用いた責任準備金に対して，期末の積立金は R だけ上回った．翌年度の掛金を計算するにあたって，R を剰余金として留保する場合と，留保しない場合を考えた．次の設問に答えよ．

(1)　$G^a + G^f = \dfrac{L}{d}$ であることを証明せよ．

(2)　剰余金を留保する場合と剰余金を留保しない場合の，制度の掛金の差を式で示せ．

(3)　(2) の掛金差額が Rd に等しいことを示せ．

5.8

毎年度一定額の特別掛金 P_{PSL} を払い込んで過去勤務債務を償却する年金制度がある．ある年度に過去勤務債務の償却を早めるために，特別掛金 $(1+\alpha)P_{PSL}$ を払い込んだところ，年度始には残余償却年数が n 年だったのに対し，年度末の残余償却年数が $n-1-t$ 年となった．このとき，α を n と t を用いて表せ．ただし，予定利率を i，特別掛金の払い込みは期始払いとし，当該年度に後発過去勤務債務は発生しないものとする．

5.9

定常状態にある企業の次の年金制度を考える．

制度内容

- 加入時期：年 1 回期始加入．
- 給付内容：「加入全期間における毎期初の給与の累計額 (定年到達時は (定年 − 1) 歳までの累計とする) の 1%」の年金年額を，脱退時から年 1 回期始払いで生死に拘わらず n 年間支給する．
- 昇給時期：年 1 回期始昇給．
- 脱退時期：年 1 回期末脱退 (死亡による脱退は発生しない)．定年退職は定年到達時の期始に脱退.
- 拠出方法 :「昇給後給与合計 × 掛金率」を年 1 回期始払い.
- 財政方式： 加入年齢方式 (加入年齢 x_e 歳).

このとき，以下の設問に答えよ．なお，給与指数 b_x は年齢に関して単調増加であるものとし，責任準備金は期始の昇給直後・加入直後・掛金の拠出直前のものとする.

(1) 標準掛金率および制度全体の被保険者の責任準備金を求めよ.

(2) ある昇給時期に一律のベースアップがあった場合に発生する後発過去勤務債務を求めよ．なお，ここで言うベースアップとは，過去の給与累計には影響せず，将来にわたっての給与が従前の $(1+\beta)$ 倍 $(\beta > 0)$ となるものとする.

5.10

ある年金制度の初期過去勤務債務額を，以下に示す 4 通りの償却方法 ((1) ～ (4)) による年 1 回期始払いの特別掛金で償却することを考えた．このとき，第 2 年度末での未償却過去勤務債務残高が少ない順に，償却方法の番号を並べよ.

＜前提＞

- この年金制度の被保険者数は増加傾向にあり，各期初の被保険者数は前期初より 5%増加する.
- 後発過去勤務債務は (被保険者数の変動に拘わらず) 利差損によるもののみとし，初期過去勤務債務額の 5%が毎年期末に同額発生する.
- (1) および (2) の方法における被保険者 1 人当たりの特別掛金の算定は，被保険者数が発足時から変化しない前提で計算する.
- 予定利率は年 2.5%とし，確定年金現価率 $\ddot{a}_{\overline{n}|}$ は演習問題 5.6 の表を使用すること.

＜償却方法＞

(1) 被保険者 1 人当たりの特別掛金を設定することにより，10 年間で元利均等償却する方法.

(2) 被保険者 1 人当たりの特別掛金を第 1 年度は K，第 2 年度は $2K$，$\cdots$，第 5 年度は $5K$ と，階段式に増額する形式により 6 年間で償却する方法.

(3) 制度全体として，被保険者数に拘わらず一定額の特別掛金を設定することにより，8 年間で元利均等償却する方法.

(4) 前年度末の未償却過去勤務債務額 (第 1 年度は初期過去勤務債務額) の一定割合 15%で償却する方法.

5.11

企業 A の年金制度は，開放基金方式の財政方式で運営を行っている．第 n 年度末に財政再計算を行った結果，給付現価などの数値 (単位：億円) は次のとおりとなった．以下の (1) ∼ (6) の数値を求めよ．なお確定年金現価率 $\ddot{a}_{\overline{n}|}$ は，演習問題 5.6 の表の数値を使うこと (演習問題 5.12 以降も同様)．解答に当たっては，掛金率は四捨五入して‰単位，金額は億円単位とすること．

説明	記号	再計算前数値	再計算後数値
積立金	F	135	135
剰余金	R	5	-
在職中の被保険者の将来加入期間対応の給付現価	${}^{FS}S^a$	60	62
在職中の被保険者の全加入期間対応の給付現価	S^a	150	160
将来の被保険者の給付現価	S^f	100	110
在職中の被保険者の給与現価	G^a	1500	1600
将来の被保険者の給与現価	G^f	2500	2600
年金受給者・受給待期者などの給付現価	S^p	70	80
期末総給与	LB	100	100
PSL 償却期間	m	10	10

(1)　再計算前の実際適用掛金率.

(2)　再計算後の標準掛金率.

(3)　再計算前の計数を適用した場合の標準掛金率.

(4)　再計算後の標準掛金率を適用したことによる後発債務 (値).

(5)　剰余金を留保した場合の 10 年償却での特別掛金率 (値).

(6)　剰余金を全額取り崩して掛金を引き下げに充当した場合の再計算後の実際掛金率 (値).

5.12

A 社では財政再計算に当たって，財政方式の変更を検討した．再計算後の基礎数値を使って以下の問いに答えよ．ただし，加入年齢方式の特定年齢は，将来加入員の年齢と同じ年齢とする．解答に当たっては，掛金率は四捨五入して‰単位，金額の単位は億円とすること (以下，演習問題 13, 14 も同様).

(1)　以下の財政方式におけるそれぞれの掛金率を求めよ．

ア. 加入年齢方式 (特定年齢方式) で過去勤務債務を 15 年償却とした場合の標準掛金率と特別掛金率.

イ. 開放基金方式で過去勤務債務を 15 年償却とした場合の標準掛金率と特別掛金率.

ウ. 総合保険料方式の $(n+1)$ 年度の掛金率.

(2)　支給率を一律 1.1 倍とした場合の (1) のそれぞれの掛金率を求めよ．ただし，給付改善の効果は，年金受給権者には及ばないものとする．

(3)　(1) のアの結果にもとづき，1 年間制度を運営した後に (2) の給付改善を行うこととした場合，加入年齢方式の掛金率はどうなるか．ただし，定常人口を仮定し，1 年間の積立金の運用利回りは -10%，掛金は期始，給付は期末に発生するものとし，脱退および昇給は基礎率どおりとする．また，給付改善後の過去勤務債務の償却年数は 15 年とする．

5.13

財政再計算直後に A 社は B 社を吸収合併することになり，年金制度も統合することになった．合併に当たり，B 社の年金給付は A 社に合わせることとし，掛金は年 1 回期始払い，財政方式は加入年齢方式とすることにした．また両社の予定利率 (2.5%)，予定脱退率，予定昇給率，新規加入者の年齢および 1 人当たりの給与は等しく，それぞれ給付は最終給与比例と仮定する．

合併前の A 社と B 社の諸数値は最後の表のとおりであった (A 社は前問の財政再計算後と同一とする)．このとき，以下の文章中の空欄に適当な数値を記入せよ．

(1) B 社の合併前の掛金率を求めると，標準掛金率は [(1)] ‰，特別掛金率は [(2)] ‰となる．

(2) このとき，合併後の責任準備金の総額は [(3)] 億円，未積立債務の償却期間を A 社に合わせた場合，合併後の特別掛金率は [(4)] ‰となる．

また，合併後の合計掛金率 (標準掛金率 + 特別掛金率) が合併前の A 社の合計掛金率 (演習問題 5.12 (1) のア) を上回らないように設定した場合，最も短い償却期間 (年) は [(5)] 年である．

[A, B 社の年金制度の諸数値]

説明	記号	A 社	B 社
積立金	F	135	40
在職中の加入者の将来加入期間対応の給付現価	${}^{FS}S^a$	62	25
在職中の加入者の全加入期間対応の給付現価	S^a	160	60
将来の加入者の給付現価	S^f	110	40
在職中の加入者の給与現価	G^a	1600	800
将来加入者の給与現価	G^f	2600	1500
年金受給者・受給待期者などの給付現価	S^p	80	30
期末総給与	LB	100	50
PSL 償却期間	m	10	20

5.14

A 社は合併後，グループ経営を行うために，会社を 2 つに分社化し，同時に年金制度を分割することとなった．それに伴い，掛金の再計算を実施した．

分割後の年金制度をそれぞれ制度 1，制度 2 としたとき，各制度の給付現価および給与現価 (単位：億円) は以下の表のとおりとなった．このとき，以下の条件による年 1 回期始払いの制度 1 の標準掛金率は (1) ‰，特別掛金率は (2) ‰である．制度 2 の掛金率は (3) ‰である．小数点以下は四捨五入して答えよ．

条件

- 財政方式は，制度 1 は加入年齢方式，制度 2 は開放型総合保険料方式とする．なお，掛金が標準掛金と特別掛金に区分される場合は未積立債務の償却年数を 20 年とし，掛金率の合計を記入する．
- 分割時点での年金受給権者に対しては，制度 1 から給付を行うものとする．
- 制度 1 および制度 2 で使用する基礎率は，分割前の A 社の年金制度で使用した基礎率を引き続き使用するものとする．
- 積立金については，分割前の制度における年金受給権者の責任準備金と同額を制度 1 が引き継ぎ，年金受給権者の責任準備金相当額控除後の積立金は，制度 1 と制度 2 にそれぞれ加入する在職中の被保険者の過去の加入期間に対する給付現価の比率で按分する．

[制度 1，制度 2 の年金制度の諸数値]

説明	記号	制度 1	制度 2
積立金	F	100	130
在職中の加入者の将来加入期間対応の給付現価	${}^{FS}S^a$	60	60
在職中の加入者の全加入期間対応の給付現価	S^a	140	120
将来の加入者の給付現価	S^f	100	60
在職中の加入者の給与現価	G^a	2000	400
将来の加入者の給与現価	G^f	2500	1800
年金受給者・受給待期者などの給付現価	S^p	140	30
在職中の加入者の期末の給与総額	LB	90	60

5.15

以下の表は，ある年金制度 (掛金および給付は期始払い) の n 年度末，$(n+1)$ 年度末の貸借対照表，$(n+1)$ 年度の損益計算書および未積立債務の変動要因分析である．空欄 (1) ～ (8) に数字を埋めよ．

[n 年度貸借対照表] (単位：百万円)

積立金　3000	責任準備金　3860
未積立債務　(1)	

[$(n+1)$ 年度貸借対照表] (単位：百万円)

積立金　(2)	責任準備金　3900
未積立債務　(3)	

[$(n+1)$ 年度損益計算書] (単位：百万円)

給付支払　200	n 年度末責任準備金　3860
未積立債務変動額　(4)	標準掛金収入　(5)
$(n+1)$ 年度末責任準備金　3900	特別掛金収入　100
	運用収益　120
合計　(6)	合計　(6)

[$(n+1)$ 年度未積立債務変動要因分析] (単位：百万円)

未積立債務期始残高　(1)	特別掛金収入　100
未積立債務期始残高に係る利息相当額　(7)	特別掛金に係る利息相当額　(8)
	運用利差益　45
責任準備金に係る発生不足金　46	未積立債務期末残高　(3)

第6章 退職給付会計基準

退職給付会計基準は，企業年金などの退職給付制度を提供する母体企業の財務諸表のための基準である．退職一時金制度など，積み立てを伴わない制度も対象となるため，企業年金の積立基準としての年金数理とは目的が異なる．しかし，同基準における退職給付債務や退職給付費用は，前章までに解説してきた財政方式の応用であり，退職給付債務の計算は現在では年金アクチュアリーの主要業務の１つとなってきている．

6.1 退職給付債務

日本の企業年金制度は，退職一時金制度から派生して生まれてきたものであるため，欧米の企業年金とは背景となる考え方に大きな隔たりがあり，それが退職給付会計にも反映している．欧米の企業年金では，年金給付を報酬の繰り延べ (後払い賃金) と位置づけるため，毎年の勤務に対応して年金給付が発生する．そのように積み上げられた発生給付は，従業員の権利として保護されなければならないため，企業は未払いの労働債務として認識すべきと考える．したがって，欧米の企業会計では，今までに従業員が獲得した年金発生給付にもとづき企業が負うべき債務を測定することが目的となる．このように，退職給付会計では同じ年金数理の技術を使うのであるが，財政方式や数理上の前提は会計の論理によって決定されている点に注意が必要である．

前章までに説明した企業年金の積立計画では，大きく分けて掛金負担の平準(一定額または給与に対する一定率) 化を目的としている**平準積立方式**と，提供された労働を給付に割り当てて評価する**単位積立方式**の 2 つが採用されている．前者を**費用割当費用配分方式**，後者を**給付割当費用配分方式**ということがある．企業会計上の債務評価は後者の立場をとり，通常は**予測単位積立方式**が採用される．予測単位積立方式にもとづく数理債務を**予測給付債務**といい，以下の数式で定義される：

$$PBO_n = \sum_x \sum_t \sum_{\tau=0}^{x_r-x-1} \left\{ \frac{f(t)}{f(t+\tau+1)} \cdot \alpha_{t+\tau+1} \cdot B_{x+\tau+1,t+\tau+1} \cdot K_{x+\tau+1} \cdot \frac{C_{x+\tau}}{D_x} \right\}. \tag{6.1}$$

ここで，n は年度，x は評価時点の年齢，t は同勤務年数，τ は将来勤務年数，α_t は勤務年数 t に対応する年金支給率，$B_{x,t}$ は x 歳，勤務年数 t 年の給付基準給与，K_x は同年金現価率，x_r は最終勤務年齢である．

給付が一時金の場合には，α_t は一時金の支給率，K_x は 1 となる．関数 f は，退職時の給付額を評価時点までの勤務期間に割当てるためのものである．日本の退職給付制度は，給付を勤務期間に割り当てるという概念に馴染まないことが多く，原則 $f(t)=t$ が用いられていた (これを「**期間定額基準**」という)．ただし，会計基準の改正によって給付算定式に従って各勤務期間に帰属させた額を各期の発生額とする方法 (つまり，$f(t)=\alpha_t$ とする方法で，これを「**給付算定式に従う方法**」という) が継続適用を条件に選択できるようになった．

なお簡単のため，上記定義式においては退職事由による給付の差を考慮していない．また，脱退は一律期末とした．

例題 6.1

退職時の基準給与に，退職時の勤務年数に応じた支給率を乗じた一時金を給付する制度がある．ある従業員の勤務および給与の履歴は以下の表のとおりである．死亡を含む 60 歳到達前の退職確率を 0，60 歳到達時に確実に退職するものとし，勤務年数 1 年，および 2 年時点の予測給付債務を求めよ．その際，予測給付の各勤務年への割当は，給付算定式に従う方法 ($f(t) = \alpha_t$) と期間定額基準 ($f(t) = t$) のそれぞれについて計算せよ．ただし，割引率を年 2.0% とせよ．

年齢 (歳)	勤務 (年)	基準給与 (円)	支給率
57	0	300000	0.0
58	1	305000	1.0
59	2	308000	3.0
60	3	310000	3.5

解答　(6.1) における退職の事象は 1 つしか発生しないため (60 歳到達時に退職)，以下のとおりまとめることができる．

給付の割り当て	給付算定式		期間定額基準	
x, t	58, 1	59, 2	58, 1	59, 2
$\dfrac{\Delta f(t)}{f(t+\tau+1)}$	$\dfrac{1.0}{3.5}$	$\dfrac{3.0}{3.5}$	$\dfrac{1}{3}$	$\dfrac{2}{3}$
$\alpha_{t+\tau+1}$	3.5	3.5	3.5	3.5
$B_{x+\tau+1}$	310000	310000	310000	310000
$K_{x+\tau+1}$	1	1	1	1
$\dfrac{C_{x+t}}{D_x}$	0.961169 $(= 1.02^{-2})$	0.980392 $(=1.02^{-1})$	0.961169 $(= 1.02^{-2})$	0.980392 $(=1.02^{-1})$
PBO	297962	911765	347623	709150

(6.1) で明らかなことは,「割り当ての対象となる給付は将来の退職時点における給付額である」ということである．したがって，給付基準給与は退職時点のものとして昇給を折り込んでいる．これに対して，米国会計基準では，給付基準給与を評価時点におけるものとした給付債務も合わせて測定する必要がある．これを，**累積給付債務**といい，以下の数式で定義される．

$$ABO_n = \sum_x \sum_t \sum_{\tau=0}^{x_r - x - 1} \left\{ \frac{f(t)}{f(t+\tau+1)} \cdot \alpha_{t+\tau+1} \cdot B_{x,t} \cdot K_{x+\tau+1} \cdot \frac{C_{x+\tau}}{D_x} \right\}$$

例題 6.2

例題 6.1 のそれぞれの場合における累積給付債務を求めよ．

解答

給付の割り当て	給付算定式		期間定額基準	
x, t	58, 1	59, 2	58, 1	59, 2
$\frac{\Delta f(t)}{f(t+\tau+1)}$	$\frac{1.0}{3.5}$	$\frac{3.0}{3.5}$	$\frac{1}{3}$	$\frac{2}{3}$
$\alpha_{t+\tau+1}$	3.5	3.5	3.5	3.5
B_x	305000	308000	305000	308000
$K_{x+\tau+1}$	1	1	1	1
$\frac{C_{x+t}}{D_x}$	0.961169 $(= 1.02^{-2})$	0.980392 $(=1.02^{-1})$	0.961169 $(= 1.02^{-2})$	0.980392 $(=1.02^{-1})$
ABO	281773	905882	328735	704575

◉——数理上の仮定

企業会計上の退職給付債務の評価に使用する数理上の仮定には，例えば次のようなものがある．

(1) 勤務期間中および退職後の死亡率.
(2) 従業員の退職, 障害, および早期引退の発生率.
(3) **割引率** [1].
(4) 将来の給与上昇率.
(5) 制度資産の期待収益率.

これらのうち, (1) および (2) を**人口統計的仮定**, (3) ～ (5) を**金融的仮定**または**経済的仮定**ということがある. 例えば国際会計基準では, 数理上の仮定を「偏らず相互に調和したものに設定しなければならない」としている. 金融的仮定, 特に割引率に関しては, 債務が清算される期間についての評価時点における市場の予測にもとづくことを要請し, 具体的には, 優良社債の評価日時点における市場利回りを参照して決定すべきとしている. 企業年金制度の積立計画が長期的観点にもとづき, 予定利率 (割引率) を積立金の長期期待収益率をもとに設定することと対照的である.

日本基準では「割引率は, 退職給付支払ごとの支払見込期間を反映するものではならない」と定められ, 期間ごとの複数の割引率やそれらを考慮した単一の割引率を使用することになっている. 複数の割引率とは, イールド・カーブによる評価であるが, これを適用すると, 次節以降で解説する退職給付債務の再帰式が成り立たない. そのため, 本書では単一の割引率を前提とする.

また, **国際会計基準審議会**は, 従来の利息費用と制度資産の期待収益とを, 債務のうち制度資産を上回る部分にかかる利息 (純利息) として処理することを定めた. この場合, (5) の制度資産の期待収益率の仮定は不要となる.

◉——退職給付費用の構造

退職給付費用は, 年金数理では標準掛金にあたる勤務費用, 特別掛金にあたる未認識移行時差異の当期認識額や未認識過去勤務費用の当期認識額のほかに, 当年度の数理損益を表すいくつかの科目によって構成されており, 当期に割り当てられるべき実際の費用を反映するものとなっている.

---

[1] 退職給付会計基準では, 予定利率のことを「割引率」と言う.

(1) **勤務費用** (SC_n)：事業年度の経過に伴う加入者の勤務年数の増加による予測給付債務の増加額.

(2) **利息費用** (IC_n)：事業年度の経過に伴う利息による予測給付債務の増加額.

(3) **資産の期待収益** (ER_n)：資産から期待される事業年度の運用収益.

(4) **未認識移行時差額の当期認識額** (R_n^T)：会計基準をはじめて適用したときの差額を**遅延認識**としたことにより，当期に認識する額.

(5) **未認識過去勤務費用の当期認識額** (R_n^{PSL})：制度改定による予測給付債務の増加額を遅延認識としたことにより，当期に認識する額.

(6) **未認識数理損益の当期認識額** $(R_n^{G/L})$：数理上の仮定と実績との乖離 (債務側および資産側)，および数理上の仮定の変更による予測給付債務の増加額を遅延認識としたことにより，当期に認識する額.

これらを用い，当期の**退職給付費用** $(NPPC_n)$ は，以下のとおり表される：

$$NPPC_n = SC_n + IC_n - ER_n + R_n^T + R_n^{PSL} + R_n^{G/L}.$$

前述の前提のもと，勤務費用，利息費用，資産の期待収益を数式で表すと，以下のとおりである：

$$\begin{aligned} SC_n = \sum_x \sum_t \sum_{\tau=0}^{x_r - x - 1} \Biggl\{ & \frac{\Delta f(t)}{f(t+\tau+1)} \cdot \alpha_{t+\tau+1} \cdot B_{x+\tau+1,t+\tau+1} \\ & \cdot K_{x+\tau+1} \cdot \frac{C_{x+\tau}}{D_x}(1+i) \Biggr\}, \\ IC_n &= PBO_n \cdot i, \\ ER_n &= F_n \cdot j. \end{aligned}$$

ここで，$\Delta f(t) = f(t+1) - f(t)$ であり，i は割引率 (予定利率)，j は年金資産の**期待収益率**，F_n は期始における制度資産の残高である．また，掛金 C_n および給付 B_n は期末に発生すると仮定している．

例題 6.3

例題 6.1 において，従業員の勤務年数が 1 年の時点を考える．計算時点で未認識額がないものとして，退職給付費用を算出せよ．ただし，計算時点における年金資産は 300000 円，年金資産の期待収益率を 5.0%とせよ．

解答

給付の割り当て	給付算定式	期間定額基準
x, t	58, 1	58, 1
(1) $\dfrac{\Delta f(t)}{f(t+\tau+1)}$	$\dfrac{2.0}{3.5}$	$\dfrac{1}{3}$
(2) $\alpha_{t+\tau+1}$	3.5	3.5
(3) $B_{x+\tau+1}$	310000	310000
(4) $K_{x+\tau+1}$	1	1
(5) $\dfrac{C_{x+t}}{D_x}(1+i)$	1.02^{-1} $= 0.980392$	1.02^{-1} $= 0.980392$
(6) 勤務費用 (SC) $= (1) \times (2) \times (3) \times (4) \times (5)$	607843	354575
(7) 期始の PBO	297962	347623
(8) 利息費用 $(IC) = (7) \times 2\%$	5959	6952
(9) 年金資産 (F)	300000	300000
(10) 資産の期待収益 $(ER) = (9) \times 5\%$	15000	15000
(11) 退職給付費用 $(NPPC)$ $= (6) + (8) - (10)$	598802	346528

6.2 給付費用と給付債務との関係

退職給付会計基準は，年金数理の論理に従って組み立てられており，年金債務を PBO とし，過去勤務債務がなく数理損益が発生しなければ，前期末 PBO と退職給付費用 $NPPC$ を加えて当期の給付 B を差し引くと当期末 PBO になるという，シンプルな関係式を基本としている．実際に払い込む掛金 C が退職給付費用と異なる場合には，その差額を貸借対照表の前払い (未払い) 年金費用として処理することになる．まず，数理損益および過去勤務費用が発生しない場合，次の関係式

$$PBO_{n+1} = PBO_n(1+i) + SC_n - B_n \tag{6.2}$$

が成立していることを確認する必要がある．これは，予測単位積立方式におけるファクラーの公式である．確認は，年齢 x，勤務年数 t の集団について行う．

$$\begin{aligned}
&PBO_n(1+i) + SC_n \\
&= \sum_{\tau=0}^{x_r-x-1} \left\{ \frac{f(t+1)}{f(t+\tau+1)} \cdot \alpha_{t+\tau+1} \right. \\
&\qquad \left. \cdot B_{x+\tau+1,t+\tau+1} \cdot K_{x+\tau+1} \cdot \frac{C_{x+\tau}}{D_x}(1+i) \right\} \\
&= \sum_{\tau=0}^{x_r-(x+1)-1} \left\{ \frac{f(t+1)}{f((t+1)+\tau+1)} \cdot \alpha_{(t+1)+\tau+1} \right. \\
&\qquad \left. \cdot B_{(x+1)+\tau+1,(t+1)+\tau+1} \cdot K_{(x+1)+\tau+1} \cdot \frac{C_{(x+1)+\tau}}{D_{x+1}} p_x \right\} \\
&\qquad + \alpha_{t+1} \cdot B_{x+1,t+1} \cdot K_{x+1} \cdot q_x
\end{aligned}$$

上式の右辺第 1 項は，期末に残存する者に対する期末時点での PBO，第 2 項は期中に退職する者に対する給付額を表している．したがって，

$$PBO_n(1+i) + SC_n = PBO_{n+1} + B_n$$

となり，(6.2) が証明された．

次に，同じく数理損益および過去勤務費用が発生しない場合，事業年度における未積立予測給付債務の変化が，退職給付費用と実際に拠出した掛金との差額に等しくなっていること，すなわち，

$$U_{n+1} = U_n + (NPPC_n - C_n) \tag{6.3}$$

を確認する．ここで $U_n = PBO_n - F_n$ である．

(6.2) より次が言える：

$$PBO_{n+1} = PBO_n + SC_n + IC_n - B_n.$$

数理損益が発生しないという前提より，

$$F_{n+1} = F_n + F_n \cdot j + C_n - B_n$$

であるから，辺々差し引くと，

$$U_{n+1} = U_n + (SC_n + IC_n - ER_n) - C_n$$

が得られる．仮定により未認識額が存在しないため，右辺第 2 項は $NPPC_n$ となる．したがって，(6.3) が成立する．

例題 6.4

例題 6.3 において，(6.2) および (6.3) を確認せよ．ただし，対象年度において数理的差損益は発生しないものとし，期末に拠出された年金掛金は，400000 円とする．

解答 (注：両表とも端数処理の違いは無視した)

- (6.2) の確認

給付の割り当て	給付算定式	期間定額基準
(1)　期始の PBO	297962	347623
(2)　勤務費用 (SC)	607843	354575
(3)　利息費用 (IC)	5959	6952
(4)　給付額 (B)	0	0
(5) = (1) + (2) + (3) − (4)	911765	709150
(6)　期末の PBO (例題 6.1)	911765	709150

- (6.3) の確認

給付の割り当て	給付算定式	期間定額基準
(1) 期始の PBO	297962	347623
(2) 期始の F	300000	300000
(3) 期始の U	−2038	47623
(4) 当期の $NPPC$	598802	346528
(5) 当期の C	400000	400000
(6) = (3) + (4) − (5)	196765	−5850
(7) 期末の PBO	911765	709150
(8) 期末の $F = (2) \times 1.05 + (5)$	715000	715000
(9) 期末の $U(= (7) - (8))$	196765	−5850

さて，退職給付会計基準にもとづく退職給付費用 ($NPPC$) と積立のための財政基準にもとづく掛金 (C) との関係を確認しておきたい．会計基準で使用される割引率は債券の利回りを基準とするため，一般的に制度資産の期待収益率を基準とする積立のための予定利率と比較して，低く設定されることが多い．反面，財政方式として平準積立方式を採用することの多い積立のための基準は，単位積立方式の一形態である予測単位積立方式を採用する会計基準よりも，同じ数理的仮定であれば債務の水準は高い．

しかし，基準が異なるにも拘わらず，定常状態においては，$NPPC$ と C が一致することを確認する．この関係を確認するため，第 4 章で導入した定常状態を仮定する．定常状態では，財政方式に拘わらず，次の関係が成立する：

$$F + C + jF - B = F.$$

ここで，j は資産の期待収益率であるが，積み立てのための予定利率に等しいとする．また，(6.2) において $n \to \infty$ とすると，次が成立する：

$$PBO + SC + IC - B = PBO.$$

辺々差し引くと，以下のとおりとなる：

$$U + SC + IC - jF - C = U. \tag{6.4}$$

仮定から，$jF = ER$ であるから，$NPPC = SC + IC - jF$ となり，

$$NPPC = C$$

が確認できた．このことは，企業会計における評価方式と年金資産の積立計画における財政方式 (および数理的仮定) とが異なっていても，退職給付費用と掛金とは定常状態において等しくなることを示している．一見するとダブルスタンダードと思われる両基準であるが，その差が発散することはないことがわかる．

ただし，退職給付費用と掛金とが等しくなるということは，定常状態における未払い (前払い) 年金費用が 0 となることを保証しない．式 (6.4) は，未払い (前払い) 年金費用が増加または減少しないことを言っているだけであり，積立のための債務 (責任準備金 $= F$) と PBO との差が，企業が認識すべき未払い (前払い) 年金費用となる．すなわち，

$$(PBO - V) + (NPPC - C) = PBO - V$$

である．

6.3 実践的問題

ここまでは，数理損益や過去勤務費用が存在しないことを前提に議論を進めてきた．現実には，これらの要素は毎期発生するわけだが，必ずしも発生するたびに全額を認識することは求められていない．次の図 6.1 は，退職給付会計基準をストックベースで単純化したものである．これらを考慮した上で，前述のフローとストックとの関係が成立しているか，確認してみる．U_n^T を期始時点の未認識移行時差異，U_n^{PSL} を未認識過去勤務費用，$U_n^{G/L}$ を未認識数理損益とすると，

$$U_{n+1}^T = U_n^T - R_n^T,$$

$$U_{n+1}^{PSL} = U_n^{PSL} - R_n^{PSL} + PSL_n,$$

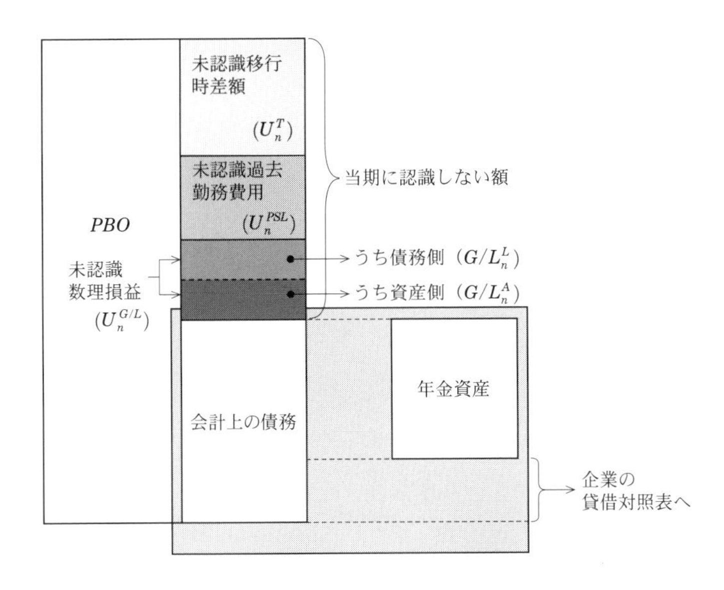

図 6.1

$$U_{n+1}^{G/L} = U_n^{G/L} - R_n^{G/L} + G/L_n$$

となる．ここで，PSL_n および G/L_n は，それぞれ当期に発生した過去勤務費用および数理損益であり，翌期以降に遅延認識するものとしている．

G/L_n を債務側 (債務側の数理上の仮定と実績との乖離，および仮定の変更に伴う債務の増減額) と資産側 (期待収益と実際の収益との差) とに分けて，それぞれを $G/L_n^L, G/L_n^A$ $(G/L_n = G/L_n^L + G/L_n^A)$ とおくと，

$$PBO_{n+1} = PBO_n + SC_n + IC_n - B_n' + PSL_n + G/L_n^L,$$

$$F_{n+1} = F_n + (ER_n - G/L_n^A) + C_n - B_n'$$

となる．上記算式中，B_n' は当期の給付額の実績である．予想給付額 B_n との差額は，G/L_n^L に含まれることになる．F_{n+1} は会計基準にもとづき，期末時点で実際に制度資産を評価した額をあらわす．貸借対照表に計上する額は，予測給付債務から年金資産，未認識移行時差額，未認識過去勤務費用，および未認識数理損益を差引いたものであるから，

$$
\begin{aligned}
&PBO_{n+1} - F_{n+1} - U_{n+1}^{T} - U_{n+1}^{PSL} - U_{n+1}^{G/L} \\
&\quad = PBO_n + SC_n + IC_n + PSL_n + G/L_n^L - F_n - ER_n \\
&\qquad + G/L_n^A - C_n - U_n^T + R_n^T - U_n^{PSL} + R_n^{PSL} - PSL_n \\
&\qquad - U_n^{G/L} + R_n^{G/L} - G/L_n \\
&\quad = (PBO_n - F_n - U_n^T - U_n^{PSL} - U_n^{G/L}) \\
&\qquad + (SC_n + IC_n - ER_n + R_n^T + R_n^{PSL} + R_n^{G/L}) - C_n \\
&\quad = (PBO_n - F_n - U_n^T - U_n^{PSL} - U_n^{G/L}) + (NPPC_n - C_n)
\end{aligned}
$$

となる．

したがって，各種未認識額，数理損益，過去勤務費用を考慮しても，当期貸借対照表に計上する額は，前期末に計上した額に退職給付費用と実際に拠出した掛金との差額を加えたものに等しい，という関係が成立していることが確認できる．

6.4 公正価値評価と会計基準の収斂

6.4.1 公正価値評価と会計基準におけるフィルター

退職給付会計基準の基本的な考え方は，債務および資産を公正価値で評価しようとするものである．一方で，公正価値で評価した債務と資産の差額を企業の貸借対照表に計上するということは，一般論としては，評価時点の市場の変動により退職給付費用が大きく変動し，企業業績への影響が大きくなる．このため，これまでの会計基準は，財務諸表に差額そのものを反映させるのではなく，いわば「フィルター」をとおした結果を反映させてきた．フィルターの例としては，次のようなものがある．

(1) 年金資産の評価として，公正価値そのものでなく一定期間にわたり公正価値の変動を平滑化した価値 (**市場連動価値**) を使用する．

(2) 移行時差額，過去勤務費用，数理損益を損益計算書上で一定期間 (例えば従業員の期待勤務年数) にわたり遅延認識することを認める．

(3) 数理損益に関しては，一定の限度額 (これを「**回廊**」という) を設定し，これを超える部分のみ認識する．
(4) 債務評価上の数理上の仮定 (特に割引率) について，**重要性基準**を設定したうえで，その範囲内であれば仮定を洗い替えない取り扱いを認める．また，割引率は一定期間の債券の利回りの変動を考慮できる．

一方で，これらのフィルターは退職給付制度の実態を理解しにくくするばかりか，誤解を与える面がある，との批判がある[2)]．例えば，遅延認識による会計処理は，時として制度資産が退職給付債務を下回る場合にも，前払い費用が計上されることがあるなどのわかり難さがある．また，積立水準が低いまま巨額の未認識額を許す懸念もある．

アメリカの会計基準では，当初から後者の問題への対応を定めていた．すなわち，制度資産の公正価値が累積給付債務 (前述の ABO) を下回る場合 (不足額を「未積立累積給付債務」という)，次のとおりの会計処理を行うことで，この問題に対処していた．

(1) 未払い (前払い) 年金費用が未積立累積給付債務に満たない場合，その差額を「追加最小負債」として貸借対照表に負債として計上する．
(2) 貸借対照表の資産側には，未認識移行時差額と未認識過去勤務費用との合計額を上限として，追加最小負債と同額の「無形資産」を計上する．
(3) 前記の上限によって無形資産が追加最小負債よりも小さくなった場合，不足額は企業の資本勘定に計上される．

この手続きは複雑にみえるが，アメリカではすでに獲得した年金に対する権利 (年金受給権) を保護する考え方が浸透しているため，制度資産によって担保されない額は何らかの形で計上する必要がある，との考え方にもとづいていると解釈される．

---

2) 第 8 章で述べるベイダー-ゴールド論文は，代表的な批判である．

BOX6：代行部分と退職給付会計基準

厚生年金基金は，厚生年金の報酬比例部分の一部を代行している．2000年から導入された新会計基準では，この代行給付についても企業独自の給付と同じ方法で債務や費用を認識することとされた．その理由として，代行部分と上乗せ部分が一体的に運営されており区分計算が難しいこと，母体企業の制度運営への実質的関与が挙げられた．

この当時，**免除保険料率**および**最低責任準備金**の凍結が実施されれば，代行部分を会計基準の対象外にする取り扱いが妥当とされた．しかし，1999年10月以降に凍結が実現したにも拘わらず，最終的には基準の見直しは成されなかった．また，将来の基準見直しの可能性が指摘されたにも拘わらず，2004年の年金改革にて代行部分の財政中立化が明確化された現在でも，基準は改訂されていない．

現在，厚生年金基金は，代行部分について，継続，解散，そして代行返上など，いかなる場面においても，法的に最低責任準備金を超える債務を求められない．ところが，会計基準上は予測給付債務という意味のない基準で代行部分が評価される，一物二価の状態が続いている．債務評価のあり方よりも，国際基準との表面上の調和を重視した結果であろう．

6.4.2 会計基準の収斂

さて，前述の「フィルター」は，新しく設定された基準ほど「薄く」なる傾向にある．例えば，1998年に設定された**国際会計基準第19号**では，給付改善により発生する過去勤務費用は「給付改善部分の受給権が確定するまでの間」で認識しなければならないのに対し，1985年に設定された米国財務会計基準第87号では，「従業員の期待勤務年数」にわたって認識することが認められている．通常，前者の期間は後者よりも短い．会計基準の国際的な収斂ないし国際会計基準の採用への動きを意識しつつ，その動向を確認しておく．

1998年2月に国際会計基準委員会(現・国際会計基準審議会)が，**米国会計基準(SFAS87，現在はASC715として再編)**に近く，かつ一層規範的とされる**国際会計基準第19号(改訂)従業員給付(IAS19)**を公表したことにより，イギリスの会計基準は見直しを迫られることとなった．英国会計審議会は 2000 年 11 月，「**財務会計基準第 17 号 (FRS17)** 退職給付」を公表したが，同基準は，

(1) 数理損益は回廊を設けず全額を即時認識する．
(2) 損益勘定において勤務費用および過去勤務費用を営業費用に，利息費用と制度資産の期待収益を金融費用に，数理損益を総認識利得損失計算書にて認識する．

などの点において国際会計基準や米国会計基準と異なるものとなった．

欧州連合 (EU) は上場企業に対して，2005 年以降の会計年度から国際会計基準にもとづく財務諸表の作成を義務付けることを決定していたため，イギリスにおいても国際会計基準との調和が必要となった．このため，FRS17 の適用を延期しつつ，国際会計基準の改定を働きかけた．国際会計基準審議会は 2004 年 12 月，数理損益の全額を認識済損益報告書において発生年度に認識する選択肢を認める改訂を公表した．

このように，財務報告基準においては，財務報告のあり方とも相俟って，主に数理損益の扱いが焦点となってくる．イギリスの**総認識利得損失計算書**，アメリカの**包括利益**，国際会計基準の**認識済損益計算書**は，いずれも資産と負債の増減に対応する従来の損益計算書に対して，資本勘定の増減も合わせて表示するものとなっているが，これらの計算書における数理損益の位置付けが課題となる．

アメリカでは 2002 年のノーウォーク合意以来，国際会計基準との収斂が議論されている．2006 年に公表された**財務会計基準第 158 号 (FAS158)** は，公正価値で評価された制度資産と退職給付債務 (PBO) との差額からなる積立状況を負債または資産として，ただちに貸借対照表で認識する基準を公表した．これは，従来の追加最小負債の会計処理を廃止することを意味している．これに伴って，未認識過去勤務債務または未認識数理計算上の差異 (および未認識会計基準変更時差異) は，**その他包括利益**累計額に加減して処理する (税控除後)．ただし，この処理によって従来からの退職給付費用の定義が変更さ

れるわけではなく，資本に組み込まれた未認識額は遅延認識のルールに従って損益計算書に振り替えられていく．これを**リサイクル**というが，リサイクルの是非は，これを認めない国際会計基準との間で，現在も議論されている．リサイクルを認めない場合，資本勘定に計上される額の留保利益 (すなわち株式の配当可能額) への影響も論点となる．

国際会計基準審議会は 2011 年 6 月，短期的な会計処理の改善を目的として IAS19 を改定している．そこでは，数理損益に関する前述の回廊を設けた処理を廃止し，勤務費用部分 (勤務費用と過去勤務費用) と確定給付負債 (資産) の純額 (退職給付債務と制度資産との差額) に係る利息の純額とを純損益に表示，再測定部分 (数理損益) をその他の包括利益に表示，という方法を定めている．前述のとおり，利息の純額の算出には従来の割引率を適用するため，制度資産の期待収益率の仮定は不要となる．

日本においては，2007 年の欧州証券規制当局委員会による同等性の評価や，日本基準と国際会計基準の違いを解消する合意 (東京合意) によって，2000 年から適用となった退職給付会計基準の見直しが行われている．2009 年には，割引率は一定期間の債券の利回りの変動を考慮して決定できるとした取り扱いを廃止し，これまでの重要性基準を残したまま，期末における債券の利回りをもとに設定することと決定した．さらに 2012 年 5 月，企業会計基準委員会は包括利益の表示に関する会計基準の導入とともに，FAS158 と同様の処理を行うことと決定した．

国際会計基準と日本の会計基準とは，会計基準の収斂，ないしは国際会計基準の採用を意識しつつ，同じ方向を向いて検討を進めているとはいえ，そのスケジュールまでもが完全に平仄を合わせることにはなっていないのが現状である．このため，基準変更に伴う混乱を回避することが重要となるが，長期的には一定の方向へ収斂していくものと思われる．

● 6 章で登場した主な記号一覧

PBO_n：n 年度期始の予測給付債務

ABO_n：n 年度期始の累積給付債務

$NPPC_n$：n 年度の退職給付費用

SC_n：n 年度の勤務費用

IC_n：n 年度の利息費用

ER_n：n 年度の資産の期待収益

R_n^*：未認識債務の n 年度認識額

$*$ が T のとき：未認識移行時差額 (の n 年度認識額)

$*$ が PSL のとき：未認識過去勤務費用 (の n 年度認識額)

$*$ が G/L のとき：未認識数理計算上差異 (の n 年度認識額)

U_n^*：n 年度期始の未認識債務

$*$ は R_n^* の $*$ に対応する

PSL_n：n 年度発生の過去勤務費用

G/L_n：n 年度発生の数理計算上差異

演習問題

6.1

例題 6.1 の制度および勤務および給与の履歴を使用する．今，58 歳で勤務 1 年の従業員について，59 歳到達時に退職する確率を 20%，60 歳到達時に退職する確率を 80%とする．この従業員の予測給付債務を計算せよ．割当は，給付算定式にもとづく場合と期間定額基準の場合のそれぞれについて計算せよ．ただし，割引率を年 2.0%とする．

6.2

前問において，給付の割当てを期間定額基準とした場合の退職給付費用を求めよ．ただし，評価時点の年金資産は 300000 円，資産の期待収益率は年 5%とする．また，数理損益が発生しないものとして 1 年後の PBO の予測値を求めよ．

6.3

1 年後，前問の従業員が企業に在籍していたとする．期末に拠出する掛金を 400000 円，制度資産の実際の収益率を 2%とする．当期に発生した数理損益を求め，これを資産に帰するものと債務に帰するものとに分解せよ．

6.4

演習問題 6.1 の従業員の ABO について，デュレーションを求めよ．ただし，デュレーション D は，

$$D = \frac{1+i}{ABO} \cdot \frac{\partial ABO}{\partial i}$$

で定義されるものとする．ここで，i は予定利率 (割引率) とする．

6.5

多くの国々で，年金積立基準で求められる年金負債評価と，会計基準による年金負債評価に乖離がある．このことから生ずるさまざまな問題点を挙げ，どのような解決策がありうるか考察せよ．

第III部

年金数理の展開

第7章
公的年金の数理

高齢化の進行に伴い，日本を筆頭に先進諸国は過去に経験のない経済社会に移行しようとしている．このことは，公的年金を中心とした社会保障制度のあり方にも影響を及ぼしている．

公的年金の制度内容は国によってさまざまであるが，一定の所得再配分機能を伴いつつ，従前所得の一定水準を確保する給付建て制度であり，かつ賦課方式に近い形態で運営されている国が多い．高齢化に伴う相対的な労働力の減少が引き起こす，賦課方式による制度運営の限界感から，一時は，世界銀行方式と呼ばれる公的年金民営化や個人勘定による積立方式化を推進する動きが強まり，開発途上国では，公的年金を強制的な拠出建て制度に転換する国々も多数に上った．

日本では，当初は完全積立方式を目標としていたが，国民皆年金を掲げて適用範囲と給付水準の大幅な引き上げを行ったことなどから，積立方式を放棄し，段階保険料方式と呼ばれる部分積立方式に移行することになった．しかし，2004 年改正によって積立金を取り崩すことにより，おおむね 100 年後に 1 年分の給付費を積立金として保有する，賦課方式に移行する決定がなされた．一方，民主党政権では賦課方式ながら，いわゆる「スウェーデン方式」と呼ばれる**概念上の拠出建て制度**を参考とする案が提示されている．スウェーデンでは，この制度の下で賦課方式の貸借対照表を用いた財政運営の仕組みを考案している．

本章では，公的年金制度に関して，その基礎となる「人口理論[1]」を説明するとともに，賦課方式の公的年金における財政モデルの一例を説明する．

なお，紙数の関係で，国民生命表死亡率，および公的年金の将来人口推計の基礎となる死亡率モデル，出生率モデルなどの説明は割愛しているので，興味があれば他書を参照いただきたい．

7.1 人口理論

一般に同時期に出生した集団を出生コーホート，ないし単に**コーホート**という．1 つのコーホートを観察することができるとすれば，コーホート・サイズは時間とともに成員の死亡によって単調に減少するはずである．

年齢 x まで生残する確率 l_x(生残率：$l_0 = 1$)，死力 μ_x を時間的に不変とする．平均余命は

$$e_x = \frac{\displaystyle\int_x^{\infty} l_y dy}{l_x},$$

平均寿命は

$$e_0 = \int_0^{\infty} l_x dx,$$

x 歳の者の n 年経過後の生存率は

$${}_np_x = \frac{l_{x+n}}{l_x}$$

である．

l_x は，定期的に作成される生命表における年齢別死亡率にもとづいているが，このような生命表を期間生命表と呼ぶ．期間生命表における年齢別死亡率は異なる出生コーホートの観測値にもとづいているが，生命表はこれらをあたかも同一コーホートと見做していることになるので，個々のコーホートが実現する死亡率は異なる結果となる．

---

[1]稲葉寿編著『現代人口学の射程』(ミネルヴァ書房，2007 年)「第 III 部 人口分析の基礎」を参照している．

一方，コーホートを追跡して観測すれば，生命表の使用目的に合致したデータが得られるが，これをコーホート生命表という．ただし，コーホート生命表は全員が死に絶えるまでの観測期間が必要になり，かつ過去の経験しか反映されない．したがって，期間的見方とコーホート的見方とを補完的に利用して，将来推計を行うことが必要である．以下では，l_x は不変として議論を進める．

7.1.1　マルサス人口

閉鎖された大規模な人口を考える．時刻 t における年齢別人口を $n(t,x)$ とする．時刻 t における単位時間当たりの出生数を $B(t)$ とすれば，$n(t,x)$ は，

$$n(t,x) = B(t-x)\,l_x$$

で表され，時刻 t における人口規模 $N(t)$ は，次のとおりである．

$$N(t) = \int_0^{\infty} B(t-x)\,l_x dx$$

今，$B(t)$ が指数関数 $B(t) = B_0 e^{\delta t}$ で与えられたとする．ここで，B_0 は正の定数，δ は**人口増加率**である．このとき，年齢分布は t によらず一定となる．実際，

$$n(t,x) = B_0 e^{\delta(t-x)} l_x$$

であり，

$$N(t) = \int_0^{\infty} n(t,x)\,dx = B_0 e^{\delta t} \times \int_0^{\infty} e^{-\delta x} l_x dx$$

であるから，年齢別占率を示す年齢プロファイル $c(x;\delta)$ は，以下のとおり，時刻 t によらないことがわかる．

$$c(x;\delta) \equiv \frac{n(t,x)}{N(t)} = \frac{B_0 e^{\delta(t-x)} l_x}{B_0 e^{\delta t} \displaystyle\int_0^{\infty} e^{-\delta x} l_x dx} = \frac{e^{-\delta x} l_x}{\displaystyle\int_0^{\infty} e^{-\delta x} l_x dx}$$

このように，一定の年齢別死亡率と指数関数的成長が与えられた人口をマルサス人口という．上記 $N(t)$ の結果から明らかなように，マルサス人口では，人口規模が指数関数的に成長する．

マルサス人口においては，単位人口当たりの出生率である**粗出生率** $b(\delta)$ も時間不変である．

$$b(\delta) = \frac{B(t)}{N(t)} = \frac{B_0 e^{\delta t}}{B_0 e^{\delta t} \int_0^\infty e^{-\delta x} l_x dx} = \frac{1}{\int_0^\infty e^{-\delta x} l_x dx}$$

したがって，年齢プロファイルは以下のようになる：

$$c(x;\delta) = b(\delta) e^{-\delta x} l_x.$$

マルサス人口における単位時間当たりの死亡者数 $D(t)$ は，

$$D(t) = \int_0^\infty \mu_x n(t,x) dx = B_0 e^{\delta t} \int_0^\infty e^{-\delta x} \mu_x l_x dx,$$

$$\begin{aligned}\int_0^\infty e^{-\delta x} \mu_x l_x dx &= \left[-e^{-\delta x} l_x\right]_0^\infty - \delta \int_0^\infty e^{-\delta x} l_x dx \\ &= 1 - \delta \int_0^\infty e^{-\delta x} l_x dx\end{aligned}$$

であるから，単位人口当たりの死亡者数である**粗死亡率** $d(\delta)$ は，

$$\begin{aligned}d(\delta) = \frac{D(t)}{N(t)} &= \frac{B_0 e^{\delta t} \int_0^\infty e^{-\delta x} \mu_x l_x dx}{B_0 e^{\delta t} \int_0^\infty e^{-\delta x} l_x dx} \\ &= \frac{1 - \delta \int_0^\infty e^{-\delta x} l_x dx}{\int_0^\infty e^{-\delta x} l_x dx} = b(\delta) - \delta\end{aligned}$$

である．すなわち，人口増加率 δ は粗出生率 $b(\delta)$ と粗死亡率 $d(\delta)$ との差に等しい．

$\bar{x}(\delta)$ を人口増加率 δ のマルサス人口の平均年齢とする．

$$\begin{aligned}\bar{x}(\delta) = \frac{\int_0^\infty x n(t,x) dx}{N(t)} &= \int_0^\infty x c(x;\delta) dx \\ &= b(\delta) \int_0^\infty x e^{-\delta x} l_x dx\end{aligned}$$

$\bar{x}(\delta)$ の δ に対する感応度を確認すると,

$$
\begin{aligned}
\frac{\partial c(x;\delta)}{\partial \delta} &= \frac{db(\delta)}{d\delta} e^{-\delta x} l_x - x b(\delta) e^{-\delta x} l_x \\
&= \frac{\displaystyle\int_0^\infty x e^{-\delta x} l_x dx}{\left(\displaystyle\int_0^\infty e^{-\delta x} l_x dx\right)^2} e^{-\delta x} l_x - x b(\delta) e^{-\delta x} l_x \\
&= (\bar{x}(\delta) - x)\, c(x;\delta),
\end{aligned}
$$

したがって，人口増加率が上昇すれば平均年齢より高い年齢プロファイルが減少し，若い年齢プロファイルが増加する．

$$
\begin{aligned}
\frac{d\bar{x}(\delta)}{d\delta} &= \frac{d\displaystyle\int_0^\infty x c(x;\delta)\, dx}{d\delta} = \int_0^\infty x \frac{\partial c(x;\delta)}{\partial \delta} dx \\
&= \int_0^\infty x (\bar{x}(\delta) - x)\, c(x;\delta)\, dx \\
&= -\int_0^\infty \left(x^2 - 2x\bar{x}(\delta) + \bar{x}(\delta)^2 + x\bar{x}(\delta) - \bar{x}(\delta)^2\right) c(x;\delta)\, dx \\
&= -\int_0^\infty (x - \bar{x}(\delta))^2 c(x;\delta)\, dx \\
&\qquad + \bar{x}(\delta) \int_0^\infty x c(x;\delta)\, dx - \bar{x}(\delta)^2 \int_0^\infty c(x;\delta)\, dx \\
&= -\int_0^\infty (x - \bar{x}(\delta))^2 c(x;\delta)\, dx \\
&\qquad \left(\int_0^\infty c(x;\delta)\, dx = 1 \text{ による}\right)
\end{aligned}
$$

となることから，マルサス人口の平均年齢は人口増加率の単調減少関数であることが確認された．同じ l_x に対しては，人口増加率が低いほどマルサス人口の平均年齢は高くなる．特に，$\delta = 0$ であれば，人口規模は時間的に不変である．これを**定常人口**という．

定常人口においては年齢分布が $n(t,x) = B_0 l_x$ であるから，年齢プロファイルは，$c(x;0) = \dfrac{l_x}{e_0}$ である．すなわち，年齢構造は生残率関数と同じである．また，定常人口の総人口は，

$$N(t)=\int_0^\infty n(t,x)dx = B_0\int_0^\infty l_x dx = B_0 e_0,$$

すなわち，定常状態においては，総人口は単位時間当たりの出生数に平均寿命を乗じたものに等しくなる．さらに，定常人口の粗出生率と粗死亡率とは等しく，それらは平均寿命の逆数になる．

7.1.2 安定人口モデルとロトカの人口理論

前述のマルサス人口モデルは，時刻 $t=0$ で $n(0,x)=n_0(x)$ という分布をもつ閉鎖人口が，時間的に不変な出生関数および生残関数を仮定した場合，t の経過とともに一定の年齢プロファイルを持つ人口構造に収束し，かつ，マルサス人口がその収束解であることが示された場合に有用となる．また，マルサス人口においては出産という事象を表立って考慮していなかったが，ここでは，出生関数を導入する．その際，女性の出産が性比の不均衡などによって妨げられることはないと仮定する．

初期値 $n_0(x)$ を与えられた，閉鎖人口の時刻 t における人口構造は，以下のとおりである．

$$n(t,x)=\begin{cases} B(t-x)l_x & (t-x>0) \\ n_0(x-t)\dfrac{l_x}{l_{x-t}} & (x-t>0) \end{cases}$$

$n(t,x)$ を各変数に関して偏微分すると，以下の**マッケンドリック方程式**を満たすことがわかる．

$$\frac{\partial n(t,x)}{\partial t}+\frac{\partial n(t,x)}{\partial x}=-\mu_x\cdot n(t,x)$$

t について年齢別の女児の出生率が時間的に不変で，$f(x)$ で与えられているとすれば，t における単位時間当たりの出生数は，以下のとおりである：

$$\begin{aligned} n(t,0)=B(t)&=\int_0^\infty f(x)\cdot n(t,x)dx \\ &=\int_0^t f(x)\cdot l_x B(t-x)dx+\int_t^\infty f(x)\cdot n_0(x-t)\frac{l_x}{l_{x-t}}dx. \end{aligned}$$

時間的に不変な年齢別出生率，生残率に従う封鎖人口の数理モデルを**安定人**

口モデルという．安定人口モデルはマルサス人口型の解を持つかを考える．いま，B_0 を任意の正の定数，δ を未知の人口増加率として，マルサス人口の解を考えると，

$$n\left(t,x\right)=B_0e^{\delta(t-x)}l_x=B_0\cdot e^{\delta t}\cdot\left(e^{-\delta x}l_x\right) \tag{7.1}$$

であるが，これがマッケンドリック方程式を満たすことがすぐにわかる (演習問題 7.1).

これを，出生数を表す上記算式に代入すると，人口増加率 δ は，

$$\int_0^\infty f\left(x\right)e^{-\delta x}l_x dx=1$$

を満たさなければならないことがわかる．すなわち，上記方程式を満たす δ がマルサス人口の人口増加率の解である．これを，**オイラー-ロトカの特性方程式**という．左辺を δ の関数と考えると，δ の単調減少関数であり，値域は $(+\infty,0)$ であるので，上式を満たす δ がユニークに存在する．それを δ_0 として内的成長率という．

さらに，

$$R_0=\int_0^\infty f\left(x\right)l_x dx$$

とおけば，$R_0>1$ であれば $\delta_0>0$ であり，$R_0=1$ であれば $\delta_0=0$，$R_0<1$ であれば $\delta_0<0$ である．R_0 は，与えられた出生率関数 $f\left(x\right)$ と生残率 l_x の下で，1 人の女性が生涯に産む平均女児数であり，純再生産率と言われる．また，内的成長率を持つマルサス人口の年齢プロファイル $c(x\,;\delta_0)=b\left(\delta_0\right)e^{-\delta_0 x}l_x$ を安定的年齢分布という．$b\left(\delta_0\right)$ は，この安定的年齢分布のもとでの粗出生率である．

ここで，正規分布型の出生関数 $f\left(x\right)l_x$ を仮定する．人口動態調査から得られる年齢別出生率も正規分布に近い形状をしているためである．

$$\mu=\frac{\displaystyle\int_0^\infty xf(x)l_x dx}{R_0},$$

$$\sigma^2 = \frac{\displaystyle\int_0^\infty (x-\mu)^2 f(x) l_x dx}{R_0},$$
$$\frac{f(x)l_x}{R_0} \approx \frac{1}{\sqrt{2\pi}\sigma} e^{-\frac{1}{2\sigma^2}(x-\mu)^2}$$

とすると，モーメント母関数は，

$$M(t) = \frac{1}{\sqrt{2\pi}\sigma} \int_{-\infty}^\infty e^{tx} e^{-\frac{(x-\mu)^2}{2\sigma^2}} dx = e^{\mu t + \frac{1}{2}\sigma^2 t^2}$$

であり，δ が満たすべき条件は，

$$\int_0^\infty f(x) \cdot e^{-\delta x} l_x dx = 1$$

であるから，$x < 0$ の値域の積分を無視すれば，以下の関係式が得られる：

$$M(-\delta) = \exp\left(-\mu\delta + \frac{1}{2}\sigma^2\delta^2\right) = \frac{1}{R_0},$$
$$\sigma^2\delta^2 - 2\mu\delta + 2\ln R_0 = 0.$$

上記 δ に関する 2 次方程式が実数解を持つ場合，2 つの解のうち小さい方の解

$$\delta = \frac{\mu - \sqrt{\mu^2 - 2\sigma^2 \ln R_0}}{\sigma^2}$$

が人口増加率の良い近似となっている．これを**ダブリン-ロトカの公式**という．

最後に，男女を問わない**合計特殊出生率** TFR との関係について確認する．男女を問わない年齢別出生率を $f_0(x)$，年齢別の男女の出生性比 (女児 1 に対する男児数) を k_x とすると，TFR は以下のとおりである：

$$TFR = \int_0^\infty f_0(x)\,dx = \int_0^\infty (1 + k_x) f(x)\,dx.$$

人口置換水準は $\dfrac{TFR}{R_0}$ で与えられ，日本の人口では 2.07 ~ 2.08 と算出されている．公的年金のような超長期にわたる制度の評価には，基盤となる将来人口推計が重要であるが，一般には TFR と内的成長率との関係が明示的に示されてこなかった．この関係を安定人口の下で示したダブリン-ロトカの公式は，重要である．ちなみに，国民年金・厚生年金の 2019 年財政検証における

人口推計は，出生中位シナリオで TFR を 1.44 に設定しているが，対応する内的成長率は -1.38%なので，大雑把にいえば，毎年総人口が 1.38%ずつ減少する社会が今後約 100 年間にわたり継続することを想定していることになる．

7.2　公的年金の財政運営

前節では，公的年金の基盤となる人口理論について，その基礎を解説した．本節では，将来推計人口を所与としたうえで，賦課方式による年金財政の考え方について解説する．

7.2.1　社会保障パラドクス

先進諸国の国家予算で最も大きな割合を占めるのは，社会保障給付費である．社会保障制度は規模からしても，そのあり方がマクロ経済に影響を与えないとは考えにくい．しかしながら，まずは財政方式の違いが経済全体の規模や成長率に影響を与えないとして，財政方式の違いによる経済学的な影響を検証する．以下では，次に示す「社会保障パラドクス」と言われる命題を確認する．

命題 7.1 (社会保障パラドクス)

人口増加率 + 賃金上昇率 > 利子率

であれば，**積立方式**よりも**賦課方式**の方が，個人の厚生に関して優れている．

老齢期の所得保障を考察するにあたり，2 期間モデルを想定する．すなわち，第 n 期が就労期である者は，第 $n+1$ 期が老齢期であるとする (これを「第 n 世代」：という)．人口増加率 δ を定数とすると，第 n 世代の人口 L_n は次のとおりとなる：

$$L_n = L_0 e^{\delta n}.$$

また，就労期の個人は 1 単位の労働を提供するものとする．賃金上昇率 ρ

を定数とすると，第 n 期の労働 1 単位当たりの賃金 w_n は次のとおりとなる：

$$w_n = w_0 e^{\rho n}.$$

以下では，保険料率を c，年金の給付水準 (「所得代替率」という) を k，利子率を r とする．

積立方式では，各世代が自らの老齢期に備えて必要原資に見合う保険料を拠出し，これを積み立てる．第 n 期に拠出した保険料の第 $n+1$ 期における元利合計が第 $n+1$ 期における給付原資に等しくなるため，以下の関係式が成立する：

$$cL_n w_n e^r = kL_n w_{n+1}.$$

$w_{n+1} = w_n e^{\rho}$ であるから，保険料率と給付水準との関係は，以下のようになる：

$$c = e^{\rho - r} k. \tag{7.2}$$

積立方式における第 n 世代の生涯所得 V_n^f を，就労期における保険料控除後の賃金と老齢年金との現価基準での合計として評価すると，

$$V_n^f = (1-c)w_n + kw_{n+1}e^{-r}$$

となる．$w_{n+1} = w_n e^{\rho}$ および式 (7.2) を用いると，V_n^f は次のとおり年金制度のあり方に依存しないことがわかる：

$$V_n^f = (1 - ke^{\rho - r})w_n + kw_n e^{\rho - r} = w_n.$$

一方，賦課方式とは，就労者の保険料によって拠出時点の老齢者への給付を賄う財政方式であるから，次の関係式が成立する：

$$cL_n w_n = kL_{n-1} w_n.$$

$L_n = L_{n-1} e^{\delta}$ であるから，保険料率と給付水準との関係は，以下のとおりである：

$$c = e^{-\delta} k.$$

積立方式の場合と同様，賦課方式における生涯所得 V_n^p は次のとおりとなる：

$$
\begin{aligned}
V_n^p &= (1-c)w_n + kw_{n+1}e^{-r} \\
&= (1-e^{-\delta}k)w_n + kw_n e^{\rho-r} \\
&= w_n\left\{1+(e^{\rho-r}-e^{-\delta})k\right\}.
\end{aligned}
$$

このとき,

$$
V_n^p - V_n^f = w_n(e^{\rho-r}-e^{-\delta})k
$$

であるから,生涯所得を「厚生」の尺度とすると,賦課方式と積立方式の「厚生」の大小関係は,右辺括弧内の正負によることがわかる.

$\rho - r > -\delta$,すなわち $\rho + \delta > r$ であれば,$V_n^p - V_n^f$ は正となり,賦課方式は積立方式よりも個人の厚生に関して優れており,給付水準 k が大きいほど両者の差は拡大することがわかる.

問題は,長期にわたり $\rho + \delta > r$ という関係を保ち続けることができるか,ということである.社会の成熟化とともに出生率が低下すると,δ が低下する.1980 年代から,開発途上国を中心に公的年金制度を積立方式で再構築する提案がなされたが,これは国内の金融資本市場が整備されれば長期的には $\rho + \delta < r$ を達成できるとの判断によるものと考えられる.しかしながら,21 世紀に入って度々発生する経済危機などにより,これらの試みが行き詰った国も散見される.

日本の将来推計人口は,δ を負値としているため,大小関係が逆転する可能性がある.この問題は,公的年金のシミュレーションモデルで解説するが,たとえ積立方式の方が「厚生」が高くなったとしても,今まで賦課方式で運営してきた制度を積立方式に切り替えることは現実的でない.なぜなら,積立方式への移行期の現役労働者は,自らの原資を積み立てる一方で,年金受給者への給付も負担しなければならない「**二重の負担問題**」に直面するからである.然らばなぜ,当初から完全積立を実施しなかったかという疑問が湧くが,すでに親族の扶養義務という私的扶養関係を抱える国民にとっては,公私の扶養関係を総合すれば,同様の「二重の負担問題」があったであろうことにも留意すべきである.

賦課方式においては,対象の拡大と人口構造自身の変化による老齢者の増加とが相俟って，年金制度内での給付と負担との関係という意味での世代間の格差を生み出すこととなる．これまでの年金政策は，k を固定したままでは c の負担に耐えられないため，結果として c の引き上げとともに k も削減することで対応してきた．削減の方法としては，

(1) 年金支給率の引下げ，
(2) 年金支給開始年齢の引上げ，
(3) 年金額の再評価 (スライド) 方式の変更

などがある．

世代間格差を世代ごとの「給付と負担との関係」や「内部収益率 (世代ごとの $\rho+\delta$)」で計測することは，一面的な見方でしかない．また，この議論は，人口構造の変化によらず r が一定であるとの立場をとりがちである．どちらの方式を採用するにせよ，社会保障制度による再分配後でみて，国民の一般生活水準を向上させることが，重要な政策である．したがって，年金制度の問題は，年金政策だけでは対処できない．

7.2.2 スウェーデンの自動均衡機能

スウェーデンは 1998 年,「革新的」と言われる公的年金改革を行った．内容の詳細は割愛するが，本節では，この改革において導入された，年金の給付水準を自動的に調整する「自動均衡機能」について解説したい．

●――賦課方式の公的年金制度の概要

スウェーデンの公的年金は，保険料率を固定した上で被保険者ごとの個人勘定をもつ NDC (Notional Defined Contribution：「**概念上の拠出建て**」と言われる) 制度が中心になるが，この制度は賦課方式で運営される．各被保険者には「勘定」が提供され，予め固定された保険料率 16%にもとづいて拠出された保険料が勘定に記帳される．賦課方式であるため，保険料の拠出記録が記帳されるだけで，保険料そのものは拠出時点の年金受給者の給付に充てられる．勘定には利息が付くが，平均賃金の上昇率を利率とした「運用収益」が付

加される．死亡した被保険者の勘定は，同じ生年の生存する被保険者に配分される (この制度は老齢給付のためのみの制度で，遺族・障害給付は別制度が対応している)．一方，制度の管理費用は，勘定から控除される．以上のとおり，各被保険者の勘定には裏付けとなる金融資産が対応しているわけではないので,「仮想勘定」を持つ「概念上の拠出建て制度」と言われる．

引退の際，保有する勘定残高を年金に変換する．年金の受給は 61 歳から可能であり，年齢の上限はない．年金額は，仮想勘定を年金除数で割ることにより算出される．年金除数は利子率を年 1.6%とした単純終身年金現価率である．年金は平均賃金の上昇率に連動して改訂されるが，上昇率のうち 1.6%を「先取り」しているため，平均賃金の上昇率から 1.6%相当分を割り引いた率で改定される．なお，後述の自動均衡機能が発動した場合には，改定率はさらに低下する．

以上のとおり，NDC 制度は,「拠出建て制度」とは言うものの，保険料率を固定した上で仮想勘定を用いた給付建て制度を運営する制度とも言える．給付建て制度の運営には，財政状況の検証が必要となるが，独特の貸借対照表が導入されている．貸借対照表を利用した給付調整の仕組みを「**自動均衡機能**」という．

◉——貸借対照表による制度運営

自動均衡機能において重要な役割を果たす貸借対照表と，これを用いた制度運営について説明する．まず，公的年金制度が安定状態であることを仮定する．ここで安定状態とは，

(1) 出生に起因する人口増加率，死亡率が一定で年齢別の人口構造が一定，
(2) 年金制度の適用率，賃金体系，引退年齢，年齢別の受給者割合が一定，
(3) 賃金水準，年金額が一定率で増加している

状態をいう．

次に，記号を定義する．x を年齢，r を引退年齢 (年金支給開始年齢)，l_x を生命表による x 歳の生存率 ($l_0 = 1$)，A_x を x 歳の人口に対する年金制度の適

用率 (=労働力率 ×(1 −失業率)), W_x を全年齢の平均賃金に対する x 歳の平均賃金の比率, R_x を x 歳の人口に対する年金受給者の割合, δ を出生に起因する人口増加率, ρ を平均賃金の上昇率, φ を支給開始後の年金スライド率が賃金上昇率を下回る率 (スウェーデンに場合は 1.6%), L_x を安定状態における x 歳の人口 ($L_x = L_0 l_x e^{-\delta x}$), $\overline{W}$ を単位時間当たりの平均賃金, c を安定状態において必要な賦課方式の保険料率, k を支給開始時の年金の所得代替率 (現役世代の平均賃金に対する比率) とする.

スライド・再評価に関しては, 年齢 r 歳までは ρ, r 歳以降は $(\rho-\varphi)$ が適用されるものとする. なお, 年金財政上の予定利率は $\rho+\delta$ とする.

保険料拠出者の賃金ベースの加重平均年齢 $\bar{x}_a$ は, 次のとおり表される:

$$\bar{x}_a = \frac{\displaystyle\int_0^\infty x l_x e^{-\delta x} A_x W_x dx}{\displaystyle\int_0^\infty l_x e^{-\delta x} A_x W_x dx}.$$

一方, 年金受給者の年金額ベースの加重平均年齢 $\bar{x}_p$ は, 次のとおりである:

$$\bar{x}_p = \frac{\displaystyle\int_0^\infty x e^{-(\delta+\varphi)x} l_x R_x \, dx}{\displaystyle\int_0^\infty e^{-(\delta+\varphi)x} l_x R_x \, dx}.$$

上記を踏まえて, **滞留期間** TD (Turnover Duration) を次のとおり定義すると, これは保険料の平均的拠出時点から, 年金給付の平均的受取時点までの期間, すなわち拠出した保険料の平均回収期間と考えることができる.

$$TD = \bar{x}_p - \bar{x}_a$$

予定利率を $\rho+\delta$ として年金債務 V(= 将来の給付の現在価値から将来の保険料収入の現在価値を控除した額) を計算すると, 次のとおりとなる:

$$\begin{aligned} V = \int_0^\infty & L_0 l_x e^{-\delta x} \\ & \times \int_x^\infty {}_{u-x}p_x e^{-(\delta+\rho)(u-x)} \left[R_u k \overline{W} e^{\rho(u-x)-\varphi(u-r)} \right. \\ & \left. - A_u c \overline{W} W_u e^{\rho(u-x)} \right] du dx \end{aligned}$$

$$
\begin{aligned}
&= \int_0^\infty L_0 l_x e^{-\delta x} \\
&\quad \times \int_x^\infty {}_{u-x}p_x e^{-\delta(u-x)} \left[R_u k\overline{W} e^{-\varphi(u-r)} - A_u c\overline{W} W_u \right] du dx \\
&= L_0 \overline{W} \int_0^\infty \int_x^\infty l_u e^{-\delta u} \left[R_u k e^{-\varphi(u-r)} - A_u c W_u \right] du dx. \qquad (7.3)
\end{aligned}
$$

上式は，積分の範囲を現役の被保険者と引退者とに分けていないが，対象外の領域では A_x, R_x がゼロとなることに注意されたい．

一方，保険料の総額 C は，次のとおりである：

$$
C = cL_0 \overline{W} \int_0^\infty l_x e^{-\delta x} A_x W_x \, dx. \qquad (7.4)
$$

賦課方式を前提とした保険料率 c は，その年の給付 (支出) と保険料 (収入) が等しいことから，安定状態では，以下の関係式を満たす：

$$
\int_0^\infty L_0 l_x e^{-\delta x} R_x k \overline{W} e^{-\varphi(x-r)} dx = \int_0^\infty L_0 l_x e^{-\delta x} A_x c \overline{W} W_x \, dx.
$$

したがって，

$$
c = \frac{k \displaystyle\int_0^\infty l_x e^{-\delta x - \varphi(x-r)} R_x \, dx}{\displaystyle\int_0^\infty l_x e^{-\delta x} A_x W_x \, dx} \qquad (7.5)
$$

となる．(7.3), (7.4) より $\dfrac{V}{C}$ を整理すると，以下のとおりとなる：

$$
\frac{V}{C} = \frac{\displaystyle\int_0^\infty \int_x^\infty l_u e^{-\delta u} k e^{-\varphi(u-r)} R_u \, du dx - \int_0^\infty \int_x^\infty l_u e^{-\delta u} A_u c W_u \, du dx}{\displaystyle\int_0^\infty l_x e^{-\delta x} A_x c W_x dx}.
$$

ここで式 (7.5) を代入すると，上式は次のとおり整理される：

$$
\frac{V}{C} = \frac{\displaystyle\int_0^\infty x l_x \, e^{-(\delta+\varphi)x} \, R_x \, dx}{\displaystyle\int_0^\infty l_x \, e^{-(\delta+\varphi)x} \, R_x \, dx} - \frac{\displaystyle\int_0^\infty x \, l_x \, e^{-\delta x} \, A_x W_x \, dx}{\displaystyle\int_0^\infty l_x \, e^{-\delta x} \, A_x W_x \, dx}
$$

$$= \bar{x}_p - \bar{x}_a = TD.$$

したがって，定常状態における滞留期間と年金債務との，次の関係が確認できた：

$$V = C \cdot TD.$$

ここで注意すべきことは，上記関係式が成立するためには，式 (7.5) の関係が維持されることが前提となる，ということである．式 (7.5) を満たす保険料率が適用されない場合，実際の保険料との差額 (不足) は，制度運営上の損益 (損失) となる．

スウェーデンの場合，NDC 制度であるため，式 (7.5) の関係は自動的に担保される．また，$\delta = 0$ としているため，現役の被保険者の年金債務は被保険者の仮想勘定残高であり，年金受給者の債務は現在の年金額に利子率を $\varphi\,(= 1.6\%)$ とした終身年金現価率を乗じたものとなる．死亡率や適用率などは直近の実績を反映したものにその都度改訂されるため，年金債務の評価式の中には経済前提などを含む将来の見積り要素を含んでいない，とも言える．なお，人口増加率 δ に 0 でない数値を設定した場合，現役被保険者の「責任準備金 = 仮想勘定残高」という評価は成り立たず，年金受給者の債務は割引率を $\delta + \varphi$ として評価される．

さて，安定状態における賦課方式の年金制度では c が変動しないため，給付と負担との関係という意味での世代間の格差は発生しない．しかし，年金制度の貸借対照表を作成すると，積立金が 0 であるため，まったくの積立不足になる．そこでスウェーデンは，年金制度の貸借対照表の資産として $C \cdot TD$ という仮想の資産を計上する．これを**保険料資産**という．すでに確認したとおり，安定状態においては，負債側で計上する年金債務 V と資産側で計上する保険料資産 $C \cdot TD$ とは等しいため，貸借対照表には過不足がない．これが基準となる状態である．

実際の制度に適用する場合，年金債務 PL は定常的ではない実際の被保険者や年金受給者をもとに算定され，保険料資産は決算対象年度の保険料総額に上記で算出された TD を乗じたものとなる．公的年金は緩衝基金として若干の積立金を保有することがあるが，これを F とすると，貸借対照表は図 7.1

保険料資産 $C \cdot TD$	年金債務 PL
緩衝基金：F	

図 **7.1**　スウェーデンの公的年金のバランスシート

のとおりとなる．

ここで，貸借比率 BR を以下のとおり定義する：

$$BR = \frac{C \cdot TD + F}{PL} = 1 + \varDelta.$$

$BR \geqq 1$ (したがって，$\varDelta \geqq 0$) である限り，制度は問題なく運営されていると判断されるが，$BR < 1$ (したがって，$\varDelta < 0$) の場合に自動均衡機能が発動し，個人勘定への付利利率は ρ でなく $(1+\rho)(1+\varDelta)-1$ に，年金のスライド率は

$$\frac{1+\rho}{1.016} - 1$$

でなく

$$\frac{1+\rho}{1.016}(1+\varDelta) - 1$$

に調整される．この調整によって BR は 1 ($\varDelta$ は 0) に復帰するが，調整前の BR 次第で個人勘定への付利利率や年金のスライド率は負値となることもあり得る．

さて，貸借対照表における δ の影響を確認しておく．c および TD は δ の関数であるため，W を保険料賦課対象の総賃金として $C \cdot TD = W \cdot (c \cdot TD)$ と考え，$c \cdot TD$ を分析する．簡単な計算によって，次の各関係式が確認できる．

$$\frac{\partial \ln (c \cdot TD)}{\partial \delta} = \frac{\partial \ln c}{\partial \delta} + \frac{\partial \ln TD}{\partial \delta},$$

$$\frac{\partial \ln c}{\partial \delta} = -TD, \tag{7.6}$$

$$\frac{\partial \ln TD}{\partial \delta} = \frac{\left(\bar{x}_p^2 - \overline{x_p^2}\right) - \left(\bar{x}_a^2 - \overline{x_a^2}\right)}{TD} \tag{7.7}$$

なお，$\overline{x_a^2}$ および $\overline{x_p^2}$ は，以下のとおりである：

$$\overline{x_a^2} = \frac{\displaystyle\int_0^\infty x^2\, l_x\, e^{-\delta x}\, A_x\, W_x dx}{\displaystyle\int_0^\infty l_x\, e^{-\delta x}\, A_x\, W_x dx},$$

$$\overline{x_p^2} = \frac{\displaystyle\int_0^\infty x^2\, e^{-(\delta+\varphi)x}\, l_x\, R_x\, dx}{\displaystyle\int_0^\infty e^{-(\delta+\varphi)x}\, l_x\, R_x\, dx}.$$

実際の生命表に当てはめてみると，δ の変化にともなう保険料資産への影響は，c への影響によるものが圧倒的に大きいことがわかる．通常 TD は 30 ～ 40 程度と考えられるため，δ の変化が 30 ～ 40 倍になって保険料資産の変化率に表れる．このため，人口増加率 δ の変動が大きい場合，これを制度運営に組み込むことは難しいと考えられる．

●──公的年金の内部収益率

以上を踏まえると，スウェーデン式の貸借対照表による自動均衡機能を用いた賦課方式による公的年金制度の運営では，$\delta = 0$ とすることが現実的と考えられるので，以下ではこれを前提とする．内部収益率を予定利率である賃金上昇率 ρ を基準とすれば，安定状態を想定した賦課方式における年金債務 $V(= C \cdot TD)$ までは，世代間の移転財産と整理することにより，積立不要と考えられる．

その意味で，保険料資産は賦課方式における財政チェックのための指標と考えられる．問題は，実際の年金債務 PL が $C \cdot TD$ を上回った場合，差額に相当する額を積み立てているか，ということになる．すなわち，財政が均衡しているとは，以下の関係を満たしていることと言える．

$$C \cdot TD + F - PL = 0$$

ここで，各項目を時刻 t で微分すると，制度が健全であるためには，次の損益関係を満たすことが要請される．

$$\frac{d(C \cdot TD + F - PL)}{dt} = TD\frac{dC}{dt} + C\frac{dTD}{dt} + \frac{dF}{dt} - \frac{dPL}{dt} \geqq 0$$

F の微分と PL の微分は，キャッシュフローによる増減 (時間当たり保険料と時間当たりの給付支出 P) に，それぞれ収益率 j による運用収益と予定利率 ρ による予定利息を加えたものとなるが，自動均衡機能が発動した場合には，PL の増加は予定利率を下回る．ここでは，これを内部収益率 i とおく．さらに，想定した安定人口における理論上の時間当たり保険料 C と，実際の保険料 C' とが異なる場合も考慮すると，

$$TD\frac{dC}{dt}+C\frac{dTD}{dt}+\{F\cdot j+(C'-P)\}-\{PL\cdot i+(C-P)\}\geqq 0$$

となる．これを i について解くと，

$$i\leqq\frac{TD\dfrac{dC}{dt}+C\dfrac{dTD}{dt}+F\cdot j+(C'-C)}{PL} \tag{7.8}$$

である．

(7.8) 式によって制度の財政をバランスさせるということは，被保険者にとっての制度の内部収益率を，(7.8) 式のとおり調整することを意味する．右辺分子の各項は，保険料拠出のもととなる賃金総額の増加という**規模の変動要素** (第 1 項)，死亡率の変化・賃金体系の変化・年金制度の適用率の変化などを反映する滞留期間の変化による**構造の変動要素** (第 2 項)，および**積立金の運用収益の要素** (第 3 項) を表している．

例えば，TD の変化を無視すれば，被保険者の人口が減少して C の増加率が ρ を下回った場合，運用収益 $F\cdot j$ のうち $F\cdot\rho$ を上回る額で埋め合わせられなければ，PL が予定利率 ρ で増加するためには (予定どおりのスライドを実施するためには) 実際の保険料率を引き上げる必要があることを示している．保険料率を引き上げられない場合には自動均衡機能が発動し，給付額を調整せざるを得ない．これによって，制度の財政的バランスは保たれる．自動均衡機能とは，賃金総額と GDP とが安定的な関係を保っているとすれば，年金制度の規模を GDP に対して安定的に運営するための機能とも言える．

人口減少局面では，人口減少による財政上の損失が発生し，自動均衡機能の発動による給付調整が恒常的に発生する懸念がある．前述のとおり，スウェーデンでは $\delta=0$ とされているが，将来推計においても比較的高い出生率と移

民の純流入により人口は微増すると予測されているため，基準シナリオにおいて自動均衡機能による給付額調整は発生しない見込みとなっている．しかし，日本の将来推計人口は低い出生率を前提としているため，同じ制度設計を持ち込んでもスウェーデンのように推移しないのは，容易に想像できる．

本項の終わりにあたり，スウェーデンが開発した自動均衡機能について，もう 1 つの問題点を指摘しておく．それは，出生率が急に低下したとしても，それが貸借対照表で顕在化するのは子供が被保険者となり保険料資産が減少 (または増加が鈍化) する 20 年あまり後になる，ということである．公的年金制度の将来推計では，出生動向や経済前提の設定は難しいが，すでに生存している者の動向は，かなりの確度で予測可能である．しかしスウェーデンの手法は，それを利用することも排除している．このため，給付調整などの対応が後手に回り，かつ過激な結果をもたらす懸念も抱えていることに留意すべきである．

7.2.3　日本の公的年金の財政モデル

2004 年の改正により，国民年金および厚生年金保険には，**有限均衡方式**，**マクロ経済スライド**とともに，**保険料水準の固定**が導入された．その結果，5 年ごとの財政検証では，数理上の仮定を洗い替え，概ね 100 年間の将来見通しの作成とともに，次回の財政検証までの間に給付水準が所得代替率で 50%を下回ることがないかを確認することとなった．

日本の公的年金の財政検証は，厚生労働省を中心とした各制度の所管省により実施されているが，その基礎となる将来推計人口は，国立社会保障・人口問題研究所が社会保障審議会人口部会の審議を経て公表している．人口推計をもとに経済前提を設定した上で年金制度の将来像をシミュレーションによって示す手法は各国とも同様であり，前述のスウェーデンでもシミュレーションは実施されている．日本の場合，経済前提の設定は，社会保障審議会の年金部会経済前提専門委員会の審議を経ている．まず，主な前提について，2019 年財政検証での設定を確認しておく (図 7.2，次ページ)．なお，足元の経済前提に関しては，内閣府の試算に準拠している．

合計特殊出生率および平均寿命

合計特殊出生率		平均寿命	
2015 年（実績）	2065 年	2015 年（実績）	2065 年
1.45 →	出生高位：1.65 出生中位：1.44 出生低位：1.25	男：80.75 年 女：86.99 年 →	死亡高位　男：83.83 年　女：90.21 年 死亡中位　男：84.95 年　女：91.35 年 死亡低位　男：86.05 年　女：92.48 年

長期の経済前提

		将来の経済状況の仮定		経済前提				（参考）
		労働力率	全要素生産性（TFP）上昇率	物価上昇率	賃金上昇率（実質〈対物価〉）	運用利回り 実質〈対物価〉	運用利回り スプレッド〈対賃金〉	経済成長率（実質）2029 年度以降 20～30年
ケースⅠ	内閣府試算「成長実現ケース」に接続するもの	経済成長と労働参加が進むケース	1.3 %	2.0 %	1.6 %	3.0 %	1.4 %	0.9 %
ケースⅡ			1.1 %	1.6 %	1.4 %	2.9 %	1.5 %	0.6 %
ケースⅢ			0.9 %	1.2 %	1.1 %	2.8 %	1.7 %	0.4 %
ケースⅣ	内閣府試算「ベースラインケース」に接続するもの	経済成長と労働参加が一定程度進むケース	0.8 %	1.1 %	1.0 %	2.1 %	1.1 %	0.2 %
ケースⅤ			0.6 %	0.8 %	0.8 %	2.0 %	1.2 %	0.0 %
ケースⅥ		経済成長と労働参加が進まないケース	0.3 %	0.5 %	0.4 %	0.8 %	0.4 %	▲0.5 %

図 7.2　国民年金，厚生年金の主要な計算の前提（2019 年財政検証）

●──経済的仮定

数理上の仮定は人口統計的仮定と経済的仮定とに分類されるが，ここでは 2019 年財政検証において設定された「**長期の経済前提**」について解説する．公的年金の将来推計において設定される主な経済的仮定は，**賃金上昇率**，**積立金の運用利回り**，および**物価上昇率（インフレ率）**の 3 つである．公的年金は，被保険者の賃金に比例した保険料を徴収する．支給開始時点の年金は現役被保険者の手取り賃金に対する一定水準を確保し，支給開始後は原則として物価スライドにより購買力を維持するように設計されることが多い．したがって，財政を考える場合，インフレを上回る実質賃金上昇率，および実質運用利回りが重要となる．

長期の経済前提の設定は，過去の実績を基礎としつつ，日本経済の潜在成長率の見通しや今後の労働力人口の見通しなどを反映した，マクロ経済に関する試算にもとづいている．マクロ経済に関する試算とは，成長経済学の分野で 20 ～ 30 年の長期の期間における，一国の経済の成長見込みなどについて推計を行う際に用いられる，新古典派経済学の標準的な生産関数である「**コブ・ダグラス型生産関数**」にもとづいて推計を行うものである．

コブ・ダグラス型生産関数とは，GDP の資本と労働に対する分配率が一定という仮定の下で，GDP を資本と労働の関数として表すものである．この経済モデルを前提に，被保険者の実質賃金上昇率を 1 人当たり実質 GDP 上昇率とし，積立金の実質運用利回りを長期実質金利に分散投資効果を加えたものとしている．

時刻 t における生産技術要素を A_t，資本投入量を K_t，資本分配率を α，労働投入量を L_t，労働分配率を β として，生産量 Y_t を以下のとおりとする．

$$Y_t = A_t K_t^{\alpha} L_t^{\beta}$$

ここで，$\alpha + \beta = 1$ とする．コブ・ダグラス型生産関数の下では，生産技術などが変化しなければ，経済成長率 (実質 GDP 成長率) は,「資本成長率 × 資本分配率」と「労働成長率 × 労働分配率」の合計に等しくなるが，実際には生産技術などの進歩があるために，この合計以上の成長が観測されており，その差を全要素生産性 (TFP) 上昇率と定義している．すなわち，

$$\ln Y_t = \ln A_t + \alpha \ln K_t + \beta \ln L_t$$

であるから，これを時間微分すると，各項は成長率 (それぞれ y_t, a_t, k_t, l_t とする) となり，以下のとおり実質 GDP 成長率が各成長率の線形結合で表されることが確認できる：

$$\frac{1}{Y_t}\frac{dY_t}{dt} = \frac{1}{A_t}\frac{dA_t}{dt} + \alpha\frac{1}{K_t}\frac{dK_t}{dt} + \beta\frac{1}{L_t}\frac{dL_t}{dt},$$

$$y_t = a_t + \alpha\, k_t + \beta\, l_t.$$

ここで，l_t を労働力人口 (人数) ではなく総労働時間の変化率と捉えるとすると，単位労働時間当たりの実質 GDP 成長率 y_t' は，y_t から l_t を差し引いた

ものである．

具体的には，式にもとづいて，各年度の数値を逐次算出していくことで，マクロ経済の観点から整合性のとれた y'_t，および利潤率を推計する．推計にあたっては，全要素生産性上昇率 a_t，資本分配率 α，資本減耗率，総投資率の 4 パラメータは，過去の実績に将来の傾向を勘案し，定数ないし外挿によって設定する．

$$k_t = \text{総投資率}_{t-1} \times \frac{Y_{t-1}}{K_{t-1}} - \text{資本減耗率}_{t-1},$$

$$K_t = K_{t-1} \times (1 + k_t),$$

$$y_t = a_t + \alpha \times k_t + (1 - \alpha) \times l_t,$$

$$Y_t = Y_{t-1} \times (1 + y_t),$$

$$y'_t = y_t - l_t,$$

$$\text{利潤率}_t = \alpha \times \frac{Y_t}{K_t} - \text{資本減耗率}_t.$$

y'_t に被用者年金被保険者の平均労働時間の変化率を加えたものが，被用者年金 1 人当たり実質 GDP 成長率であり，これが実質賃金上昇率に等しいものと見做す．

実質長期金利は，過去において利潤率との連動性が高いことに着目して，実質長期金利 (実績) と利潤率 (実績) との比率を，上記で得られた利潤率の推計値に乗じて算出する．長期の物価上昇率は，日本銀行の物価安定の目標の 2.0%，内閣府試算の推計値 (成長実現ケース 2.0%，ベースラインケース 1.1%)，過去 30 年間の実績の平均値の 0.5%を参考に，実質経済成長率が高くなるほど物価上昇率も高くなるという関係になるように，経済モデルの外生値として設定した．

以上，公的年金の将来推計にあたり，基本となる経済前提の設定方法を説明した．前述のとおり，将来推計は将来推計人口および上記の経済前提にもとづくが，実際には将来の年齢別労働力率，国民年金の保険料納付率など，上記以外にさまざまな前提を必要とする．

●――マクロ経済スライド

2004 年年金改正は，画期的な改革であった．年金財政の観点からは，

(1) 将来の保険料水準を固定した，
(2) 永久均衡方式から有限均衡方式に移行した，

という点が大きい．保険料水準は，段階的に引き上げ，2017 年において厚生年金は 18.3%，国民年金の保険料は 17000 円 (2004 年価格) で固定されることとなった．一方，年金財政は，従来は永久期間で均衡するように策定されていたが,「おおむね 100 年」という有限の期間で均衡することとされた．その際，有限期間が終了した時点で給付の 1 年分に相当する積立金を保有することが条件となった．

このように，保険料と約 100 年後の積立水準を設定すると，現行制度のままの給付では帳尻が合わなくなる懸念がある．実際，年金額の調整を行わないと支出が収入を上回ってしまう．そこで，前記のとおり将来の現役世代の過重な負担を回避するという観点から，最終的な保険料水準および，そこに到達するまでの各年度の保険料水準を法定化する一方で，社会全体の年金制度を支える力の変化と平均余命の伸びに伴う給付費の増加という，マクロで見た給付と負担の変動に応じて，給付水準を自動的に調整する仕組みが導入された．この自動調整の仕組みを「マクロ経済スライド」という．

具体的には，足元から上記の条件 (おおむね 100 年間の収支が均衡する) に適合する年度までの間，年金額を新規裁定者 (新たに裁定を受ける年金受給者) については手取り賃金の上昇率から，既裁定者 (既に裁定を受けた年金受給者) については物価上昇率から，スライド調整率相当分だけ年金の改訂を抑制することとされた．スライド調整率とは，公的年金被保険者の減少率 (過去 3 年平均) に，将来の平均余命の伸び率を勘案して設定した一定率 (0.3%) を加えたものである．給付水準は，スライド調整率の累積分だけ徐々に低下するが，収支が均衡した段階で，スライド調整は終了する．ただし，片働き夫婦標準世帯のモデル年金額の給付水準について将来にわたり 50%を上回ることを確保することとされており，次の財政検証が作成されるまでの間に 50%を下回るこ

とが見込まれる場合には，結果にもとづいて調整期間の終了その他の措置を講ずることとされている．

マクロ経済スライドは，実質的にはスウェーデンが実施している自動均衡機能と同じ機能を持つ．ただし，スウェーデンの貸借対照表には将来の予測が織り込まれていないため，シミュレーションにもとづくマクロ経済スライドが抱えるさまざまな不確実性が排除されている．一方で，将来を予測するからこそ，足元で現実化している少子化などのリスクを，子供が働き始めるまで待つことなく織り込んで調整することができる日本の方式は，結果としてスウェーデンよりも早めの対応が可能であり，年々の調整が小幅で済むという利点も見逃せない．

演習問題

7.1

マルサス人口の解 (7.1) がマッケドリック方程式を満たすことを確認せよ．

7.2

本文中の「社会保険パラドクス」の議論は，所得代替率を保険料控除前の名目賃金を基準に定義している．所得代替率を保険料控除後の手取り賃金を基準に定義した場合，社会保険パラドクスは影響を受けるか，検証せよ．

7.3

式 (7.6)，および式 (7.7) を確認せよ．

7.4

厚生年金の報酬比例部分が，実質的に名目上の拠出建て制度と同じ給付構造を持つことを数式で説明せよ．

7.5

有限均衡方式の利点と欠点について考察せよ．

第 8 章
年金数理の革新

わが国では 1990 年代後半に起こった銀行不良債権問題に端を発する金融危機以降，先の見えないデフレ経済が続いたが，世界的にも 2000 年から 2003 年までの世界同時株安，2008 年のリーマンショック，それに続く先進国の超金融緩和政策は歴史的にも例を見ない超低金利時代をもたらした．このような金融市場混乱の時代に企業年金はどのように生き延びてきたのであろうか？　本章ではまず，このような金融市場の大変動に対する ① 各国の企業年金の制度対応について説明する．次に，同じ時代に飛躍的に進歩を遂げた金融経済学が年金業界に大きな影響を及ぼしたが，その一端として，② ベイダー–ゴールドによる年金数理実務の批判，③ 金融経済学によるコーポレート・モデルを紹介する．最後にまとめとして，④ 年金とアクチュアリーの将来像について述べる．

8.1　運用リスクに直面する企業年金

まず，この 30 年間の金融情勢を示す以下の 2 つの図 8.1, 8.2 (次ページ) をご覧いただきたい．

図 8.1 は主要国の代表的な株式インデックスの収益率の比較である．この 30 年間，グローバル経済の成熟化によって株式市場のボラティリティが高まり，2000 年から 2003 年には世界同時株安を経験し，2008 年のリーマンショックの暴落に見舞われたことが確認できる．特に，日本の株式市場は脆弱で，多くの年で平均以下のパフォーマンスとなっている．

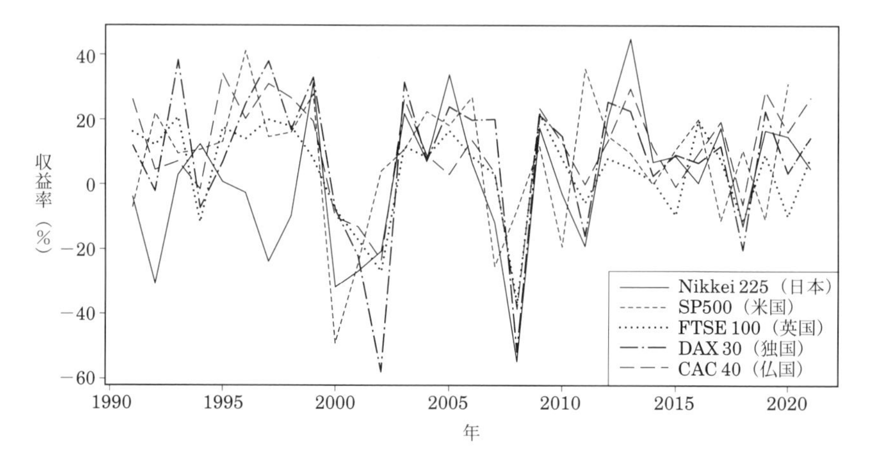

図 8.1　世界の株式インデックス収益率の推移

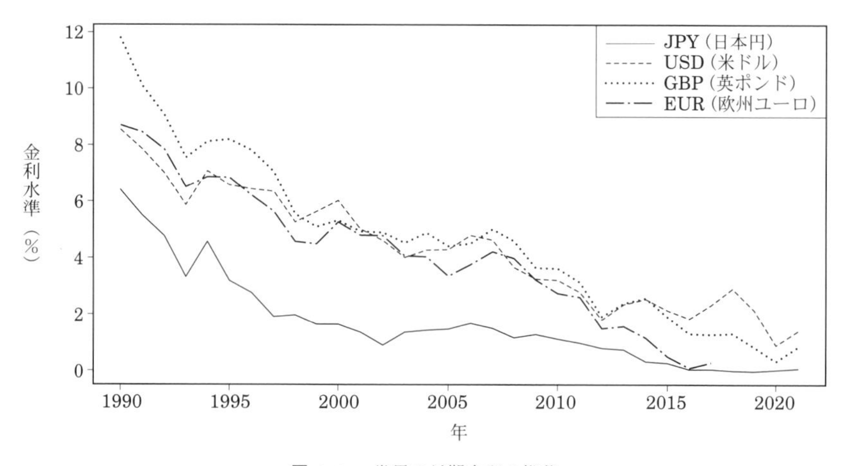

図 8.2　世界の長期金利の推移

また，図 8.2 では先進国の長期国債の金利の推移を見ているが，一貫して低下基調が続き，特にユーロと日本円ではマイナス金利も経験した．この 2 つが企業年金の財政に深刻な影響を及ぼした．

それまでの企業年金の資産運用は，多くの制度で株式を中心とするリスク資産を保有することで，浮き沈みはあるものの長期的には高いパフォーマンスを上げてきていた．しかし 2000 年以降，何回も大幅な株価下落に見舞われ，年金資産が大きく目減りした．それに加え，超低金利によって年金債務価値が高まり，両者の効果により巨額の会計上の積立不足を経験することになった．2000 年以降の年金基金はこのような新たな事態に直面し，従来の給付設計や運用戦略の見直しを行う必要に迫られた．以下の小節では 3 つの側面について説明する．

①米国や英国では，従来から確定給付年金を凍結・廃止して，確定拠出年金に移行する傾向が続いていたが，その傾向が大いに加速した．これは，企業が運用リスクから逃避する反射的な動きであった．

図 8.4 (次ページ) の DB_open は新規加入者がいる制度であり，DB_close は新規加入者のいない凍結した制度である．図 8.3, 8.4 の 2 つの図を見ると，米国，英国とも確定給付制度の加入者数が減少し，確定拠出年金の加入者数が増加していることが分かる．しかし，英国では 2013 年までは確定拠出年金は増加せず，2014 年から急激に増加している．英国は，年金加入者の急減少に危機感を持ち，緊急の政策課題となったため，**NEST** (National Employment Savings Trust) と呼ばれる中低所得者向けの補助金付き DC が導入されたのがその理由である．

年金の普及という意味では確定拠出年金の役割に期待したいが，確定拠出年金には大きな問題がある．確定拠出年金では運用リスクが個人に移転されるので，相場次第で退職時点で年金原資を失う可能性がある．また，運用指示が個人で行われるため，従業員間の格差が生じて従業員間や世代間の不公平が生まれる．さらに，投資教育などを行う必要が生じる．このような，欠点を緩和するため確定給付制度の中で労使合意の下で受給額の変動を認める制度が考案された．米国のキャッシュバランス制度や欧州のハイブリッド年金がその例である．これを参考にして，日本でもキャッシュバランス制度やリスク分担型年金が導入された．

② もう一つの企業年金側の対応は，年金運用のリスク管理であり，年金 ALM や LDI などのさまざまな試みが行われている．

③ 年金規制当局もリスク管理を厳格化し，金融機関の金融リスク規制の成果が参考にされ，一部の国では経済価値を重視するリスク規制が導入されている．

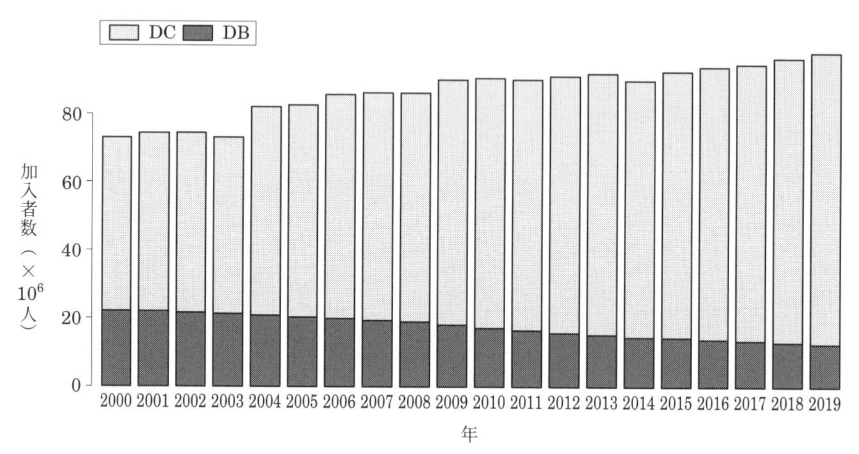

図 8.3　米国の確定給付年金と確定拠出年金の加入者数推移 (単位：10^6 =100 万人)
[出典：DOL]

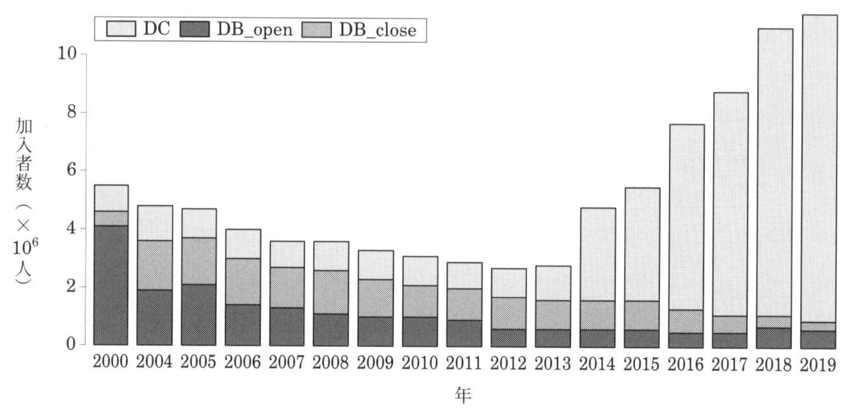

図 8.4　英国の確定給付年金と確定拠出年金の加入者数推移 (単位：10^6 =100 万人)
[出典：Office for National Statistics]

8.1.1 ハイブリッド型年金の動向

確定給付年金の年金給付は企業の従業員・受給権者に対する約束であるが，企業が存続しなければ約束を履行することはできない．その設立は任意であり，廃止も可能である．しかし，倒産などで年金受給権が奪われることは社会公共的観点から許されることではない．年金は後払い賃金と考えられているので，労働の対価として発生した債務は保護しなければならないという考え方があるからである．このような理由から，いくつかの国では発生済受給権を保護する支払保証制度が設けられている．米国の年金給付保護機構や英国の年金保護基金はその一例である．米国では，確定給付年金に分類されるが，給付算定式が確定拠出年金に類似するキャッシュバランス制度が一部の年金制度に採り入れられた．キャッシュバランス制度は，個人ごとに割り当てられた掛金が仮想的に設けられた個人勘定に市場金利等に連動する利率による元利合計額が積み立てられ，その積立金を原資に年金給付を行うものである．事業主は，市場金利に見合う運用益を確保できればよいので，大きな運用リスクを負わずに運営ができるメリットがある．

キャッシュバランス制度は日本でも認められ，実際に採用している企業もある．日本で普及した独特の形態として，キャッシュバランス類似制度がある．この制度では，年金受給開始前は従来の確定給付制度であるが，支給開始後は年金の最低額を保証しつつ，指標に連動させて年金額を改定する給付設計のことであり，金利低下リスクに対応することを目的としている．一方，英国やオランダでは，確定給付型 (DB) と確定拠出型 (DC) に代わる第三の年金といわれる**集合型 DC** (CDC：Collective Defined Contribution) **制度**のアイデアが提示されている．ただ両国で CDC という考え方に至るプロセスは異なる．

オランダには長い時間をかけて育んだ独自の形態の確定給付の職域年金制度がある．年金給付は物価スライド付きであるが，そのスライド率は年金基金の財務状況により調整される．すなわち，年金額はスライド率を通して自動調整される仕組みとなっており，その間の大きな設計変更としては大多数の基金で最終給与比例型から平均給与比例型への変更があったが，2000 年まではほぼ順調に運営されていた．しかし，金融市場の混乱，長寿化の進展や，2002 年の国際会計基準の採用による年金債務の評価換えの企業財務へのインパクトが加わり，従来のままではDB制度を維持することが難しくなった．そこで，2004年ごろからCDCが一部で導入された．CDCでは，企業の負担する掛金率を一定期間固定することによって，2005年の国際会計基準改正においてはDCと同様の取り扱いを受けられる狙いがある．また，CDCでは積立比率が一定率を下回った場合には給付減額もありうることになった．積立不足の一部を従業員や受給者が負担する仕組みである．これに加えて，2007年の年金法改正に伴って年金基金にも**FTK** (Financial Assessment Framework)と呼ばれる新しい財政運営基準が適用されることになった．FTKでは，厳格な積立基準が導入され，これを下回ると回復計画が適用されることになる．したがって，年金給付の自動調整だけでは賄えず，事業主の負担が増大することになった．2010年には事業主，従業員，年金基金に政府が加わった関係者間で年金協定が結ばれ，年金支給開始年齢の引き上げと事業主の年金掛金率の上限を設けることとなった．2010年以降は，オランダでも確定給付から確定拠出への移行が大きく進行する中で，一部の企業設立の確定給付年金がCDCに移行している．

他方，英国においてはDB制度の半数以上が凍結・解散となり急速にその数を減らし，その受け皿となったDCの機能も十分とは言えない．これがCDCへ向かう議論の出発点となっている．その特徴は，

① DC制度を合同運用ファンドで運営し，加入者は拠出に比例する給付の請求権を持つ．
② 年金は合同運用ファンドから支払われる．
③ 合同運用ファンドは規模の利益により効率的な運営が期待できる．
④ 年金支給額の目標水準を決めるが，実際には合同運用ファンドの成果により変動の余地を残す．

というものであった．いわば，DC制度の「集団化」によってDCの欠点を是正するものである．

こうした長い議論を経て，ようやく2021年の年金法の改正により，CDCの導入が認められたが，2022年現在，Royal Mail Pension Planが労使合意

で導入を決定した以外，後続は未定である．2022 年現在で，CDC が導入されている国は，英国，オランダ，カナダ，デンマーク，日本の 5 か国である．

8.1.2 リスク管理の進展

伝統的には，年金運用は長期の時間軸で考えるべきであるとされ，短期的に大きく変動するリスクの高い株式は長期には安定的に収益を上げるために最も適した資産クラスとされてきた．しかしながら，株式の変動が予測を超えて大きくなり，毎年度の積立不足が積みあがってゆく時代を迎え，年金運用戦略の大きな見直し，リスク削減 (de-risk) が合言葉になってきた．そのために，リスク資産の圧縮，オルタナティブ投資や新たな運用戦略の採用などが試みられた．その中で年金 ALM と LDI は，年金負債そのもののヘッジを行うことを狙いとした手法である．

◉――年金 ALM

オランダでは年金制度におけるリスク管理のツールとして ALM (資産負債管理) が実質的に法律で義務化されており，広範に利用されている．年金負債は公正価値評価が行われ，先進的な年金基金では金融機関で用いられるような「価値に基づく ALM」のツール開発を行っている．ALM は年金協約の合意を導き，戦略レベルでリスクを管理するための戦略的ツールとなっているのである．リスクバジェット [1] は，より実践的なツールであり，モニタリングによってさらに補完されている．先進的な年金基金では，投資プロセス全体，資産配分やセクターの割り当て，タイミング，イールドカーブの状況などをマッピングし，投資プロセスの各ステップにリスクバジェットを割り当てる．トラッキングエラーの限度枠を設定し，投資プロセスの各ステップのパフォーマンスへの貢献とトラッキングエラーを計測し，ベンチマークと対比する相対的 VaR アプローチで運用成果を評価する．このような進化した ALM アプローチは，

---

[1] リスク予算．資産構成やマネージャー構成などを定量的なリスク尺度を利用しながら管理する手法．従来のリターンや配分額 (シェア) に着目した資産運用と異なり，リスク・バジェッティングではリスクに着目し，決められたリスク量を適切に配分することにより，リターンの最大化を行うことが特徴として挙げられる．

カナダや北欧の先進的な年金基金にも見られる.

●──LDI と年金負債インデックス

運用戦略として英国などで注目を集めたのが **LDI** (liability-driven investment : **負債志向投資**) である. アイデアは 1970 年代に遡るが, 実務的な利用は 2000 年に英国で始まり, 米国でも 2006 年頃から一部利用されている. LDI は, 年金 ALM の概念を運用商品として実現するものであり, デュレーションなどの金融指標をコントロールして負債キャッシュフローのヘッジを行うものである. IMA の調査によると, DB 年金基金の資産の LDI 戦略に基づく投資額が, 2006 年の 5%に比べて, 2008 年末には 12%と上昇している.

一方, より簡易な年金負債の動きを表すベンチマークとして FTSE 年金負債インデックスが開発されている. これは, 仮想的な年金基金を想定し, イールドカーブの変化による年金負債価値の変化を指数化したものであり, 成熟度により標準 (standard), 中間 (intermediate), 短期 (short) の 3 つのインデックスが提供されている.

BOX7：ブーツ社の決断

2001 年 11 月のことである．イギリスのトップ 50 基金の 1 つである小売薬局大手のブーツ社が，年金資産 23 億ポンド (当時の約 4000 億円) をすべて (物価連動債を含む) 債券運用に変更することを公表した．

ブーツ社は，2001 年 7 月からおよそ 15 か月間かけて，すべての株式を売却し，トリプル A の格付けを持つ長期債を購入した．その債券ポートフォリオは，年金負債の構成にマッチするよう加重平均期間 30 年で，25%の物価連動債も組み込んだものである．しかもその後，2002 年には，3 億ポンドの自社株買い戻しを行った．これら一連の見直しの結果，株式市場の大幅下落の影響を逃れたばかりでなく，法人税で 1 億ポンド，運用手数料の現在価値で 1.25 億ポンドと，合わせて年金資産の 10%近い費用を節約したのであった．世界同時株安の中で大多数の年金基金が塗炭の苦しみを味わった中で，大胆な運用方針の転換を実行した決断力で賞賛を集めた．この決断には好運も手伝ったが，M&M 理論に始まる金融財務論の教えに従ったものであったと言われている．

本節で解説しているように年金基金は，企業と一体化してみれば金融子会社と同じであり，株式を年金基金で保有するのも，親会社が自身で保有するのも経済的効果は同じである．税金を考えるなら，年金では債券のみ保有するのが正しい．しかし，このような方針は当時はほかの年金基金に受け入れられることはあまりなかった．

その後，イギリスやオランダの年金基金の一部に LDI (負債指向投資) と呼ばれる ALM の高度化手法が次々と導入されるようになり，改めてブーツ社の先見性に驚かされる．

8.1.3 厳格化する年金規制

2000 ～ 2003 年の危機に対して，各国の年金規制当局は積立ルールの規制を厳格化したが，その規制には金融機関向けに開発された最新のリスク感応的 (risk-sensitive) な考え方が採り入れられた．資産・負債とも市場価値の評価に近づけることがその一つである．

そもそも，各国の確定給付年金の企業年金規制の根幹をなすものは，約束した年金給付の履行であり，このためには年金債務に見合う積立金を確保させることが必要である．このため，最低積立基準を法律によって規定する．それを下回ると，一定期間で回復する義務を企業に課す．日本では，非継続基準の積立基準が設けられている．

リーマンショックの後，この積立基準の年金債務評価が経済価値ベースに厳格化される動きが各国に広がった．米国における 2006 年の**年金保護法** (Pension Protection Act) では，積立目標基準となる年金債務評価の割引率を，過去 24 か月の優良社債のイールドカーブにもとづく 3 つのセグメント (6 年未満，6 ～ 20 年，20 年以上) の率とする規制が導入され，年金債務の市場評価に近づいた．英国の 2004 年の新年金法で**年金規制機構** (The Pension Regulator) と年金保護基金が新たに設置された．財政積立基準としては，事業主と受託者が合意した制度固有の積立基準を設定するが，年金規制機構によって会計基準 (FRS17) による債務ないし年金保護基金のリスクベースの債務の間にあるトリガーポイントを下回ると介入することとされた．トリガーとなる債務は測定時点のイールドカーブを反映しているので，実質的には負債経済価値が最低基準となっている．欧州大陸のスウェーデン，デンマーク，オランダなど一部の国では規制上の年金債務評価にイールドカーブを使用している．スウェーデンの財政基準 (2004) では，企業年金の割引率として「国債とスワップレート」の平均値を用いている．デンマークにも同様の規制がある．オランダの FTK では，スワップレートの調整を行ったレートを監督当局 (オランダ中央銀行) が公表し，それを割引率として使用するように規制している．

8.2　ベイダー-ゴールド論文

米国では，年金危機に軌を一にするように2003年ごろから年金アクチュアリー周辺で，時ならぬ大論争が湧き起こった．金融財務論の専門家から提起された,「現行のエリサ法にもとづくアクチュアリー実務は現実の年金財政を歪めている」との批判を巡って，現行実務を正しいとする年金アクチュアリーと改革論者との間に激しい議論の応酬が交わされたのである[2)]．そもそもは，**ローレンス・ベイダーとジェレミー・ゴールド**が著した「年金アクチュアリー実務を再生する (Reinveting Pension Actuarial Science)」という，挑戦的なタイトルの論文に端を発したものだが，この論争は年金の財政運営の本質と会計，金融財務論の関係を再考するのにうってつけの演習問題である．そこで本節では，新しい年金数理の行方を考察する上で格好の材料としてこの問題を採り上げる．

ベイダーとゴールドによる論文の概要は以下のようなものである．

> 1974年のエリサ法は，アクチュアリアルな年金モデルの発展を阻害した．この凍結したモデルには勃興してきた金融経済学を採り入れることが不可能であったため，モデルの中に基本的な誤りが現れることになった．金融経済学の教えに反し，アクチュアリアルな年金モデルはリスクの市場価格 (リスクプレミアム) を反映しない期待結果を想定する．そこで，結果であるリスクのある分布を**平滑化**や**償却**によってカモフラージュする．この誤った年金モデルは，年金制度の利害関係者に対し，広範な影響があるが，滅多に認識されることのない損害を引き起こしている．この論文では，その誤りと害悪を描く．年金制度と専門性の存在理由を守るために，私たちはアクチュアリーに対し，モデルを精査し再設計するように促したい．新しいモデルは市場価格の範型とファイナンスでは急速に世界的に最低限の標準となりつつある報告の透明性を組み込む必要がある．

---

2)2003年6月にカナダのバンクーバーで開催されたシンポジウムは，そのタイトルもずばり「大論争：金融経済学から見た現行の年金アクチュアリー実務」というものであった．

この文章からわかるように，彼らは，アクチュアリー実務の中で慣習的に行われている評価手法が時代遅れであり，金融経済学の最新の成果を採り入れて新たな段階に進化させるべきであるという信念を主張している．なぜなら，現在のアクチュアリー実務は，年金財政の真の姿を押し隠し，害悪を撒き散らしているからであるというのである．特に批判の矛先は，予定利率の決定に関する米国アクチュアリー会の実務基準 **ASOP27**[3] とさまざまな平滑化や償却の実務に向けられている．

彼らの論文は 3 つの部分に分かれている．

I では，金融経済学からの知見から得られる 5 つの原則について述べる．II では，現行のアクチュアリー実務がこの原則に違反している 6 つの事実を挙げる．III では，モデル変更への檄文である．

I の金融経済学から得られる原則は，M&M (モジリアニ–ミラーの定理) や **Black-Scholes** モデルに代表される，無裁定の証券市場における価格理論などの金融経済学の最新の成果から得られたものである．特に，年金制度に適用すべき原則を標語的にまとめたものが以下の 5 原則である．これらの理論的背景については次節で説明することにして彼らの主張を聞いてみることにしよう．

金融経済学の原則

原則 1：債券の 100 万ドルは株式の 100 万ドルという同じ価値を持つ．

原則 2：公正に市場で取引される証券やポートフォリオの売買は時価で行われる．

原則 3：市場取引の当事者は，関連する資産・負債時価の現在の完全情報が得られる．

原則 4：負債は，参照資産が流動的で厚みのある市場で取り引きされるときの価格で評価される．参照資産 (あるいはポートフォリオ) は，当該負債に金額，タイミング，および支払いの確率が

[3] 2.2 節で述べたように，アクチュアリーは予定利率として年金資産の期待運用収監率を使用することが多く，ASOP27 はそれを認めている．日本をはじめ，各国で同様の実務基準が採用されている．

一致するキャッシュフローを持つ資産 (あるいはポートフォリオ) である.

原則 5：リスクの負担と報酬の獲得は個人が担っており，企業や団体ではない.

いずれも金融経済学では常識となっている事柄である.

原則 1 は，誰でも当然と認める事実である．しかし彼らは，年金アクチュアリーの実務がこの原則に合っていないという．たびたび，これからも引用される例として，それぞれ 100 万ドルの年率 5%の期間 10 年の割引国債 (ゼロクーポン債) と，期待収益率 10%の **S&P500** の株式ポートフォリオを考えることにしよう．このとき，10 年後の期待将来価値は債券では 1629000 ドルであり，株式では 2594000 ドルとなる．しかし，現在価値はそれぞれ 100 万ドルで同一である．これはどうしてかというと，株式のリスクが高いことを反映して高い割引率が適用されているためである．つまり正しくリスクを反映した結果なのである.

ところが，年金アクチュアリーの実務では，年金資産のポートフォリオの期待収益率を年金債務の割引率として適用することが行われている．このようなことが許されるなら，証券会社はあなたに次のようなスワップ (交換) 取引を勧めることだろう．10 年後に現在 100 万ドルの S&P500 インデックス・ポートフォリオの終価を支払うかわりに，割引国債の終価を受け取る取引である．あなたはこれにいくら支払うべきだろうか？　もちろんゼロであるべきである．ところが，年金債務の評価はリスクを考慮せず，あたかも年金負債が無リスクの資産によって手当てできるかのごとき計算をしているのである.

原則 2 には，もちろん例外がいくつもありうる．しかし，原理的にはそうでなければならない．ふたたび，債券と株式の 100 万ドルのポートフォリオを考えよう．株式が将来上がると信じている人は債券 100 万ドルを株式 80 万ドルと交換しても良いと思うかもしれない．しかし，市場価格では株式は 100 万ドルなのだから，結局 80 万ドルで交換した人は騙されたことになる.

原則 3 は，透明で適時適切な情報開示が原則 2 を成立させるための必要条件であることを述べている.

原則 4 は, 年金負債の評価方法について述べたものである. ここには**参照資産**の概念が登場する. 年金負債は, 社債などの企業債務に類似している. 企業債務の公正価値は, 負債の返済によるキャッシュフローを類似の信用度を持つ債務の割引率を適用して現在価値を求めることによって評価できる. 年金債務も, 年金資産による担保を考慮した上で同様の計算をすればよい. 年金受給者に 10 年後に 1629000 ドルの支払いを約束するのと, 金融機関に同額の支払いを約束する点が異なるだけの 2 企業に対し, 投資家は同一の評価を下さざるを得ないであろう. ところが, アクチュアリアルな年金モデルはまったく異なる手法をとる. アクチュアリー実務基準 ASOP27 によると, 年金制度のキャッシュフローは年金資産の期待収益率で割り引くことを認めている. したがって, 株式の期待リターンを 10%とすると, 株式のみで運用されている年金制度では 10 年後の 1629000 ドルの支払いは 628000 ドルの現在価値となり, 年金制度が完全積立であるという評価となってしまう. 年金資産のポートフォリオがどうであっても年金負債の価値に影響するはずはない. 負債をヘッジできる参照資産の価値が負債価値であるべきだ, というものでもある.

原則 5 は, 年金基金や会社というものはリスクの担い手ではない, という単純な事実を忘れがちであるため敢えて注意したものである. 公的年金のリスクの担い手は税金 (や社会保険料) を負担する国民であって政府ではない. 私的年金の場合には, 株主ないし従業員が負担しているのである. したがって, リスクプレミアムは最終的なリスク負担者である国民, 株主, 従業員に帰属する.

以上の 5 原則に対し, 彼らは, 現行のアクチュアリー実務が金融経済学の原則に違反する点を 6 つ挙げ, それからもたらされる弊害について批判する.

アクチュアリー実務の原則に対する違反

違反 1: リスクを将来世代に移転すること.

違反 2: 報酬の意思決定のときに年金を過小評価すること.

違反 3: アクチュアリアルないし会計手続きが運用の意思決定を歪めること.

違反 4：架空の数理的利益が実際の経済的損失を隠してしまうこと.
違反 5：平滑化によるリスクの隠蔽.
違反 6：延長された償却.

違反 1 は，さきほどの例に挙げた完全積立の場合から説明する．2 つの世代があるとする．第 1 世代の株主のときに，会社は，10 年後の年金のために 100 万ドルの賃金に相当する財源を年金に振り替えるものとする．ASOP27 は，株式運用に対して年金債務を 628000 ドルと評価し，完全積立であると認識する．その結果，この世代には 372000 ドルの利益が生じるので株主は配当その他の恩恵を受けられる．さて 10 年後，期待リターンは予想どおりの 10%のリターンが実現し，めでたく 1629000 ドルの資産価値となったとしよう．第 2 世代はそれで損得なしといえるだろうか．そんなことはない．株式のリスク負担は実は第 2 世代に移転してしまっているので，たまたま 10%であったから良かったのであり，もし全額債券で運用した場合と比較すればトリックはすぐに認識できるだろう．すなわち，架空の評価益が第 1 世代に計上され，彼らの懐に入ってしまったのである．このように，アクチュアリー実務が世代間のリスク負担の中立性に悪影響を及ぼしているのである．

違反 2 も，上と同様の議論で賃金 100 万ドルが年金 628000 ドルに化けてしまっており，その財源を報酬引き下げ幅圧縮に使うと，次世代の株主や従業員にしわ寄せが行くことになる．

違反 3 は，資産運用への悪影響である．ASOP27 のような予定利率の決定方法はリスクの市場価値という考え方を採り入れていないので株式のようなリスク資産の組み入れに対し強いバイアスを有している．金融財務論の立場では，企業がとるリスクは企業全体で考えればよいのであって年金でなくとも良い．むしろ，年金では税効果などの要素がなければ全額債券で運用するほうが良いというのが標準理論の結論となっている．

違反 4 は，年金財政上の数理的損益が架空のものであって，実際の経済的損失を隠蔽しているという批判である．著者は，その好例として，**年金債務債券** (POB) について年金アクチュアリー実務の誤りを指摘する．

POB は，州ないし市が公務員年金の積立不足を調達するために 1980 年代以前には非課税債券として発行されていたものである．非課税だが国債より低い利回りの債券で内外投資家が購入していた．州や市の年金は発行した債券で調達した資金を国債に投資することにより裁定利益を得ることができ，またリスク証券への投資でさらに利益をあげることも可能であった．ところが 80 年代の税制改正により非課税で発行ができなくなった後でも，POB の発行が相変わらず続けられた．発行レートは国債よりも高く，国債で運用すると明らかに経済的損失を被ることがわかっているのにである．実際には国債を上回る率で調達された資金は，年金基金によりリスク資産に投資された．ところがアクチュアリー実務での予定利率はリスク資産で運用していたため高く設定され，POB の借り入れ金利より高かったため，許容されたのであった．このようにして，経済的損失が明らかな取引が堂々と行われていたのである．

違反 5 は，アクチュアリー実務 (あるいは年金会計にもよく現れる) 資産価格の平滑化や数理的損益の償却などの実務処理の弊害である．このような人工的な処理は，年金財政に内在するリスクとリターンの真実の姿を隠蔽する役割を果たしているにすぎない．アクチュアリーは，年金基金は長期的な主体であり，短期の変動による誤差は均した方が長期的視点に立つ財政の本質をつかみやすいと言う．しかし，企業は日々の事業によって評価されるべきものである．よしんば長期的視点を認めるにしても，株価に強い平均回帰性があることを証明できない限り，平滑化手法は正当化できないであろう．少なくとも平滑化のような処理はアクチュアリアル・サイエンスの本質と捉えるべきではなく，単なる伝統的な実務処理という位置づけにすべきである．

違反 6 は，償却計算についてである．金融経済学の立場では，数理的な損益や制度改正による増額は即時に認識すべきである．アクチュアリー実務では，このような場合，一定期間での償却を認めている (遅延認識)．現行積立方式を容認する立場の人でも償却期間が長すぎるし，毎年給付が改定されるような制度では未償却債務が永久に解消できない場合まである．

以上の I, II の事実から III では，古くて使い物にならなくなったアクチュアリー実務に金融経済学の原理を採り入れて早急に再生を図るべきである，というのが彼らの主張である．

8.3 金融経済学における年金モデル

この節では，ベイダー–ゴールド論文のもとになった金融経済学による年金財政モデルの特徴を詳細に検討することにする．要点は、年金基金は単体ではなく会社モデルの中でとらえるべきであるということである [4]．

8.3.1 金融経済学のコーポレート・モデル

金融経済学は，文字通り経済学，それも金融に関連する一連の個人や企業の資金の調達，貯蓄，投資を研究対象とするミクロ経済学の一分野である．年金ファイナンスは金融経済学の一部を構成する．金融経済学には,「企業金融(コーポレート・ファイナンス)」と「資産価格理論とポートフォリオ選択」の 2 つの分野があるが，年金ファイナンスは前者に深く関わっている．

金融経済学の指導原理は,「**無裁定**」というキーワードにまとめられる．これは通俗的には，“no free lunch”(タダの飯はない) とも言われるように，投資においてリスクをとらないで利益を得ることはできないということを標語的に述べたものである．まったく同じキャッシュフローを得られる 2 つの証券があり，一方の価格が高ければ，その証券を空売りして，その代金で別の証券を買うことができれば，リスクなしに利益が得られたので「裁定機会がある (無裁定ではない)」ことになる．

年金ファイナンスを理解するためには，まず企業金融の基礎と言うべきモジリアニ–ミラー (Modigliani–Miller) の理論を理解する必要がある [5]．この理論では企業を，それ自体が自立した主体とは考えない．むしろ企業とは株主が財やサービスを生産するための資本の**導管体**と考える．資本の決定は企業が行うのではなく株主が行うとする．

この理論の最も重要な結論の 1 つは，完全市場の下では企業の貸借対照表上の資本構成によって株価は影響を受けないという命題である．ここで，完全市場とは，以下の 4 つの前提条件を満たすものである．

---

[4] 巻末の [21] 米国アクチュアリー会の文書を参照．

[5] 1958 年の “*The Cost of Capital, Corporation Finance and The Theory of Investment*”(資本と企業財務のコストと投資理論) が記念碑的な論文である．

(1) 税金が存在しない (法人税も投資課税もない).
(2) 倒産がなく，その他の契約コストもかからない.
(3) 投資家はいつでも，必要とするいかなる情報も入手できる.
(4) 投資の意思決定は企業の資金調達手段によって影響を受けない.

逆に言えば，株価は上の条件が満たされない場合には影響を受ける可能性が生ずるということになる．まず，現実には税金や倒産が存在する．また情報の入手にはコストがかかるし，すべての情報が得られるわけではない．さらに，経営者と株主の利害不一致から生ずるコスト (エージェンシー・コスト) を考える必要があるかもしれない．**エージェンシー理論**は，**プリンシパル・エージェンシー問題**と呼ばれる議論から生まれた．企業が単に株主の経営意思を実施する導管体にすぎないのであれば，経営者はその経営意思を代理する**代理人**ということになる．この役割分担がうまく行けばよいが，経営者が株主の利益よりも自身の利益を優先する場合には摩擦が生ずる．これは企業の業績に影響を与え，エージェンシー・コストを発生させることになる．年金基金の場合には，アクチュアリーなどの専門家は経営者のために働くため，株主の利益を最優先に考えないかもしれないことや，年金の管理者が株主の利益よりも年金基金の利益を優先することなどが考えられる．

年金ファイナンスは，企業金融の立場から見ると以下のような見方が生まれる．

- 年金基金はそれ自体が自立しているものではなく，単に株主に代わって受給者に年金を支払う仲介機関である．株主から見ると，年金基金だけを見て分析することはできない．
- 企業金融の立場からは，年金基金が「長期投資機関である」とか「長期的視点を持つ」という言い方には意味がない．
- 完全市場の前提 (1 次効果) では，年金基金の資産配分は株価に影響しない．株主は，年金基金の資産配分がどうであろうとも，企業の資産配分を調整することができる．

- 完全市場を前提としなければ (2 次効果)，いろいろな可能性がある．例えば，税金を考慮すると年金基金はすべて債券で運用すべきであるという結論になるかもしれない．

以下，簡単なモデルを使って年金ファイナンスの考え方を説明する．

まず，企業金融においては年金制度と企業は一体のものと見做し，いわばその企業の子会社のように連結した貸借対照表で議論する．企業が従業員に対して年金制度を提供すると，企業は年金の支払義務を負うことになる．これは年金規定で約束した期間中，企業が債務を保有するということである．例えば，企業は銀行借入や社債の発行という「負債の発行」という手段で資金調達を行うが，年金制度の設立はあたかも従業員に対し年金債務と言う負債を発行したと考えるのである．

こうして年金ファイナンスでは，企業と年金の貸借対照表を合わせた統合貸借対照表で考えることになる．株主にとっては年金基金も企業同様の導管体にすぎないからである．

さて，完全市場の前提では年金制度があっても，またその年金資産がどう運用されようとも株価には影響しない．これは M&M の命題そのものである．それでは，税金がある場合にはどうなるだろうか？　今，企業が株式の値下がりで 100 億円の損失を被ったとする．法人税率を 35%とすると，経常利益が十分ある会社なら実際の損失は 65 億円 (100 − 35) で済むことだろう．これを税効果による利益と考えることができる．同様に，年金制度で 100 億円の利益が上がったとしても企業には実質的には 65 億円分の利益しかないことになる．次の事例を考えよう．

- 企業 A の貸借対照表には 1000 億円の資産と 900 億円の負債，100 億円の資本がある．
- 企業 A には年金制度があり，年金資産 500 億円はすべて株式に投資している．年金負債は 480 億円である．
- 企業 A の発行済株式はすべて個人投資家集団 B が保有しており，それを含めてBの投資総額は1兆円ある．

- 個人投資家集団Bは資産ポートフォリオを常に株式50：債券50を保つようにリバランスする．

さて，この企業の年金基金の税引前の貸借対照表から税引後の仮想的な貸借対照表を作って，統合貸借対照表を作成してみよう (図 8.5)．法人税率を35%とすると税引後は年金資産が325 $(= 500 \times 0.65)$ 億円，年金負債は312 $(= 480 \times 0.65)$ 億円で剰余金は13億円である．これと企業の貸借対照表と合算すると資産は1325億円，負債は1212億円となる．これを投資家集団Bの立場で考えてみよう．Bは企業Aを所有しているのであるから，その年金資産 (負債) も所有している．もし年金制度の資産を株式100%にした場合には，年金資産325億円 (税引後) が株式になるが，Bとしては手持ちの株式を4675

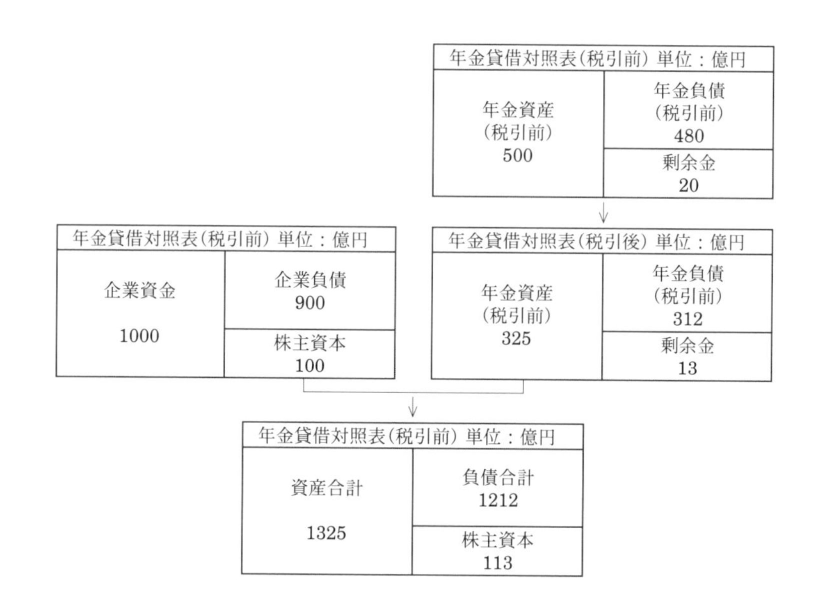

図 8.5　企業Aの統合貸借対照表

億円とすれば，合わせて株式保有は 5000 億円となり，債券 5000 億円と合わせて 1 兆円の資産となり，株式：債券の比率は 50：50 である．

逆に，年金制度の資産を債券 100%にした場合には，年金資産 325 億円 (税引後) が債券になるが，B としては手持ちの債券を 325 億円売却し 4675 億円とすれば，合わせて株式保有は 5000 億円となり，債券 5000 億円と合わせて 1 兆円の資産となり，株式：債券の比率は 50：50 である．

したがって，年金資産を株式で運用しても債券で運用しても投資家集団 B にとって何ら影響はないことがわかる．

しかし，個人の投資課税を考慮すると事態が変わってくる．これからは，個人投資家にとって直接株式を保有するよりも，企業年金の資産として株式を保有する方が有利なのかを検討することにする．下の表は，株式と債券の個人投資税率と期待リターンの前提であり，以下の計算例の基礎となる．

個人投資税率	期待リターン
株式・・・15%	株式・・・10%
債券・・・40%	債券・・・・5%

ここでは年金制度が保有する債券のリターンに対しても，個人投資税率 15%が適用されるものと仮定する．この前提で個人投資家の税引後利益を計算したのが次ページの 2 つの表である．

この表からわかることは，年金資産を株式で 100%運用すると債券で 100%運用した場合に比べ，毎年，税引後で 4 億円程度不利になることがわかる．この金額は 1 兆円の 0.04%にすぎないとは言え，リスクなしに裁定機会が生ずるという点では金融経済学の視点から見ると無視できない効果がある．

●年金資産：100%株式

年金制度	保有金額	税引前収益	税額	税引後収益
株式	325	32.5		
債券	0	0		
合計	325	32.5	(4.9)	27.6
直接保有	保有金額	税引前収益	税額	税引後収益
株式	4675	467.5	(70.1)	397.4
債券	5000	250	(100)	150
合計	9675	717.5	(170.1)	547.4
総合計	10000	750	(175)	575

●年金資産：100%債券

年金制度	保有金額	税引前収益	税額	税引後収益
株式	0	0		
債券	325	16.3		
合計	325	16.3	(2.4)	13.8
直接保有	保有金額	税引前収益	税額	税引後収益
株式	5000	500	(75)	425
債券	4675	233.8	(93.5)	140
合計	9675	733.8	(168.3)	565
総合計	10000	750	(170.9)	579

このようなモデルは，現実をどの程度，捉えているのだろうか．税金の存在は，年金基金は債券100%で運用する方が株主にとって有利であることを導き出した．その他の前提条件は以下のようなものであった．

- **透明性**：株主は企業の資産，負債を正しく評価できる．
- **企業価値評価**：株主は企業価値を資本市場を参照することにより経済的な評価ができる．

- **リスク**：投資家はリスク許容度にもとづき合理的にポートフォリオを変更する.
- **倒産**：年金の積立が十分であるか，積立不足であっても企業の財務能力でカバーできるので，約束した年金の支払が可能である.

しかし，このような前提条件は現実世界ではほとんど満たされることはない.

透明性に関して言えば，退職給付会計による利益は資産評価の平滑化や回廊ルールなどにより当期利益を正しく評価したものではないので，株主が公正価値にもとづく資産，負債の評価額を知ることはできない.

企業価値評価も退職給付会計が歪みをもたらしている．例えばFAS87では，高めの長期期待収益率を使用することにより架空の利益計上の嵩上げができる会計基準となっているため，経済的に合理的な企業評価ができない仕組みとなっている.

また，投資家は必ずしも合理的に投資の評価を行っているわけではない．たとえ歪められた利益であっても，ほかの投資家がそれを信ずる限り株式を買うことがある．年金について言えば，資産評価の平滑化や回廊ルールなどは年度間の収益を平均化する効果があり，リスクの評価を歪めることになる.

実際には，どんな大企業でも倒産 (デフォルト) の可能性がある．デフォルトが存在するときには，M&M 理論はそのままでは成り立たなくなる．米国では年金給付保証公社 (PBGC) と呼ばれる年金給付支払保証制度が存在するが，一部の金融経済学者は支払保証機構が存在する場合には，積立不足の年金基金はすべて株式で運用することが企業価値を最大化すると論じた．これについては積立の節で取り扱うことにする.

8.3.2 年金負債

年金アクチュアリーの主要な仕事は年金債務の評価にある．ところが今まで見てきたように，年金ファイナンスでは年金債務の市場価値評価に焦点を当ててきた．しかし，年金ファイナンスでは市場価格を含む，以下の 3 つの債務の計算を取り扱う.

- **市場負債**：取引可能な証券で複製された**参照資産ポートフォリオ**の価格として評価される債務．参照ポートフォリオは年金債務のキャッシュフローの (符号が異なる) 金額，時期，発生確率と一致する資産ポートフォリオである．
- **ソルベンシー負債**：無リスク資産のみで構成された**ディフィーザンス・ポートフォリオ**の市場価格として評価される債務．ディフィーザンスとは，債務を実質的に返済できるだけの金銭価値を表す．
- **予算負債**：現在のアクチュアリー実務や会計基準で使われている責任準備金をいう．

年金アクチュアリーにとっては，予算債務が最も馴染みがあり，保険料の決定に用いている．市場債務は，割引率として市場金利を使った ABO に近い概念となる．ソルベンシー債務は割引率として無リスク金利を使った ABO に近い概念となる．これからは主に市場債務について考察してゆくことにしよう．

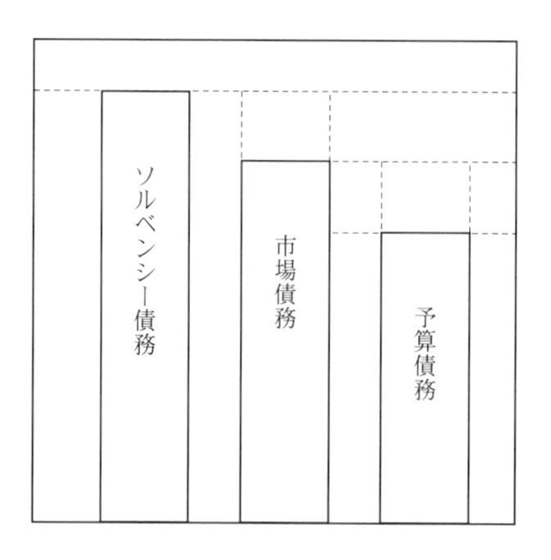

図 8.6　年金負債の 3 つの概念

企業 A がある社債を発行している状況を考える．期間は 10 年間で 100 億円を毎年 2 億円ずつの利息を支払い，満期時点で 100 億円を支払うとする．仮にこの企業の信用度にもとづく金利の期間構造がどの年限でも 2%であったとすると，ちょうど 100 億円が現在価値となる．

もし，社債でなく年金給付が期間は10年間で100億円を毎年2億円ずつを支払うキャッシュフローであった場合には，これをどう評価すべきだろうか？金融経済学の立場ではまったく同じキャッシュフローを提供する負債(あるいは資産)は社債でも年金給付でも同じ評価を行うべきであるということになる．社債は，社債を購入した投資家(債権者)に対する債務であるが，年金給付は従業員に対する債務である点が異なるだけである．

年金アクチュアリーは予定利率をしばしば年金制度の保有資産の期待収益率と定め，それを割引率としてキャッシュフローの割引計算を行ってきた．しかし，金融経済学の立場では，年金負債は資産の収益率で割り引いて決定すべきではなく，企業が発行する社債と同様に企業の信用度にもとづいた市場金利で割り引くべきであるということになる．それでは資産はどのような役割を果たすのだろうか．資産は負債を決済するときの担保として用いられるのである．したがって，資産は市場負債の割引率の信用度に反映することになろう．しかし，非積立制度であっても企業が負債の決済を約束していれば，企業の信用度が割引率に反映されることになる．

以上は年金負債を単純化しすぎた捉え方であるという批判があるかもしれない．実際には年金負債は社債ほど単純な負債ではない．まず年金負債のキャッシュフローは確定債務ではない．年金負債は，死亡率，退職率，賃金上昇率など確率変動を伴う状態変数に依存する条件付債務となので，その評価は簡単ではない．さらに，このような特徴から，年金負債は市場にある金融商品では完全には複製ができない(非完備)ので，市場価格を一意に決定することはできない．にも拘わらず，市場負債の考え方は企業の負債の捉え方と整合的であるため，年金アクチュアリーは予算負債との相違についてよく理解して説明できるようにしておかなくてはならない．

市場負債とソルベンシー負債の相違はデフォルト・リスクを考慮するかどうかの違いであり，その結果，ソルベンシー負債のほうが大きくなる．

最後に，現在の会計基準では年金負債をPBOで評価しているが，金融経済学の立場ではABOで評価するほうが合理的とされる．その根拠は，

(1) PBO評価では，従業員が現在給与にもとづく給付しかもらえないにも

拘わらず，株主は給与上昇率も含めて年金費用を捉えることには矛盾がある．

(2) 制度終了のときには，従業員はその時点での給与にもとづく給付しかもらえないのに，PBO で評価しているとその差額が企業の利益となってしまうので ABO を超える部分は負債とすべきではない．

ということである．

8.3.3 積立

年金制度の積立状況は金融経済学の立場からはどのように解釈されるのであろうか．再び，企業と年金制度の統合貸借対照表を例にとって説明することにしよう．

年金負債は，前と同様に 480 億円だが，年金資産が 500 億円から 460 億円に減少した状況を考える．すなわち 20 億円の積立余剰から 20 億円の積立不足に転じたことになる．この場合，再び法人税率を 35%とすると，税引後は年金資産が 299 $(= 460 \times 0.65)$ 億円，年金負債は 312 $(= 480 \times 0.65)$ 億円で不足金は 13 億円である．これと企業の貸借対照表とを合算すると資産は 1299 億円，負債は 1212 億円となる．また，資本は 87 億円に減少する．統合貸借対照表 (図 8.7，次ページ) で見る限り，積立不足であっても企業の資本の担保がある限り問題はないように思われる．

しかし，もし第三者が年金基金に貸付を行う場合を考えよう．このとき年金基金が積立不足であると，年金基金を単体と見ると信用度はスポンサーの企業より低いと見做されるため，企業への貸付より高い金利を要求するかもしれない．したがって，年金基金は完全積立にしておくほうが良いと考えられる．これは簡単で，企業が積立不足分の 13 億円を年金基金に拠出することで達成される．統合貸借対照表 (図 8.8，次ページ) で考えれば結果は，資産は 1299 億円，負債は 1212 億円，資本は 87 億円と同じである．株主の立場からは，完全積立にしておいたほうが税効果を享受できることは，前述の議論の通りである．

これは，金融経済学における (米国の PBGC のような) 支払保証制度がない場合の積立の解釈であるが，支払保証制度が存在する場合には結論が変わっ

年金貸借対照表(税引前) 単位：億円	
年金資産(税引前) 460	年金負債(税引前) 480
不足金 20	

↓

年金貸借対照表(税引前) 単位：億円	
企業資金 1000	企業負債 900
	株主資本 100

年金貸借対照表(税引後) 単位：億円	
年金資産(税引後) 299	年金負債(税引後) 312
不足金 13	

↓

年金貸借対照表(税引前) 単位：億円	
資産合計 1299	負債合計 1212
	株主資本 87

図 8.7　企業 A の統合貸借対照表 (積立不足を放置した場合)

年金貸借対照表(税引前) 単位：億円	
年金資産(税引前) 460	年金負債(税引前) 480
不足金 20	

↓

年金貸借対照表(税引前) 単位：億円	
企業資金 1000	企業負債 913
	株主資本 87

年金貸借対照表(税引後) 単位：億円	
年金資産(税引後) 312	年金負債(税引後) 312
不足金 0	

↓

年金貸借対照表(税引前) 単位：億円	
資産合計 1299	負債合計 1212
	株主資本 87

図 8.8　企業 A の統合貸借対照表 (積立不足を解消した場合)

てくる可能性がある．支払保証制度の保険料が安い事業主にとっては，年金制度でリスクをとることによって高いリターンを上げれば利益を上げることができるし，失敗すればツケを支払保証制度に押し付けることによって事業主の負担を小さくできる可能性がある．このようなモラルハザードを惹起しないような年金政策の問題の分析も金融経済学の課題の 1 つである．

8.3.4 年金運用

金融経済学の分析によれば，株主にとっては，年金運用で長期的に高いリターンを年金基金が獲得することは目的ではなく，むしろ企業金融の中で運用収益を高くすることが重要であることを主張している．株式のリスクプレミアムを求めることは年金運用の目的ではない．税金が存在する環境の下で株式運用をするのであれば，運用益が非課税の年金基金で運用するのではなく企業自身が運用するほうが望ましいということになる．

しかし，年金基金がリスクテイクすることが株主にとっても正当化できる可能性のあるリスクが少なくとも 3 つある．ただし，いずれも確固たる根拠があるわけではない．

- **金利リスク (ALM リスク)**：確定給付年金の**デュレーション**は 12 年から 15 年程度と考えられている．すなわち金利 1%の変動で負債価値が 12 年から 15 年程度も変動することを示している．もし，年金負債の規模が企業の貸借対照表に比して相対的に大きければ，金利変動リスクは企業財務に影響を与える可能性がある．このリスクを削減するためには企業や年金基金の資産のデュレーションを長くしたり，あるいは**金利スワップ**を利用して，ミスマッチを縮小するような戦略をとる必要がある．金利リスクをとって高いリターンを目指す戦略をとっても税制によっては必ずしも株主の利益にはつながらない恐れがあるので，このような戦略は必ずしも望ましくない．
- **信用リスク**：高利回りの低格付け社債は，株主にとってはコストが高いため避けるべきである．

- アルファ：個人投資家に比べ，年金基金は資産規模などのおかげでベンチマークより高いリターンを上げることが容易であるとされているが，多くの金融経済学者はこのような主張には懐疑的である．

8.4 年金とアクチュアリーの将来像

老後を支える年金制度の柱は公的年金であり，その補完として企業年金や個人年金がある．一般に，老後の所得保障の水準は現役労働者の賃金水準との相対関係 (所得代替率) で決まり，日本の場合は現役世代の少なくとも 50%程度を確保することを目標としている．しかし，老後所得は現役世代の 70 ～ 80%程度が望ましいとされ，そのギャップである 20 ～ 30%は，企業年金や個人年金などの私的年金や預貯金の取り崩しで賄うことが理想である．2004 年の公的年金改正前には 60%程度の代替率であったので，私的年金への期待は高まっている．

ところが，今まで見てきたように，企業年金の中核であった確定給付制度の地位は大きく低下してきている．企業年金制度は，それぞれの国の法制，文化，また労働市場やビジネス慣行と深く結びついており，一つの将来像を描くことは難しい．しかし，確定給付制度から確定拠出制度への移行という大きなトレンドは，強弱はあるが今後も変わらないだろう．また，確定給付制度もCDC やキャッシュバランスのような「柔軟な給付」へと変貌してゆく傾向も変わることはないであろう．年金アクチュアリーは，確定給付制度の下で職務を遂行してきたため，確定給付制度の地位低下は逆風となる．この状況の下で，年金アクチュアリーに求められるものは何であろうか？　一つは，年金制度のリスク管理への積極的な関与である．確定給付制度でリスク対応掛金やリスク分担型制度が導入されるようになったが，運用リスクをはじめとしたリスクの管理はますます重要になり，制度設計における事業主と従業員，受給者に対する適切なアドバイスは決定的に重要になるだろう．また，確定給付制度をCDC に転換する検討過程にも大きな役割を果たすことができるだろう．また，企業型 DC の欠点を緩和するために，英国で検討されたような合同運用ファンドを設定し，CDC 化するというアイデアも有力な選択肢かもしれない．ここでもアクチュアリーは大きな役割が期待される.

以上のような方向性について論じた文献として，日本年金数理人会が公表した報告書「企業年金の長期的財政運営について——資産運用市場の変容とリスク管理の高度化」(2009 年 4 月) がある.

報告書では，金融経済学の知見を採り入れた「年金負債の市場整合的な評価」をベースとした新しい年金数理と重要なリスク管理のツールであるリスク対応掛金に繋がる提言を行っている．日本では年金の普及のために個人型 DC (iDeCo) を推進している．しかし，どこの国でも課題となるのは，低所得者への年金の普及の問題で，特に英国では試行錯誤を重ねて全国民に開かれた低廉な年金制度 NEST を導入した．日本では，中小企業にも退職金制度が普及し，さまざまな共済制度もある．また，かつては厚生年金基金制度の中に総合型という同業者による年金制度も存在した．これらの制度の活用，再設計，統合などが今後の中小企業向けの制度の基盤となりうるものであると考えられる．その中で制度設計や運営の技術的サポートを提供することも，アクチュアリーが期待される役割の一つとなろう.

演習問題

8.1

金融経済学の立場から，企業にとって年金負債が社債と類似する点と相違する点をそれぞれ挙げ，その理由を説明せよ．

8.2

ベイダー-ゴールド論文の主張のように，規制や市場慣行が適正な価格形成に影響があると考えられている事例を挙げよ．

8.3

金融商品の評価では，リスクのある証券にはリスクに対応する報酬 (リスクプレミアム，リスクの市場価格) が要求される．年金負債の評価において負債の割引率のリスクプレミアムをどのように捉えたらよいか考察せよ．

8.4

支払保証制度がある場合には，積立不足の年金制度は債券 100%で運用することが必ずしも有利であるとは限らないということを，統合貸借対照表を用いて説明せよ．

8.5

負債指向投資 (LDI) を実施する場合に考えられる問題点を列挙し，それぞれの解決の方策について論ぜよ．

Appendix

A.1　演習問題の解答

以下では第 2 章から第 6 章までの演習問題の解答を掲載している．(付記：初版刊行時には，九州大学の落合啓之氏に誤植等を指摘いただきました．記して感謝いたします．)

第 2 章の演習問題

2.1

$i^{(m)} = m\{(1+i)^{\frac{1}{m}} - 1\}$ $(i > 0)$ が，m に関して単調減少であることを示す．$x = \dfrac{1}{m}$ とおき

$$f(x) = \frac{(1+i)^x - 1}{x}$$

の挙動を見ると，$\delta = \log(1+i)$ とおくと，

$$\begin{aligned} f'(x) &= \frac{\delta x e^{\delta x} - (e^{\delta x} - 1)}{x^2} \\ &= \frac{\left(\delta x + (\delta x)^2 + \dfrac{(\delta x)^3}{2} + \cdots\right) + \left(1 - 1 - \delta x - \dfrac{(\delta x)^2}{2} - \cdots\right)}{x^2} \\ &= \frac{\left(\dfrac{(\delta x)^2}{2} + \dfrac{(\delta x)^3}{3} + \cdots\right)}{x^2} > 0 \qquad (x > 0). \end{aligned}$$

また，

$$\lim_{x\to 0} f(x) = \frac{e^{x\log(1+i)}-1}{x} = \log(1+i) = \delta.$$

2.2

$$\begin{aligned} p_x &= \exp\left\{-\int_0^1 \frac{1}{a-(x+t)}dt\right\} = \frac{a-x-1}{a-x} \\ &\longrightarrow a = x + \frac{1}{1-p_x}. \end{aligned}$$

2.3

$$\mathring{e}_0 = \int_0^a (a-x)^2 \frac{dx}{a^2} = \frac{a}{3} = 80$$

となることから，平均年齢は

$$\bar{x} = \int_0^a x(a-x)^2 \frac{dx}{\left(\dfrac{a^3}{3}\right)} = \frac{a}{4} = 60.$$

2.4

$$\frac{d}{dx}\mathring{e}_x = \int_0^\infty \frac{\partial}{\partial x}\,{}_tp_x dt = \int_0^\infty {}_tp_x(\mu_x - \mu_{x+t})dt = \mu_x\mathring{e}_x - 1.$$

2.5

$\varepsilon = 1 - \min_t {}_tp_x$ とおくと，

$$\ddot{a}_x = \sum_{t=0}^\infty v^t\,{}_tp_x < \sum_{t=0}^\infty v^t(1-\varepsilon)^t \leqq \frac{1}{1-v(1-\varepsilon)} = \frac{1+i}{i+\varepsilon}.$$

2.6

$$\begin{aligned} A_x &= \sum_{t=1}^\infty v^t\,{}_{t-1|}q_x = \sum_{t=0}^\infty v^{t+1}({}_tp_x - {}_{t+1}p_x) \\ &= 1 + \sum_{t=0}^\infty \{(1-d)v^t\,{}_tp_x - v^t\,{}_tp_x\} = 1 - d\ddot{a}_x. \end{aligned}$$

2.7

$$\sum_{t=0}^{n} tv^t = v\frac{1-v^n}{(1-v)^2} - \frac{nv^{n+1}}{1-v}$$

を使って整理すると，

$$\ddot{a}_x = \sum_{t=0}^{100-x} v^t \frac{100-(x+t)}{100-x} = \frac{1}{d}\left\{1 - \frac{v}{d}\frac{1-v^{100-x}}{100-x}\right\}.$$

2.8

$$a_x^{(4)} = \frac{1}{4D_x}\sum_{y=x}^{\omega}\sum_{k=1}^{4}\left\{D_y - \frac{k}{4}(D_y - D_{y+1})\right\} = \frac{N_x - \frac{5}{8}D_x}{D_x}.$$

これに，死亡月に応じた $\frac{1}{12}$，$\frac{2}{12}$，$\frac{3}{12}$ の給付が同確率で発生するものとして，死亡したときの未払い年金の現価 $\frac{1}{6}\frac{\bar{M}_x}{D_x}$ を加える．

2.9

- (x) が生存中は (y) または (z) と共存していることを条件に，(x) は A を受け取る：$A(a_{xy} + a_{zx} - a_{xyz})$.
- (y) は (x) と共存している場合に B を受け取る：Ba_{xy}.
- (z) は (x) と共存している場合に B を受け取る：Ba_{zx}.
- (x) が死亡後，$(y), (z)$ が共存している場合に合わせて $A+B$ の年金を受け取る：$(A+B)(a_{yz} - a_{xyz})$.
- (y) のみが生存している場合，(y) は年金額 A を受け取る：$A(a_y - a_{yz} - a_{xy} + a_{xyz})$.
- (z) のみが生存している場合，(z) は年金額 A を受け取る：$A(a_z - a_{zx} - a_{yz} + a_{xyz})$.

これらを合計すると

$$A(a_y + a_z - a_{yz}) + B(a_{xy} + a_{xz} + a_{yz} - a_{xyz}).$$

2.10

$$10\ddot{a}_{x:\overline{10|}} + D\ddot{a}_{x:\overline{10|}} = \frac{10N_x - 10N_{x+10}}{D_x} + \frac{10N_{x+10} - S_{x+1} + S_{x+11}}{D_x}$$
$$= \frac{10N_x - S_{x+1} + S_{x+11}}{D_x}.$$

2.11

当初の人口は $L_0 = l_0 e_0$ だったが，出生数が α 倍になったとすると，t 年後の人口 L_t は，

$$\begin{cases} \alpha(l_0e_0 - l_te_t) = \alpha(l_0e_0 - l_0\,{}_tp_0e_t) = \alpha l_0(e_0 - {}_tp_0e_t) & (x < t), \\ l_te_t = l_0\,{}_tp_0e_t & (x \geqq t). \end{cases}$$

よって，総人口の増加率 β は，

$$\beta l_0e_0 = \alpha l_0(e_0 - {}_tp_0e_t) + l_0\,{}_tp_0e_t$$

より，

$$\beta = \alpha\left(1 - {}_tp_0\frac{e_t}{e_0}\right) + {}_tp_0\frac{e_t}{e_0} = \alpha + (1-\alpha)\,{}_tp_0\frac{e_t}{e_0}.$$

ここで，$\alpha = 0.5$，$t = 10$，$e_0 = 70$，$e_{10} = 65$ から

$$\beta = 0.5 + 0.5\left(\frac{130}{140}\right)\left(\frac{65}{70}\right) = 0.931.$$

よって，93.1%.

2.12

微分すると $\dfrac{d}{dx}\mathring{e}_x = -k$ が成り立つ．演習問題 2.4 より，

$$\frac{d}{dx}\mathring{e}_x = \mu_x\mathring{e}_x - 1$$

となることから，

$$\mu_x = \frac{1-k}{k}\frac{1}{\omega - x}.$$

よって

$$q_x = 1 - \exp\left\{-\frac{1-k}{k}\int_0^1 \frac{1}{\omega - x - t}dt\right\} = 1 - \left(1 - \frac{1}{\omega - x}\right)^{\frac{1-k}{k}}.$$

2.13

$$\ddot{s}_{\overline{n}|} = (1+i)^n \ddot{a}_{\overline{n}|} = (1+i)^n \frac{1-v^n}{1-v}.$$

これから,

$$\frac{1}{\ddot{a}_{\overline{n}|}} - \frac{1}{\ddot{s}_{\overline{n}|}} = \frac{1-v}{1-v^n}(1-v^n) = 1 - v = d.$$

2.14

① ${}_{n|}a_{\overline{n}|} = v^n \cdot a_{\overline{n}|}$: (○)

② $a_{x|y} = a_x - a_{xy}$: (×) ⟶ 遺族年金の公式は $a_{x|y} = a_y - a_{xy}$ なので誤り.

③ $\ddot{a}_\infty = i$: (×) ⟶ $\ddot{a}_\infty = \dfrac{1}{1-v} = \dfrac{1+i}{i}$.

④ $\ddot{a}^{(m)}_{\overline{n}|} = \ddot{s}^{(m)}_{\overline{1}|} \cdot \ddot{a}_{\overline{n}|}$: (×) ⟶ 正しい式は, $\ddot{a}^{(m)}_{\overline{n}|} = \ddot{a}^{(m)}_{\overline{1}|} \cdot \ddot{a}_{\overline{n}|}$.

⑤ ${}_{n|}\ddot{a}_{\overline{xy}} = {}_{n|}\ddot{a}_x + {}_{n|}\ddot{a}_y - {}_{n|}\ddot{a}_{xy}$: (○)

2.15

$$\begin{aligned}(x) : &\frac{2}{4}a_{xyz} + \frac{2}{3}(a_{xy} - a_{xyz}) + \frac{2}{3}(a_{xz} - a_{xyz}) + (a_x - a_{xy} - a_{zx} + a_{xyz})\\ &= \frac{2}{4}5 + \frac{2}{3}(6-5) + \frac{2}{3}(7-5) + (10-6-7+5) = 6\frac{1}{2}.\\ (y) : &\frac{1}{4}a_{xyz} + \frac{1}{3}(a_{xy} - a_{xyz}) + \frac{1}{2}(a_{yz} - a_{xyz}) + (a_y - a_{xy} - a_{yz} + a_{xyz})\\ &= \frac{1}{4}5 + \frac{1}{3}(6-5) + \frac{1}{2}(9-5) + (15-9-6+5) = 8\frac{7}{12}.\\ (z) : &\frac{1}{4}a_{xyz} + \frac{1}{3}(a_{xz} - a_{xyz}) + \frac{1}{2}(a_{yz} - a_{xyz}) + (a_z - a_{xz} - a_{yz} + a_{xyz})\\ &= \frac{1}{4}5 + \frac{1}{3}(7-5) + \frac{1}{2}(9-5) + (20-9-7+5) = 12\frac{11}{12}.\end{aligned}$$

2.16

① $\dfrac{1}{a_{\overline{n}|}} - \dfrac{1}{s_{\overline{n}|}} = i$: (○)

② $a_{xy} = a_{\overline{xy}} - a^{[1]}_{\overline{xy}}$: (○)

③ $I\ddot{a}_{\overline{n}|} = \left(1 + \dfrac{1}{i}\right) \cdot \ddot{a}_{\overline{n}|} - \dfrac{n \cdot v^{n-1}}{i}$: (○)

④ $Ia_{\overline{n}|} = \dfrac{\ddot{a}_{\overline{n}|} - (n+1) \cdot v^n}{i}$: (×) $\longrightarrow$ 正しい式は, $Ia_{\overline{n}|} = \dfrac{\ddot{a}_{\overline{n}|} - n \cdot v^n}{i}$.

⑤ $(I\ddot{a})_{x:\overline{n}|} = \dfrac{S_x - S_{x+n} - n \cdot N_x}{D_x}$: (×)

$\longrightarrow$ 正しい式は, $(I\ddot{a})_{x:\overline{n}|} = \dfrac{S_x - S_{x+n} - n \cdot N_{x+n}}{D_x}$.

2.17

資産残高が一致する条件は

$$\int_0^t \delta_s^A ds = \int_0^t \delta_s^B ds$$

である．この計算を実行すると,

$$at + \frac{1}{2}bt^2 + \frac{1}{3}ct^3 = ft + \frac{1}{2}gt^2 + \frac{1}{3}ht^3$$

となる．この 3 次方程式が 0 以外に 2 つの正の実根を持つ条件は，$b < g$ かつ判別式

$$D = \frac{1}{4}(b-g)^2 - \frac{4}{3}(a-f)(c-h) > 0.$$

したがって，2 つの時点は,

$$T_1(T_2) = \frac{-3(b-g) \pm 3\sqrt{(b-g)^2 - \dfrac{16}{3}(a-f)(c-h)}}{4(c-h)}.$$

2.18

$$a_{\overline{\infty}|} = \frac{v}{1-v} = \frac{1}{i},$$

$$\ddot{a}_{\overline{\infty}|} = \frac{1}{1-v} = \frac{1+i}{i} = \frac{1}{d},$$

$$\bar{a}_{\overline{\infty}|} = \frac{1}{\delta},$$

$$\begin{aligned}\bar{a}^{(\delta(t))}_{\overline{\infty}|} &= \int_0^\infty \exp\left\{-\int_0^t (a+bs)\,ds\right\} dt \\ &= \int_0^\infty e^{-at-\frac{b}{2}t^2} dt \\ &= e^{\frac{a^2}{2b}} \int_0^\infty e^{-\frac{b}{2}(t+\frac{a}{b})^2} dt \\ &= e^{\frac{a^2}{2b}} \int_{\frac{a}{\sqrt{b}}}^\infty e^{-u^2} du = \sqrt{\frac{2\pi}{b}} e^{\frac{a^2}{2b}} \Phi\left(\frac{a}{\sqrt{b}}\right).\end{aligned}$$

ここで，$u = \sqrt{b}\left(t + \dfrac{a}{b}\right)$ と変数変換している．Φ は標準正規分布の分布関数を表す．

(補足)　なお，$\delta(t) = bt$ としたときには $a = 0$ なので，

$$\bar{a}^{(\delta(t))}_{\overline{\infty}|} = \sqrt{\frac{2\pi}{b}}\Phi(0) = \sqrt{\frac{\pi}{2b}}.$$

2.19

受給者は男性とする．退職一時金を 1 とするとき，従来の 10 年保証期間付年金の年金現価は，$\dfrac{\left(\ddot{a}^{(2.5\%)}_{\overline{10}|} + \dfrac{N^{(2.5\%)}_{70}}{D^{(2.5\%)}_{60}}\right)}{\left(\ddot{a}^{(2.5\%)}_{\overline{10}|}\right)}$ であった．年金額は，給付利率 1.5%となるので $\dfrac{1}{\ddot{a}^{(1.5\%)}_{\overline{15}|}}$ になるが，予定利率 2.5%は変わらないので，年金現価は $\ddot{a}^{(2.5\%)}_{\overline{15}|} + \dfrac{N^{(2.5\%)}_{75}}{D^{(2.5\%)}_{60}}$ である．これから，

$$\frac{(\ddot{a}^{(1.5\%)}_{\overline{15}|})^{-1}\left(\ddot{a}^{(2.5\%)}_{\overline{15}|} + \dfrac{N^{(2.5\%)}_{75}}{D^{(2.5\%)}_{60}}\right)}{\left(\ddot{a}^{(2.5\%)}_{\overline{10}|}\right)^{-1}\left(\ddot{a}^{(2.5\%)}_{\overline{10}|} + \dfrac{N^{(2.5\%)}_{70}}{D^{(2.5\%)}_{60}}\right)} = 0.681 \text{ 倍}.$$

2.20

受給者は男性とする．退職一時金を 1 とすると，当初の年金額は $\dfrac{0.5}{\ddot{a}^{(2.5\%)}_{\overline{15}|}}$ であるので，その年金額の保証期間 15 年を超える部分の年金現価を乗ずることで退職金の追加移行割合が算出される．退職金の追加移行割合は，

$$\frac{0.5\left(\dfrac{N^{(2.5\%)}_{75}}{D^{(2.5\%)}_{60}}\right)}{\ddot{a}^{(2.5\%)}_{\overline{15}|}} = 0.2265\ [22.65\%].$$

一方，年金給付の増加比率はその金額を給付利率 1.5%で評価するため，

$$\frac{\left(\dfrac{N^{(2.5\%)}_{75}}{D^{(2.5\%)}_{60}}\right)}{\ddot{a}^{(1.5\%)}_{\overline{15}|}} = 0.4245\ [42.45\%].$$

◉——第 3 章の演習問題

3.1

$$S^a_{(x,t)} = \sum_{j \neq r} \int_0^{x_r - x} K^{(j)}_{(x,t,s)}\ {}_s p^{(T)}_x \mu^{(j)}_{x+s}\, e^{-\delta s} ds + K^{(r)}_{(x,t,x_r-x)}\ {}_{x_r-x}p^{(T)}_x\, e^{-\delta(x_r-x)}.$$

3.2

(1)　x_e 歳の給付現価は $\dfrac{D_{x_r}}{D_{x_e}}\ddot{a}_{x_r}$，$x_e$ 歳の収入現価は ${}^L P \displaystyle\sum_{x=x_e}^{x_r-1} \dfrac{D_x}{D_{x_e}}$ なので，これから，${}^L P = \dfrac{D_{x_r}\ddot{a}_{x_r}}{\displaystyle\sum_{x=x_e}^{x_r-1} D_x}$.

(2)　$S^f = \dfrac{v}{d} l^{(T)}_{x_e} \dfrac{D_{x_r}}{D_{x_e}} \ddot{a}_{x_r}$,　$G^f = \dfrac{v}{d} l^{(T)}_{x_e} \displaystyle\sum_{x=x_e}^{x_r-1} \dfrac{D_x}{D_{x_e}}$.

3.3

個人平準保険料方式の設立時の掛金 P_x は，

$$\begin{cases} P_x = \ddot{a}_{x_r} & (x \geqq x_r), \\ P_x = \dfrac{D_{x_r}\ddot{a}_{x_r}}{\displaystyle\sum_{y=x}^{x_r-1} D_y} & (x_e < x \leqq x_r - 1), \\ P_{x_e} = \dfrac{D_{x_r}\ddot{a}_{x_r}}{\displaystyle\sum_{y=x_e}^{x_r-1} D_y} & (x = x_e\,;\text{将来新規加入者}) \end{cases}$$

より，個人平準保険料方式の掛金収入現価は，

$$\begin{aligned} &\sum_{x=x_r}^{\omega} l_x\ddot{a}_x + \sum_{x=x_e}^{x_r-1} P_x \frac{N_x - N_{x_r}}{D_x} + \frac{v}{d} l_{x_e}^{(T)} P_{x_e} \frac{N_{x_e} - N_{x_r}}{D_{x_e}} \\ &= \sum_{x=x_r}^{\omega} l_x\ddot{a}_x + \sum_{x=x_e}^{x_r-1} l_x^{(T)} \frac{D_{x_r}\ddot{a}_{x_r}}{D_x} + \frac{v}{d} l_{x_e}^{(T)} \frac{D_{x_r}\ddot{a}_{x_r}}{D_{x_e}} \\ &= S^p + S^a + S^f \end{aligned}$$

であるが，平準保険料方式の掛金収入現価は，

$$\frac{1}{d}\,{}^LP \sum_{x=x_e}^{x_r-1} l_x^{(T)} = {}^LP(G^a + G^f) = {}^LPG^a + S^f$$

なので，差額は $S^p + S^a - {}^LPG^a$ となる．

3.4

$$\begin{aligned} &\left(\sum_{y=x_e}^{x_r-1} \frac{D_y}{D_x} \cdot {}^LP_{(x,t)} \right) \\ &= \sum_{y=x_e}^{x_r-1} \frac{D_y}{D_{x_e}} \left(\frac{\displaystyle\sum_{x=x_e}^{x_r-1} \sum_j C_x^{(j)} K_{(x+1,x+1-x_e)}^{(j)} + D_{x_r} K_{(x_r,x_r-x_e)}^{(j)}}{\displaystyle\sum_{x=x_e}^{x_r-1} D_x} \right) \\ &= \frac{\displaystyle\sum_{x=x_e}^{x_r-1} \sum_j C_x^{(j)} K_{(x+1,x+1-x_e)}^{(j)} + D_{x_r} K_{(x_r,x_r-x_e)}^{(j)}}{D_{x_e}} \end{aligned}$$

となり，上式は x_e 歳の加入者の給付現価と一致する．

したがって，$V_{(x_e,x_e)} = 0$.

3.5

(1) $d_{x+j}b_{x+j}v^{j-t+\frac{1}{2}}$, (2) $l_{x+j}b_{x+j}v^{j-t}$, (3) $d_{x+j}b_{x+j}v^{j-(t+1)+\frac{1}{2}}$,
(4) $l_{x+j}b_{x+j}v^{j-(t+1)}$, (5) $d_{x+j}b_{x+j}v^{-\frac{1}{2}}$, (6) $l_{x+j}b_{x+j}v^{-1}$,
(7) $l_{x+t}b_{x+t}$, (8) $(1+i)$, (9) $\dfrac{d_{x+t}}{l_{x+t}}(1+i)^{\frac{1}{2}}$, (10) $({}_tV_x + P_x)$.

3.6

$$
{}^{OAN}C = {}^{OAN}P\sum_{x=x_e}^{x_r-1} l_x^{(T)}, \qquad {}^{UC}C = \sum_{x=x_e}^{x_r-1} {}^{UC}P_x l_x^{(T)}
$$

である．一方，定常状態において，開放基金方式と単位積立方式の積立金は等しいので，極限方程式 $(C + dF = B)$ から ${}^{OAN}C = {}^{UC}C$ が得られる．したがって，

$$
{}^{OAN}P\sum_{x=x_e}^{x_r-1} l_x^{(T)} = \sum_{x=x_e}^{x_r-1} {}^{UC}P_x l_x^{(T)}
$$

より，

$$
{}^{OAN}P = \frac{\displaystyle\sum_{x=x_e}^{x_r-1} {}^{UC}P_x l_x^{(T)}}{\displaystyle\sum_{x=x_e}^{x_r-1} l_x^{(T)}}
$$

となり，これは題意を示している．

3.7

(1)
$$
\begin{aligned}
S_{20} &= \int_0^{80} te^{-\delta t}\,{}_tp_{20}\mu_{20+t}\,dt = \int_0^{80} \frac{1}{80}te^{-0.05t}dt \\
&= \frac{1}{80}\left\{\frac{1}{0.05^2} - \left(\frac{80}{0.05} + \frac{1}{0.05^2}\right)e^{-4}\right\} = 5 - 25e^{-4}, \\
G_{20} &= \int_0^{80} e^{-\delta t}\,{}_tp_{20}\,dt = \int_0^{80} e^{-0.05t}\left(1 - \frac{t}{80}\right)dt \\
&= 20(1 - e^{-4}) - (5 - 25e^{-4}) = 15 + 5e^{-4}.
\end{aligned}
$$

前者を後者で割って，$P_{20} = \dfrac{e^4 - 5}{3e^4 + 1}$.

(2)
$$
\begin{aligned}
{}_tV_{20} &= S_{(20,20+t)} - P_{20}G_{(20,20+t)} \\
&= \left\{\left(5+\frac{t}{4}\right) - 25e^{-0.05(80-t)}\right\} \\
&\quad - P_{20}\left\{\left(15-\frac{t}{4}\right) + 5e^{-0.05(80-t)}\right\} \\
&= 5(1-3P_{20}) + (1+P_{20})\frac{t}{4} - (25+5P_{20})e^{-0.05(80-t)} \\
&= \frac{80}{3e^4+1} + \frac{e^4-1}{3e^4+1}t - \frac{80e^4}{3e^4+1}e^{-0.05(80-t)} \\
&= \frac{1}{3e^4+1}\{(80-t) + e^4(t-80e^{-0.05(80-t)})\}.
\end{aligned}
$$

(3)
$$
\begin{aligned}
S_{20} &= \frac{1}{80}\int_0^{40} te^{-0.05t}dt + \frac{1}{80}\int_{40}^{80} 40e^{-0.05t}dt \\
&= (5-15e^{-2}) + (10e^{-2}-10e^{-4}) = 5-5e^{-2}-10e^{-4}.
\end{aligned}
$$

これから，$P_{20}^* = \dfrac{e^4-e^2-2}{3e^4+1}$.

3.8

(1)
$$
P_{x_e}^A = \frac{2D_{x_r}\ddot{a}_{x_r}}{\sum_{x=x_e}^{x_r-1} D_x\left(1+\frac{x-x_e}{x_r-x_e}\right)},
$$
$$
P_{x_e}^B = \frac{2D_{x_r}\ddot{a}_{x_r}}{\sum_{x=x_e}^{s-1} D_x\left\{1+\left(\frac{x_r-x_e}{s-x_e}\right)^2\left(\frac{x-x_e}{x_r-x_e}\right)^2\right\} + 2\sum_{x=s}^{x_r-1} D_x}.
$$

(2)　制度変更前後の脱退残存表による基数を D_x^A および D_x^B とおくと，$l_{x_r}^A = l_{x_r}^B$ より $D_{x_r}^A = D_{x_r}^B$ となる．したがって，標準掛金の分母に着目し，$H(s)$ を以下のように定義すると，

$$
\begin{aligned}
H(s) &= \sum_{x=x_e}^{x_r-1}(D_x^A - D_x^B) \\
&= \sum_{x=x_e}^{x_r} D_x\left(\frac{x-x_e}{x_r-x_e}\right) - \sum_{x=x_e}^{s} D_x\left(\frac{x-x_e}{x_r-x_e}\right)^2 - \sum_{x=s}^{x_r} D_x
\end{aligned}
$$

であり，

$$H(s+1)-H(s)=\sum_{x=x_e}^{s} D_x\left\{\left(\frac{x-x_e}{s-x_e}\right)^2-\left(\frac{x-x_e}{s+1-x_e}\right)^2\right\}>0$$

と，$H(s)$ は $x_e<s<x_r$ の単調増加関数となっている．しかも，

$$H(x_e+1)<0 \quad \text{かつ} \quad H(x_r)>0$$

であるので，$s=m$ の前後で大小の転換点がある．

(3)　給付現価はどちらも $2D_{x_r}\ddot{a}_{x_r}$ である．したがって，標準掛金率が同じであれば，給与現価の大小で責任準備金の大小が決まる．ところが，$s=m$ に固定して

$$G(x)=\sum_{y=x}^{x_r-1}(D_y^A-D_y^B)$$

を考えると，この関数は

$$G(x_e)=G(x_r)=0 \quad \text{かつ} \quad G(x)<0 \qquad (x_e \leqq x<x_r)$$

であることが容易に確かめられ，

$$G(x)\leqq 0 \qquad (x_e\leqq x\leqq x_r).$$

したがって，B の給与現価のほうが大きいため責任準備金は A のほうが大きい．

3.9

(1)

$${}_{x_r-x_e}p_{x_e}^A=\frac{100-x_r}{100-x_e}=\left(\frac{m-x_r}{m-x_e}\right)^k={}_{x_r-x_e}p_{x_e}^B$$

より，

$$m=x_e+(x_r-x_e)\left\{1-\left(\frac{100-x_r}{100-x_e}\right)^{\frac{1}{k}}\right\}^{-1}.$$

(2)　上の関係があるとき，標準掛金率は，$\dfrac{D_{x_r}\ddot{a}_{x_r}}{\sum_{x=x_e}^{x_r-1}D_x^{A,B}}$ なので，分子は同じ．

分母が問題となるが，

$$\sum_{x=x_e}^{x_r-1} D_x^A - \sum_{x=x_e}^{x_r-1} D_x^B = \sum_{x=x_e}^{x_r-1} v^x \left\{ \frac{100-x}{100-x_e} - \left(\frac{m-x}{m-x_e}\right)^k \right\}.$$

カッコ内を $f(x)$ とおくと，

$$f'(x) = -\frac{1}{100-x_e} + \frac{k}{m-x_e}\left(\frac{m-x}{m-x_e}\right)^{k-1},$$
$$f''(x) = -\frac{k(k-1)}{(m-x_e)^2}\left(\frac{m-x}{m-x_e}\right)^{k-2} < 0$$

となり，$f(x_e) = f(x_r) = 0$.

したがって，両端 0 で凸曲線なので $f(x) > 0$ $(x_e < x < x_r)$. よって，給与現価は B が小さいので標準掛金率は B のほうが高い．

(3)

$$g(k) = \sum_{x=x_e}^{x_r-1} D_x^B = \sum_{t=0}^{x_r-x_e-1} v^x\ {}_tp_{x_e}^B, \qquad {}_tp_{x_e}^B = \left(\frac{m-x_e-t}{m-x_e}\right)^k$$

を k の関数と考える．$k\,(\leqq 1)$ で微分すると，

$$g'(k) = \frac{\partial g}{\partial k} + \frac{\partial g}{\partial m}\frac{dm}{dk}$$

となり，

$$\frac{\partial g}{\partial k} = \sum_{x=x_e}^{x_r-1} v^x \log\left(1-\frac{t}{m-x_e}\right)\left(1-\frac{t}{m-x_e}\right)^k$$

は $\log\left(1-\dfrac{t}{m-x_e}\right) < 0$ なので負である．また，$A = \dfrac{100-x_r}{100-x_e}$ とおくと，$\log A$ は負なので，

$$\frac{\partial g}{\partial m}\frac{dm}{dk}$$
$$= \sum_{x=x_e}^{x_r-1} v^x k\left(1-\frac{t}{m-x_e}\right)^{k-1} (t(m-k)^{-2})(-\log A)(1-A^{\frac{1}{k}})\left(-\frac{1}{k^2}\right)$$

は各項が負である．したがって $g(k)$ は k に関して単調減少となり，$k=1$ で最小となる．

(別解)

$$
{}_tp_x^B = \left(\frac{m-x-t}{m-x}\right)^k = \left(\frac{1+C_{x+t}\left(1-A^{\frac{1}{k}}\right)}{1+C_{x+t}\left(1-A^{\frac{1}{k}}\right)}\right)^k,
$$

$$
C_x = \frac{x-x_e}{x_r-x_e}, \qquad C_{x+t} = \frac{x+t-x_e}{x_r-x_e}, \qquad A = \frac{100-x_r}{100-x_e}.
$$

ここで $F(k) = \dfrac{1+C_{x+t}(1-A^{\frac{1}{k}})}{1+C_{x+t}\left(1-A^{\frac{1}{k}}\right)}$ とおくと,

$$
\begin{aligned}
(F(k)^k)' &= \log(F(k))(F(k)^k F'(k)) \\
&= \log(F(k))\left(F(k)^k \frac{\dfrac{t}{x_r-x_e}\log A}{k^2\left(1+C_{x+t}\left(1-A^{\frac{1}{k}}\right)\right)^2}\right) < 0
\end{aligned}
$$

なので, $g(k) < 0$ となる.

3.10

(1) y 歳で生存脱退した場合, x_r 歳まで生存すれば, $\dfrac{y-x_e}{x_r-x_e}$ の終身年金を支給するので,

$$
S_x = \sum_{y=x}^{x_r-1} \frac{{}^*C_y^{(w)}}{{}^*D_y} \frac{D_{x_r}}{D_{y+1}} \frac{y-x_e}{x_r-x_e} \ddot{a}_{x_r} + \frac{{}^*D_{x_r}}{{}^*D_x} \ddot{a}_{x_r}.
$$

(2) $$
{}^E P_{x_e} = \frac{\displaystyle\sum_{x=x_e}^{x_r-1} {}^*C_y^{(w)} \frac{D_{x_r}}{D_{y+1}} \frac{y-x_e}{x_r-x_e} \ddot{a}_{x_r} + {}^*D_{x_r} \ddot{a}_{x_r}}{\displaystyle\sum_{y=x_e}^{x_r-1} {}^*D_y}.
$$

(3) x 歳の加入者の過去期間分の給付現価は (1) の S_x のうちの, 過去期間 $(x-x_e)$ 相当分

$$
{}^{PS}S_x^a = \frac{x-x_e}{x_r-x_e} \left(\sum_{y=x}^{x_r-1} \frac{{}^*C_y^{(w)}}{{}^*D_y} \frac{D_{x_r}}{D_{y+1}} + \frac{{}^*D_{x_r}}{{}^*D_x}\right) \ddot{a}_{x_r}
$$

である. ここで,

$$ {}^*C_y^{(w)} = {}^*D_y \left(\frac{D_{y+1}}{D_y} - \frac{{}^*D_{y+1}}{{}^*D_y} \right) $$

より，

$$ \begin{aligned} {}^{PS}S_x^a &= \frac{x - x_e}{x_r - x_e} \left\{ \sum_{y=x}^{x_r-1} \frac{{}^*D_y}{{}^*D_x} \left(\frac{D_{y+1}}{D_y} - \frac{{}^*D_{y+1}}{{}^*D_y} \right) \frac{D_{x_r}}{D_{y+1}} + \frac{{}^*D_{x_r}}{{}^*D_x} \right\} \ddot{a}_{x_r} \\ &= \frac{x - x_e}{x_r - x_e} \left\{ \sum_{y=x}^{x_r-1} \frac{D_{x_r}}{{}^*D_x} \left(\frac{{}^*D_y}{D_y} - \frac{{}^*D_{y+1}}{D_{y+1}} \right) + \frac{{}^*D_{x_r}}{{}^*D_x} \right\} \ddot{a}_{x_r} \\ &= \frac{x - x_e}{x_r - x_e} \left\{ \frac{D_{x_r}}{{}^*D_x} \left(\frac{{}^*D_x}{D_x} - \frac{{}^*D_{x_r}}{D_{x_r}} \right) + \frac{{}^*D_{x_r}}{{}^*D_x} \right\} \ddot{a}_{x_r} \\ &= \frac{x - x_e}{x_r - x_e} \frac{D_{x_r}}{D_x} \ddot{a}_{x_r}. \end{aligned} $$

これは，過去期間分の年金現価を表しており，脱退率には影響を受けない．

(4)　開放基金方式を採用した場合，責任準備金は過去期間分の給付現価となる．制度導入時には，過去期間分の給付現価相当の積立金を保有しているため過去勤務債務は存在しない．このため脱退率の変動により責任準備金が変動することはなく，未積立債務が発生することもない．

第 4 章の演習問題

4.1

補題 4.1 の証明

$$ \begin{aligned} \left(1 - \frac{L}{G^a}\right)(1+i) &= \frac{G^a - d(G^a + G^f)}{G^a v} = \frac{(1-d)G^a - dG^f}{G^a v} \\ &= 1 - \frac{dG^f}{vG^a} < 1. \end{aligned} $$

補題 4.2 の証明

$$ \begin{aligned} G^a &= \sum_{x=x_e}^{x_r-1} \left(l_x^{(T)} \sum_{y=x}^{x_r-1} \frac{D_y}{D_x} \right) \\ &= \sum_{x=x_e}^{x_r-1} l_x^{(T)} + \sum_{x=x_e}^{x_r-2} \left(l_x^{(T)} \sum_{y=x+1}^{x_r-1} \frac{D_y}{D_x} \right) \\ &> L. \end{aligned} $$

4.2

高いほうから順番は，①加入時積立方式，③平準積立方式，②単位積立方式，④退職時年金現価積立方式，である．

4.3

① 加入時積立方式：(C)+(G)

② 完全積立方式：(D)+(E)+(G)

③ 退職時年金現価積立方式：(F)

④ 単位積立方式：(B)+(G)

⑤ 平準積立方式：(A)+(G)

4.4

極限方程式は ${}^{L}C + d\,{}^{L}F = B$．これから，

$$ {}^{L}F = \frac{B}{d} - \frac{{}^{L}C}{d} = S^p + S^a + S^f - {}^{L}P(G^a + G^f) = S^p + S^a - {}^{L}PG^a. $$

4.5

以下の関係式が成り立つ．

$$ (1)\quad \frac{\sum_{x=x_e}^{x_r-1} x l_x}{\sum_{x=x_e}^{x_r-1} l_x} = x_m, \qquad (2)\quad \frac{\sum_{x=x_e}^{x_r-1} l_x B_x}{\sum_{x=x_e}^{x_r-1} l_x} = B_m, $$

$$ (3)\quad \frac{\sum_{x=x_e}^{x_r-1} d_x (x - x_e)}{\sum_{x=x_e}^{x_r-1} d_x} = t_{dm}, \qquad (4)\quad \frac{\sum_{x=x_e}^{x_r-1} d_x B_x}{\sum_{x=x_e}^{x_r-1} d_x} = B_{dm}. $$

これから，$B_x = a + bx$ を代入すると，a と b の連立方程式となる．これを解くことにより，

$$ a = \frac{B_{dm} x_m - B_m (x_e + t_{dm})}{x_m - (x_e + t_{dm})}, \qquad b = \frac{B_m - B_{dm}}{x_m - (x_e + t_{dm})}. $$

4.6　$P^* = \dfrac{(S^{f*} + S^{p*} + S^{a*}) - (S^p + S^a)}{(G^{f*} + G^{a*}) - G^a}.$

4.7

定常状態のファンドの収支を考える．A ファンドは，掛金 P，給付 S_A，移管金 Q，B ファンドは，給付 S_B，受入金 Q である．定常状態であるので極限方程式により，

$$A : \delta_A F^A + P = S_A + Q, \qquad B : \delta_B F^B + Q = S_B$$

となることから

$$\frac{F^A}{F^B} = \frac{\delta_B}{\delta_A} \frac{S_A + Q - P}{S_B - Q}.$$

4.8

$$\frac{{}^{P}C}{d} = S^p + S^a + S^f, \qquad \frac{{}^{T}C}{d} = {}^{T}C + S^a + S^f,$$
$$\frac{{}^{UC}C}{d} = {}^{SF}S^a + S^f, \qquad \frac{{}^{In}C}{d} = {}^{In}C + S^f$$

と $d = 1 - v$ により，

(1) $S^f = \dfrac{{}^{In}C}{1-v} - {}^{In}C,$

(2) $${}^{PS}S^a = \frac{{}^{UC}C}{1-v} - S^f$$
$$= \frac{{}^{UC}C}{1-v} - \frac{{}^{In}C}{1-v} + {}^{In}C,$$

(3) $$S^a = \frac{{}^{T}C}{1-v} - {}^{T}C - S^f$$
$$= \left(\frac{{}^{T}C}{1-v} - {}^{T}C\right) - \left(\frac{{}^{In}C}{1-v} - {}^{In}C\right),$$

(4) $$S^p = S^a + S^f - \frac{{}^{P}C}{1-v}$$
$$= \left(\frac{{}^{T}C}{1-v} - {}^{T}C\right) - \frac{{}^{P}C}{1-v}.$$

4.9

(1)

$$^{UC}P_y = \frac{1}{x_r - x_e}\frac{D_{x_r}\ddot{a}_{x_r}}{D_y} \longrightarrow D_y\,{}^{UC}P_y = \frac{1}{x_r - x_e}D_{x_r}\ddot{a}_{x_r}.$$

両辺の y を x から $(x_r - 1)$ まで加えると

$$\sum_{y=x}^{x_r-1} D_y\,{}^{UC}P_y = \frac{x_r - x}{x_r - x_e}D_{x_r}\ddot{a}_{x_r}.$$

すなわち,

$$^{A}P_x = \frac{\sum_{y=x}^{x_r-1} D_y\,{}^{UC}P_y}{\sum_{y=x}^{x_r-1} D_y}$$

であり，題意が示された.

(2)

$$\begin{aligned}
{}^{A}P_{x+1} - {}^{A}P_x &= \frac{D_{x_r}\ddot{a}_{x_r}}{x_r - x_e}\left\{\frac{x_r - x - 1}{\sum_{y=x}^{x_r-1} D_y} - \frac{x_r - x}{\sum_{y=x}^{x_r-1} D_y}\right\} \\
&= \frac{D_{x_r}\ddot{a}_{x_r}}{x_r - x_e}\left\{\frac{(x_r - x - 1)\sum_{y=x}^{x_r-1} D_y - \sum_{y=x+1}^{x_r-1} D_y}{\sum_{y=x+1}^{x_r-x} D_y \sum_{y=x}^{x_r-x} D_y}\right\} \\
&= \frac{D_{x_r}\ddot{a}_{x_r}}{x_r - x_e}\left\{\frac{(x_r - x - 1)D_x - \sum_{y=x+1}^{x_r-1} D_y}{\sum_{y=x+1}^{x_r-x} D_y \sum_{y=x}^{x_r-x} D_y}\right\} \\
&= \frac{D_{x_r}\ddot{a}_{x_r}}{x_r - x_e}\frac{\sum_{y=x+1}^{x_r-1}(D_x - D_y)}{\sum_{y=x+1}^{x_r-x} D_y \sum_{y=x}^{x_r-x} D_y} > 0.
\end{aligned}$$

すなわち，${}^{A}P_x$ は x に関して単調増加.

4.10

新規加入者数を l^e，給与を b^e とすると，

$$l^e \sum_{x=x_e}^{x_r-1} \frac{l_x}{l_{x_e}} = L \longrightarrow l^e = \frac{L}{\displaystyle\sum_{x=x_e}^{x_r-1} \frac{l_x}{l_{x_e}}}.$$

また総給与 B は，

$$\sum_{x=x_e}^{x_r-1} \left(l^e \frac{l_x}{l_{x_e}} \right) \left(b^e \frac{b_x}{b_{x_e}} \right) = B$$

が成り立つ．よって，

$$b^e = \frac{l_{x_e} b_{x_e} B}{l^e \displaystyle\sum_{x=x_e}^{x_r-1} l_x b_x} = \frac{B}{L} \frac{b_{x_e} \displaystyle\sum_{x=x_e}^{x_r-1} l_x}{\displaystyle\sum_{x=x_e}^{x_r-1} l_x b_x}.$$

4.11

定年給付の現価は

$$30 \left(0.96 \times \frac{1.03}{1.02} \right)^{30} = 30 \left(2.42726 \times \frac{0.29386}{1.81136} \right) = 11.8132,$$

給与現価は

$$\frac{1 - \left(1.03 \times \dfrac{0.96}{1.02} \right)^{30}}{1 - \left(1.03 \times \dfrac{0.96}{1.02} \right)} = 19.8188.$$

よって，定年給付のみの標準掛金率は 0.5960．定年以外は $1 - 0.596 = 0.404$. したがって求める標準掛金率は，$0.596 + 0.404 \dfrac{0.6}{0.8} = 0.90$.

4.12

(1) エ．加入時積立方式，(2) カ．賦課方式，(3) オ．単位積立方式，(4) ア．退職時年金現価積立方式

4.13

極限方程式は，$[t, t+dt)$ $(t > T)$ の区間で

$$cdt + \delta F(t)dt = B(T)dt$$

である．よって，$c = B(T) - \delta F(t)$ が成立しなければならない．$F(T)$ は，

$$F(T) = \int_0^T (c - B(t))e^{\delta t}dt$$

を計算して求める．

(1)

$$F(T) = \int_0^T (c - at)e^{\delta t}dt = \frac{c}{\delta}(e^{\delta T} - 1) - \frac{a}{\delta}\left(Te^{\delta T} - \frac{e^{\delta T} - 1}{\delta}\right)$$

であり，$c + \delta F(T) = aT$．

よって，

$$c = aT - \delta F(T) \longrightarrow c = a\{(T + \delta^{-1})e^{-\delta T} + (T - \delta^{-1})\}.$$

(2)

$$F(T) = \int_0^T (c - be^{at})e^{\delta t}dt = \frac{c}{\delta}(e^{\delta T} - 1) - \frac{b}{a+\delta}(e^{(a+\delta)T} - 1)$$

であり，$c + \delta F(T) = be^{aT}$．

よって，

$$c = be^{(a-\delta)T} + \frac{b}{a+\delta}(e^{aT} - e^{-\delta T})$$
$$\longrightarrow c = be^{-\delta T}\left\{e^{aT} + \frac{\delta}{a+\delta}(e^{(a+\delta)T} - 1)\right\}.$$

4.14

予定よりも $(1-\alpha)C$ の掛金が毎年減少するため，n 年度の積立金は，$F - (1-\alpha)C\ddot{s}_{\overline{n}|}$ となる．よって，

$$F - (1-\alpha)C\ddot{s}_{\overline{n}|} = F - (1-\alpha)C(1+i)\frac{(1+i)^n - 1}{i} < \beta F$$

$$\iff (1-\beta)F < (1-\alpha)C(1+i)\frac{(1+i)^n-1}{i}$$

$$\iff (1-\beta)dF < (1-\alpha)C\{(1+i)^n-1\}$$

$$\iff (1-\beta)(vB-C) < (1-\alpha)C\{(1+i)^n-1\}$$

$$\iff (1-\beta)vB+(\beta-\alpha)C < (1-\alpha)C(1+i)^n$$

$$\iff n > \frac{\log\{(1-\beta)vB+(\beta-\alpha)C\}-\log\{(1-\alpha)C\}}{\log(1+i)}.$$

4.15

定常状態の積立金，掛金，給付をそれぞれ F, C, B とおくと，極限方程式 $dF+C=B$ が成立している．利率が j に下がると，m 年後の積立金 F_m は，漸化式

$$F_m = (F_{m-1}+C-B)(1+j) = F_{m-1}(1+j) - dF(1+j),$$

ただし，

$$F_1 = (F+C-B)(1+j) = F(1+j) - dF(1+j)$$

を満たす．

これから，$m=1$ から n まで順次代入計算すると，

$$F_n = F(1+j)^n - dF\,\ddot{s}_n^{(利率\ j)}.$$

未積立債務の額は，

$$\begin{aligned} U = F - F_n &= dF\ddot{s}_n^{(利率\ j)} + F(1-(1+j)^n) \\ &= F\ddot{s}_n^{(利率\ j)}(j-d) = F((1+j)^n-1)\left(1+\frac{1}{j}-\frac{1}{1+i}\right). \end{aligned}$$

これが，F_k に一致するのは，

$$n = \frac{\log\left(\dfrac{kj(1+i)}{i-j}+1\right)}{\log(1+j)}.$$

第 5 章の演習問題

5.1

翌年度の掛金は

$$\frac{S^p + S^a + S^f - (F - U)}{G^a + G^f}$$

なので，1 年間の掛金総額の差額は，

$$\frac{U}{G^a + G^f} \cdot L = d \cdot U.$$

翌年度の積立金は

$$\begin{aligned}&(F - U + C + dU - B)(1 + i)\\&\quad = (F + C - B)(1 + i) - U(1 + i)(1 - d)\\&\quad = F - U.\end{aligned}$$

その翌年度の積立金も同様に $F - U$.

5.2

(1) 加入年齢方式：

$$\begin{aligned}&{}^{E}P = \frac{S^f}{G^f} = 0.08,\\&P_{PSL} = \frac{S^p + S^a - {}^{E}PG^a - F}{LB \times 15.979} = 0.01502,\\&{}^{E}P + P_{PSL} = 0.09502.\end{aligned}$$

(2) 開放基金方式：

$$\begin{aligned}&{}^{OAN}P = \frac{S^f + {}^{FS}S^a}{G^f + G^a} = 0.08182,\\&P_{PSL} = \frac{S^p + S^a + S^f - {}^{OAN}P(G^a + G^f) - F}{LB \times 15.979} = 0.01252,\\&{}^{OAN}P + P_{PSL} = 0.09434.\end{aligned}$$

(3) 開放型総合保険料方式：${}^{O}P = \dfrac{S^p + S^a + S^f - F}{G^a + G^f} = 0.09091.$

(4) 閉鎖型総合保険料方式：$^{C}P = \dfrac{S^p + S^a - F}{G^a} = 0.1.$

5.3

(1) 加入年齢方式：

$$
\begin{aligned}
&^{E}P = \frac{S^f}{G^f} = 0.12,\\
&P_{PSL} = \frac{S^p + S^a - {}^{E}PG^a - F}{LB \times 15.979} = 0.06008,\\
&^{E}P + P_{PSL} = 0.18008.
\end{aligned}
$$

(2) 開放基金方式：

$$
\begin{aligned}
&^{OAN}P = \frac{S^f + {}^{FS}S^a}{G^f + G^a} = 0.12273,\\
&P_{PSL} = \frac{S^p + S^a + S^f - {}^{OAN}P(G^a + G^f) - F}{LB \times 15.979} = 0.056324,\\
&^{OAN}P + P_{PSL} = 0.17905.
\end{aligned}
$$

(3) 開放型総合保険料方式：$^{O}P = \dfrac{S^p + S^a + S^f - F}{G^a + G^f} = 0.16364.$

(4) 閉鎖型総合保険料方式：$^{C}P = \dfrac{S^p + S^a - F}{G^a} = 0.2.$

5.4

前年度末の積立金，責任準備金，不足金，予定利率を F, V, PL, i とする．積立金は，

$$(F + 2000)1.025 - 2500 = 9800$$

より $F = 10000$．よって，

(1) 運用収益 $= (10000 + 2000)0.025 = 300.$

(2) 当年度発生不足金 $= 12500 + 2500 - 12000 - 2000 - 300 = 700.$

(3) $PL = 2700 - 700 = 2000$，$V = F + PL = 12000$ であり，

責任準備金の推移：$(12000 + 2000)(1 + i) - 2500 + 300 = 12500$

から，予定利率 $i = 0.05$.

(4) 利差損益 $= 12000(0.025 - 0.05) = -300$.

(5) 前年度不足金に対する予定利息 $= -2000 \times 0.05 = -100$.

5.5

(1) $l_y \cdot \mu_y \cdot b_y \cdot K_{y-x} \cdot e^{-\delta(y-x)}$,　(2) $l_y \cdot b_y \cdot e^{-\delta(y-x)}$,

(3) $l_y b_y \cdot (\mu_y \cdot K_{y-x} - P_{x_e})$,　(4) $b_x \cdot e^{-\delta x}$,　(5) $l_x \cdot e^{-\delta x}$,

(6) $l_x \cdot b_x$,　(7) $l_x b_x \cdot (\mu_x K_{x-x_e} - P_{x_e})$,　(8) $-\mu_x + \lambda_x - \delta$,

(9) $l_x \cdot b_x \cdot e^{-\delta x}$,　(10) $\mu_x K_{x-x_e}$.

5.6

初期債務を U_0，当初の特別掛金を $P_{PSL} = \dfrac{U_0}{\ddot{a}_{\overline{20|}}}$ とする．$A = P_{PSL}$であり，$B = P_{PSL}x$ とおく．$(A+B)$ が 15 年間で償却できるのであるから，

$$(A+B)\ddot{a}_{\overline{12|}} = P_{PSL}(\ddot{a}_{\overline{15|}} + x\ddot{a}_{\overline{10|}}).$$

これから，

$$\ddot{a}_{\overline{15|}} + x\ddot{a}_{\overline{10|}} = (1+x)\ddot{a}_{\overline{12|}}$$

なので $x = 0.3518$.

5.7

(1) $G^a = \dfrac{L}{d} - S^f$ より導く．

(2) 利差益などが発生した場合には，(i) 掛金を引き下げる場合と (ii) 留保する場合がある．(i) の 1 人当たり掛金は $\dfrac{S-F}{G^a+G^f}$，(ii) は $\dfrac{S-(F-R)}{G^a+G^f}$ なので，年間の総掛金差額は，$\dfrac{RL}{G^a+G^f}$.

(3) (1) を利用して，

$$\frac{RL}{G^a+G^f} = \frac{PL}{L \times d} = Rd.$$

5.8

ある年度の期始時点の PSL 保険料収入現価を考える．n 年間 P_{PSL} を支払う予定が，初年度に $(1+\alpha)P_{PSL}$，翌年度から $(n-1-t)$ 年間 P_{PSL} を支払うので，

$$P_{PSL}\ddot{a}_{\overline{n}|} = (1+\alpha)P_{PSL} + vP_{PSL}\ddot{a}_{\overline{n-t-1}|}$$

が成り立つ．すなわち，$\alpha = \ddot{a}_{\overline{n}|} - \ddot{a}_{\overline{n-t}|}$ の関係がある．

5.9

(1)　標準掛金率：$P = 0.01\dfrac{\sum_{x=x_e}^{x_r-1} C_x \sum_{y=x_e}^{x} b_y + D_{x_r}\sum_{y=x_e}^{x_r-1} b_y}{\sum_{y=x_e}^{x_r-1} D_y b_y}\ddot{a}_{\overline{n}|}.$

責任準備金：

$$V = \sum_{y=x_e}^{x_r-1}\frac{L_x B_x}{D_x b_x}\left\{0.01\sum_{y=x}^{x_r-1} C_y \sum_{z=x_e}^{y} b_z + 0.01 D_{x_r}\sum_{y=x_e}^{x_r-1} b_y \ddot{a}_{\overline{n}|} - P\sum_{y=x_e}^{x_r-1} D_y b_y\right\}.$$

ただし，L_x は x 歳の加入者数，B_x は x 歳の加入者 1 人当たりの給与である．

(2)　昇給時期 (掛金払い込み前) の給与が，B_x から $B_x \times (1+\beta)$ となり，それ以降の給与は給与指数どおりに昇給する．

- 給付現価中の過去期間分の累計 $\sum_{z=x_e}^{x-1} b_z$ にはベースアップの効果はない．
- 後発過去勤務債務：x_e 歳の者は，給付現価および掛金収入現価の双方が $(1+\beta)$ 倍となるため損益はない．

5.10

初期過去勤務債務を 100 とすると，毎年 5 の後発過去勤務債務が期末に発生する．1 人当たり特別掛金を設定する場合は，制度発足時に特別掛金の計算を行い，後発過去勤務債務の発生による特別掛金の見直しを行わない．

	方法 (1):10 年間元利均等方式			方法 (2):$K, 2K, \cdots, 5K$		
	期始残高	特別掛金	期末残高	期始残高	特別掛金	期末残高
1	100.00	11.15	96.07	100.00	5.17	102.21
2	96.7	11.70	91.48	102.21	10.85	98.64
	方法 (3):8 年間元利金等償却			**方法 (4):残高の 15 %定率償却**		
	期始残高	特別掛金	期末残高	期始残高	特別掛金	期末残高
1	100.00	13.61	93.55	100.00	15.00	92.13
2	93.55	13.61	86.94	92.13	13.82	85.26

$$\text{期末残高} = (\text{期始残高} - \text{特別掛金}) \times 1.025 + 5\,(\text{後発債務})$$

となるので，少ない順番は，(4) → (3) → (1) → (2) である．

5.11

開放基金方式を採用している場合であっても，実務上は標準掛金の見直しを毎年行わない場合が多い．

(1)　再計算前の給付現価・給与現価に基づく標準掛金率

$$P_1 = \frac{{}^{FS}S_1^a + S_1^f}{G_1^a + G_1^f} = 0.04\ [40\ ‰]. \quad (\text{添字 1 は再計算前，2 は再計算後})$$

(2)　再計算後の標準掛金率

$$P_2 = \frac{{}^{FS}S_2^a + S_2^f}{G_2^a + G_2^f} = 0.04095\ [41\ ‰].$$

(3)　(1) とは異なり，前再計算時期の給付現価と給与現価に基づいて計算された実際の掛金や責任準備金の計算に適用される標準掛金率．これを P_3 とおくと，

$$\begin{aligned} \text{責任準備金} &= S_1^a + S_1^f + S_1^p - P_3(G^a + G^f) \\ &= 150 + 100 + 70 - P_3(1500 + 2500) \end{aligned}$$

となる．剰余金 5 があるので，責任準備金は $135 - 5 = 130$ である．よって，$P_3 = 0.0475\ [48\ ‰]$.

(4)　$PSL = S_1^a + S_1^f + S_1^p - F_1 + R_1$

$$= 160 + 100 + 80 - P_2(1600 + 2600) - 130 = 48.$$

(5) 剰余金を留保するとは，積立金 135 のうち，再計算前の剰余金 5 を特別掛金 (過去勤務債務) の計算には使用しないこと (積立金のうち，剰余金分を積立金とみなさない) である．したがって，130 に対して特別掛金を設定する：

$$10\text{ 年償却特別掛金} = \frac{48}{8.971 \times 100} = 0.05351\ [53\ ‰].$$

実際，掛金は標準掛金 P_2 に特別掛金を加えたものである．

(6) 剰余金 5 を取り崩すので，

$$0.04095 + \frac{48 - 5}{8.971 \times 100} = 0.08888\ [89\ ‰].$$

5.12

(1) ア．$${}^{E}P = \frac{S_2^f}{G_2^f} = \frac{110}{2600} = 0.04231\ [42\ ‰],$$

$$PSL = S_2^a + S_2^p - {}^{E}PG_2^a - F_2$$
$$= (160 + 80 - 135) - 0.04231 \times 1600 = 37.31\ [37\ 億円],$$

$$P_{PSL} = \frac{PSL}{100 \times 12.691} = 0.0294\ [29\ ‰].$$

イ．$${}^{OAN}P = \frac{{}^{FS}S_2^a + S_2^f}{G_2^a + G_2^f} = 0.04095\ [41\ ‰],$$

$$PSL = S_2^a + S_2^f + S_2^p - {}^{OAN}P(G_2^a + G_2^f) - F_2 = 43\ [43\ 億円],$$

$$P_{PSL} = \frac{PSL}{100 \times 12.691} = 0.0338\ [34\ ‰].$$

ウ．$${}^{C}P = \frac{S_2^a + S_2^p - F_2}{G_2^a} = 0.0656\ [66\ ‰].$$

(2) ア．$${}^{E}P = 1.1 \times 0.04231 = 0.04654\ [47\ ‰],$$

$$PSL = 46.54\ [47\ 億円],$$

$$P_{PSL} = \frac{PSL}{100 \times 12.691} = 0.03667\ [37\ ‰].$$

イ．$${}^{OAN}P = 1.1 \times 0.04095 = 0.04504\ [45\ ‰],$$

$$PSL = 1.1(S_2^a + S_2^f) + S_2^p - 0.04504(G_2^a + G_2^f) - F_2 = 52.8\ [53\ 億円],$$

$$P_{PSL} = \frac{PSL}{100 \times 12.691} = 0.04160\ [42\ ‰].$$

ウ. $^{C}P = \dfrac{1.1S_2^a + S_2^p - F_2}{G_2^a} = 0.0756$ [76 ‰].

(3) 定常人口の仮定より，責任準備金は 1 年経っても変化しない．1 年間の支払額は

$$i(S^a + S^f + S^p) = 8.75,$$

期初の総給与は

$$d(G^a + G^f) = 102.44$$

なので，期末積立金は

$$(\text{期始積立金} + \text{総給与} \times (\text{標準 } P + \text{特別 } P)) \times 0.9 - \text{支払額}$$

$$= 119.30 \ [119 \text{ 億円}]$$

であり，責任準備金は

$$V = 1.1S^a + S^p - 0.04654G^a = 181.54 \ [182 \text{ 億円}]$$

となる．これから PSL は

$$\text{責任準備金} - \text{積立金} = 62.24$$

となり，

$$P_{PSL} = \frac{62.24}{100 \times 12.691} = 0.04904 \ [49 \text{ ‰}].$$

よって，標準掛金率 = 47 ‰ (5.12 (2) より)，特別掛金率 = 50 ‰ となる．

5.13

(1) $P_B = \dfrac{S_B^f}{G_B^f} = 0.02666$ [27 ‰],

(2) $P_{PSL} = \dfrac{S_B^a + S_B^p - PG_B^a - F_B}{50 \times 15.979} = 0.04215$ [42 ‰].

(3) $P_{A+B} = 0.0423$ [42 ‰]　(5.12 (1) ア.と同じ),

$$V_{A+B} = S_A^a \times 1.5 + S_A^p + S_B^p - P_{A+B} \times G_A^a \times 1.5$$
$$= 263.46 \ [263 \text{ 億円}].$$

(4) $P_{PSL_{A+B}} = \dfrac{V_{A+B} - F_A - F_B}{150 \times 8.971} = 0.03601$ [36 ‰].

(5) $V_{A+B} - F_A - F_B = 48.456$,

標準掛金率は 0.042 なので，特別掛金率の上限は 0.029 である．よって，

$$\frac{PSL}{LB \times 0.029} = \frac{48.456}{150 \times 0.029} = 11.14,$$

本書 167 ページの表から，最短年数は 13 年．

5.14

制度 1 の標準掛金と責任準備金をまず求める：

$$P_1 = \frac{S_1^f}{G_1^f} = 0.04 \text{ [40 ‰]},$$

$$V_1 = S_1^a + S_1^p + S_2^p - P_1 G_1^a = 230 \text{ [230 億円]}.$$

次に加入者の過去分給付現価をそれぞれ求めると，制度 1 は 80，制度 2 は 60 である．したがって，制度 1,2 の受給者責任準備金分控除後の積立金 60 $[230-(140+30)]$ をこの比率で按分すると制度 1 は $F_1' = 140+30+60\dfrac{80}{140} = 204.29$，制度 2 は $F_2' = 60\dfrac{60}{140} = 25.71$ となる．

これから，制度 1 の特別掛金率は，

$$\frac{V_1 - F_1'}{LB_1 \times \ddot{a}_{\overline{20|}}} = \frac{230 - 204.29}{90 \times 15.971} = 0.01789 \text{ [18 ‰]}.$$

また制度 2 の掛金は，

$$\frac{S_2^a + S_2^f - F_2'}{G_2^a + G_2^f} = \frac{180 - 25.71}{2200} = 0.07013 \text{ [70 ‰]}.$$

5.15

予定利率 i と実際の利回り j の連立方程式を解く．標準掛金を x とすると，

$$\begin{cases} (3000 + x + 100 - 200) \times j = 120, \\ (3000 + x + 100 - 200)(j - i) = 45, \\ (3860 + x - 200)(1 + i) + 46 = 3900. \end{cases}$$

これから，$i = 0.025$，$j = 0.04$，$x = 100$．あとは簡単に出る．

(1)　860 (= 3860 − 3000)，　(2)　3120，　(3)　780，

(4)　80 (= 860 − 780)，　(5)　100，　(6)　4180，

(7)　21.5 (= 0.025 × 860)，　(8)　2.5 (= 0.025 × 100)．

◉──第 6 章の演習問題

6.1

以下の表を作成することにより PBO が求められる．給付算定式による PBO は 298762 円．期間定額基準による PBO は 368686 円．

給付の割り当て	給付算定式		期間定額基準	
退職時の x, t	59, 2	60, 3	59, 2	60, 3
$\dfrac{\Delta f(t)}{f(t+\tau+1)}$	$\dfrac{1.0}{3.0}$	$\dfrac{1.0}{3.5}$	$\dfrac{1}{2}$	$\dfrac{1}{3}$
$\alpha_{t+\tau+1}$	3.0	3.5	3.0	3.5
$B_{x+\tau+1}$	308000	310000	308000	310000
$K_{x+\tau+1}$	1	1	1	1
$\dfrac{C_{x+t}}{D_x}$	$1.02^{-1} \times 20\%$ $= 0.196078$	$1.02^{-2} \times 80\%$ $= 0.768935$	$1.02^{-1} \times 20\%$ $= 0.196078$	$1.02^{-2} \times 80\%$ $= 0.768935$
事象ごとの PBO	60392	238370	90588	278098
PBO	298762		368686	

6.2

次ページの表を作成することにより，$NPPC$ は 368545 円，1 年後の PBO の予測値は 572993 円となる．

給付の割り当て	期間定額基準	
退職時の x, t	59, 2	60, 3
(1) $\dfrac{\Delta f(t)}{f(t+\tau+1)}$	$\dfrac{1}{2}$	$\dfrac{1}{3}$
(2) $\alpha_{t+\tau+1}$	3.0	3.5
(3) $B_{x+\tau+1}$	308000	310000
(4) $K_{x+\tau+1}$	1	1
(5) $\dfrac{C_{x+t}}{D_x}(1+i)$	$1.02^{-1} \times 20\% \times 1.02$ $= 0.2$	$1.02^{-2} \times 80\% \times 1.02$ $= 0.784314$
(6) 事象ごとの SC $(= (1) \times (2) \times (3) \times (4) \times (5))$	92400	283660
(7) SC	376060	
(8) 期始の PBO	374248	
(9) $IC(= (8) \times 2\%)$	7485	
(10) F	300000	
(11) $ER(= (10) \times 5\%)$	15000	
(12) $NPPC$ $(= (7) + (9) - (11))$	368545	
(13) B $(= \alpha_2 \cdot B_{59} \cdot K_{59} \cdot 20\%)$	184800	
(14) 1 年後の PBO の予測値 $(= (7) + (8) + (9) - (13))$	572993	

6.3

1 年後の年金資産の予測値は，次のとおりである：

$$300000 \times 1.05 - 184800 \ (= \text{前問 } (13)) + 400000 = 530200.$$

期始の U は，

$$374248 - 300000 = 74248.$$

ここで，

$$NPPC - C = 368545 - 400000 = -31455.$$

したがって，

$$1 \text{ 年後の } U \text{ の予測値} = 74248 - 31455 = 42793.$$

これは，1 年後の PBO の予測値から F の予測値を差引いた値 $(572993 - 530200)$ と等しい．1 年後の実際の PBO は，従業員が残存しているため以下のとおりとなる：

$$\frac{f(2)}{f(3)}\alpha_3 B_{60} K_{60} \frac{C_{59}}{D_{59}} = \frac{2}{3} \times 3.5 \times 310000 \times 1 \times 1.02^{-1} \times 100\%$$
$$= 709150.$$

一方，1 年後の実際の F は，給付が発生しなかったため，

$$300000 \times 1.02 + 400000 = 706000$$

となる．したがって実際の U の値は，

$$709150 - 706000 = 3150$$

である．数理損益は，U の予測値と実際の値との差であるから，

$$\frac{G}{L} = (-3150) - (-42793) = 39643.$$

この数理損益は，資産の収益に関する差損 $(= 300000 \times (2\% - 5\%) = -9000)$ と債務側の差益 $(= 39643 - (-9000) = 48643)$ に分けることができる．債務側の差益は，予定給付額を支払わずに済んだことによる差益 $(= 184800)$ と残存したことに伴なう PBO の増加額 $(572993 - 709150 = -136157)$ とに分解できる．

6.4

従業員の ABO は，

$$ABO = \frac{f(2)}{f(3)}\alpha_3 B_{58} K_{60} v \times 20\% + \frac{f(1)}{f(3)}\alpha_3 B_{58} K_{60} v^2 \times 80\%.$$

したがって，$\dfrac{\partial v^k}{\partial i} = -kv^{k+1}$ を使って，デュレーションは以下のとおりと

なる：

$$D = -\frac{1+i}{ABO}\frac{\partial ABO}{\partial i}$$
$$= \frac{1}{ABO}\left\{\frac{f(2)}{f(3)}\alpha_3 B_{58} K_{60} v \times 20\% + 2\frac{f(1)}{f(3)}\alpha_3 B_{58} K_{60} v^2 \times 80\%\right\}.$$

$i = 2\%$ として数値を当てはめると，以下のとおり給付算定式の場合 1.8 年，期間定額基準の場合 1.75 年となる．

給付の割り当て	給付算定式		期間定額基準	
退職時の x, t	59, 2	60, 3	59, 2	60, 3
$\frac{\Delta f(t)}{f(t+\tau+1)}$	$\frac{1.0}{3.0}$	$\frac{1.0}{3.5}$	$\frac{1}{2}$	$\frac{1}{3}$
$\alpha_{t+\tau+1}$	3.0	3.5	3.0	3.5
B_x	305000	305000	305000	305000
$K_{x+\tau+1}$	1	1	1	1
$\frac{C_{x+t}}{D_x}$	$1.02^{-1} \times 20\%$ $= 0.190678$	$1.02^{-2} \times 80\%$ $= 0.768935$	$1.02^{-1} \times 20\%$ $= 0.190678$	$1.02^{-2} \times 80\%$ $= 0.768935$
事象ごとの ABO	59804	234525	89706	273613
ABO, D の式の分子	294829	528854	363319	636913
D	1.8		1.75	

6.5

年金積立基準と会計基準の主な差異をあげると，年金積立基準の年金負債は主として平準積立方式に属する方式で算定されるが，会計基準は PBO であること，割引率の設定基準が異なること，特別掛金の償却ルールが異なることなど多岐にわたるため，その結果である年金負債の金額は大きく異なることが普通である．このため，その情報の利用者である年金制度運営者，企業経営者，さらには投資家にとって年金の財政状態の真の姿の理解を妨げるという弊害や混乱をもたらすことが一番大きな問題である．

企業財務の観点では，会計情報が重視されるため運用損益の変動によって長期的な年金運営に大きな影響を及ぼし，これが単独・連合の厚生年金基金の代行返上ブームの一因となった．実際の掛金は年金積立基準により拠出されるため，一般には会計上の費用と乖離があり，多額の前払い・未払い年金費用が生ずる可能性があることも問題点の一つである．

財務担当者はこの調整のための余分な作業が必要となる．これらの問題の解消または軽減のためには，二つの基準の統一，それができなくとも調和が必要であるが，年金積立基準がソルベンシー目的であり，会計基準が予算目的 (第 8 章参照) であることから容易ではない．基本的な枠組みを共通化することにより，両者の乖離の理由を利用者に分かりやすくすることが 1 つの解決の方向であろう．

A.2 付表

表 1 (1) 厚生年金保険受給権者 (男性) の死亡率にもとづく生命表と計算基数 (20 歳生存数 100000 人，予定利率 2.5%)

x	死亡率	生存率	生存数	死亡数	平均余命	D_x	C_x	N_x	M_x	S_x	R_x
60	0.00778	0.99222	91771	714	23.32	34178	263	600974	19762	7409946	425390
61	0.00838	0.99162	91057	763	22.50	33085	274	566796	19499	6808972	405628
62	0.00901	0.99099	90294	814	21.68	32008	285	533711	19225	6242176	386129
63	0.00963	0.99037	89481	862	20.88	30946	294	501703	18940	5708465	366904
64	0.01022	0.98978	88619	906	20.07	29900	302	470757	18646	5206762	347964
65	0.01082	0.98918	87713	949	19.28	28873	309	440857	18344	4736005	329318
66	0.01149	0.98851	86764	997	18.48	27864	316	411984	18035	4295148	310974
67	0.01231	0.98769	85767	1056	17.69	26872	327	384120	17719	3883164	292939
68	0.01339	0.98661	84711	1134	16.90	25894	342	357248	17392	3499044	275220
69	0.01482	0.98518	83577	1239	16.13	24924	365	331354	17050	3141796	257828
70	0.01660	0.98340	82338	1367	15.36	23956	393	306430	16685	2810442	240778
71	0.01879	0.98121	80972	1521	14.61	22983	427	282474	16292	2504012	224093
72	0.02135	0.97865	79450	1696	13.88	22002	464	259491	15865	2221538	207801
73	0.02422	0.97578	77754	1883	13.18	21007	503	237489	15401	1962047	191936
74	0.02738	0.97262	75871	2077	12.49	19998	541	216482	14898	1724558	176535
75	0.03077	0.96923	73793	2271	11.83	18976	577	196484	14357	1508076	161637
76	0.03438	0.96562	71523	2459	11.19	17944	609	177508	13780	1311592	147280
77	0.03834	0.96166	69064	2648	10.57	16904	640	159564	13171	1134084	133500
78	0.04282	0.95718	66416	2844	9.97	15859	671	142660	12531	974520	120329
79	0.04786	0.95214	63572	3043	9.39	14810	700	126801	11860	831860	107798
80	0.05338	0.94662	60529	3231	8.84	13757	725	111991	11160	705059	95938
81	0.05931	0.94069	57298	3398	8.31	12705	744	98234	10435	593068	84778
82	0.06580	0.93420	53900	3547	7.80	11660	758	85529	9691	494834	74343
83	0.07311	0.92689	50353	3681	7.32	10627	767	73869	8933	409305	64652
84	0.08135	0.91865	46672	3797	6.85	9610	772	63242	8166	335436	55719
85	0.09043	0.90957	42875	3877	6.42	8613	769	53632	7394	272194	47553
90	0.14668	0.85332	23693	3475	4.61	4207	609	19871	3767	80648	18109
95	0.21861	0.78139	9075	1984	3.33	1424	308	5147	1314	16680	4788
100	0.30860	0.69140	2105	649	2.41	292	89	815	274	2110	768
105	0.41453	0.58547	243	101	1.75	30	12	65	28	134	64
110	0.53078	0.46922	11	6	0.97	1	1	2	2	3	3

表 1 (2) 厚生年金保険受給権者 (女性) の死亡率にもとづく生命表と計算基数 (20 歳生存数 100000 人，予定利率 2.5%)

x	死亡率	生存率	生存数	死亡数	平均余命	D_x	C_x	N_x	M_x	S_x	R_x
60	0.00284	0.99716	96340	274	29.29	35880	101	747353	17869	10655370	493509
61	0.00302	0.99698	96066	290	28.37	34905	104	711473	17768	9908017	475640
62	0.00324	0.99676	95776	310	27.45	33951	109	676568	17664	9196544	457872
63	0.00346	0.99654	95466	330	26.54	33016	113	642617	17555	8519976	440208
64	0.00364	0.99636	95136	346	25.63	32099	115	609601	17442	7877359	422653
65	0.00381	0.99619	94789	361	24.72	31202	117	577502	17327	7267758	405211
66	0.00401	0.99599	94428	379	23.82	30325	120	546300	17210	6690256	387884
67	0.00423	0.99577	94049	398	22.91	29467	123	515975	17090	6143956	370674
68	0.00454	0.99546	93652	425	22.00	28627	128	486508	16967	5627981	353584
69	0.00500	0.99500	93226	466	21.10	27802	137	457881	16839	5141473	336617
70	0.00570	0.99430	92760	529	20.21	26988	152	430079	16702	4683592	319778
71	0.00666	0.99334	92232	614	19.32	26180	172	403091	16550	4253513	303076
72	0.00788	0.99212	91617	722	18.45	25371	197	376911	16378	3850422	286526
73	0.00927	0.99073	90895	843	17.59	24557	225	351540	16181	3473511	270148
74	0.01075	0.98925	90053	968	16.75	23736	252	326983	15956	3121971	253967
75	0.01229	0.98771	89085	1095	15.92	22908	278	303247	15704	2794988	238011
76	0.01394	0.98606	87990	1227	15.12	22075	304	280339	15426	2491741	222307
77	0.01578	0.98422	86763	1369	14.32	21236	331	258264	15122	2211402	206881
78	0.01799	0.98201	85394	1536	13.54	20391	362	237028	14791	1953138	191759
79	0.02068	0.97932	83858	1734	12.78	19536	399	216637	14429	1716110	176968
80	0.02393	0.97607	82124	1965	12.04	18665	441	197101	14030	1499473	162539
81	0.02771	0.97229	80158	2221	11.33	17774	486	178436	13589	1302372	148509
82	0.03208	0.96792	77937	2500	10.63	16860	534	160662	13103	1123936	134920
83	0.03701	0.96299	75437	2792	9.97	15921	582	143802	12569	963274	121817
84	0.04240	0.95760	72645	3080	9.33	14958	626	127881	11987	819472	109248
85	0.04833	0.95167	69565	3362	8.73	13975	667	112923	11361	691591	97261
90	0.09164	0.90836	49997	4582	6.11	8877	804	53171	7676	256659	47500
95	0.15838	0.84162	26905	4261	4.21	4222	661	18540	3818	69633	17052
100	0.24820	0.75180	9255	2297	2.89	1284	315	4145	1198	12019	3898
105	0.36710	0.63290	1620	595	1.98	199	72	476	189	1061	454
110	0.51029	0.48971	102	52	1.36	11	6	19	11	31	19

表 2 厚生年金保険被保険者 (男性) の総脱退力, 死亡脱退力にもとづく脱退残存表力

年齢 x	残存率 l_x	脱退率 w_x	死亡率 q_x	残存数 $l_x^{(T)}$	脱退数 $d_x^{(w)}$	死亡数 $d_x^{(d)}$	平均残存年数 e_x
20	0.8950	0.1045	0.00051	100000	10448	51	14.35
21	0.9063	0.0932	0.00047	89501	8340	42	14.98
22	0.9017	0.0979	0.00040	81119	7944	32	15.47
23	0.9122	0.0874	0.00037	73143	6394	27	16.10
24	0.9219	0.0777	0.00036	66721	5185	24	16.61
25	0.9283	0.0713	0.00038	61512	4386	23	16.97
26	0.9335	0.0661	0.00040	57103	3774	23	17.24
27	0.9370	0.0625	0.00042	53307	3334	22	17.43
28	0.9410	0.0586	0.00043	49951	2928	21	17.57
29	0.9435	0.0561	0.00043	47002	2636	20	17.64
30	0.9458	0.0538	0.00040	44346	2386	18	17.67
31	0.9477	0.0519	0.00039	41943	2179	16	17.65
32	0.9490	0.0506	0.00040	39748	2013	16	17.60
33	0.9524	0.0471	0.00042	37719	1778	16	17.52
34	0.9552	0.0444	0.00044	35926	1595	16	17.37
35	0.9586	0.0409	0.00043	34315	1405	15	17.16
36	0.9624	0.0372	0.00042	32895	1223	14	16.88
37	0.9662	0.0333	0.00047	31658	1054	15	16.52
38	0.9692	0.0303	0.00058	30589	926	18	16.08
39	0.9697	0.0296	0.00072	29645	876	21	15.58
40	0.9700	0.0292	0.00083	28748	839	24	15.05
41	0.9713	0.0278	0.00091	27885	774	25	14.50
42	0.9731	0.0259	0.00099	27086	702	27	13.91
43	0.9740	0.0249	0.00111	26357	656	29	13.28
44	0.9730	0.0258	0.00121	25672	663	31	12.62
45	0.9713	0.0274	0.00129	24978	686	32	11.96
46	0.9690	0.0296	0.00136	24261	719	33	11.30
47	0.9674	0.0311	0.00147	23508	732	34	10.64
48	0.9662	0.0322	0.00165	22742	732	38	9.98
49	0.9650	0.0331	0.00189	21973	727	41	9.32
50	0.9639	0.0340	0.00210	21204	720	45	8.64
51	0.9636	0.0342	0.00224	20440	699	46	7.94
52	0.9626	0.0351	0.00234	19695	691	46	7.22
53	0.9612	0.0364	0.00247	18958	689	47	6.48
54	0.9620	0.0354	0.00263	18222	645	48	5.72
55	0.9637	0.0335	0.00283	17529	587	50	4.93
56	0.9638	0.0332	0.00302	16892	561	51	4.10
57	0.9598	0.0369	0.00329	16280	601	54	3.23
58	0.9513	0.0450	0.00370	15625	704	58	2.35
59	0.9416	0.0543	0.00417	14864	806	62	1.44
60	0.0000	0.9957	0.00424	0	0	0	0.50

表 3　連合生命の計算基数表

男性 x 歳，女性 $y = x - 5$ 歳の場合 $(l_x(x = 20) = l_y(y = 20) = 1000)$.

x	y $(= x - 5)$	l_x	l_y	D_{xy}	N_{xy}	S_{xy}
60	55	877	963	314714	4504439	45425159
61	56	868	961	302853	4189725	40920720
62	57	858	958	291190	3886872	36730994
63	58	847	955	279681	3595682	32844123
64	59	836	951	268275	3316001	29248441
65	60	823	948	256914	3047726	25932440
66	61	810	944	245548	2790812	22884714
67	62	795	940	234115	2545264	20093902
68	63	778	937	222583	2311149	17548638
69	64	759	932	210933	2088566	15237489
70	65	738	928	199153	1877633	13148923
71	66	715	922	187243	1678481	11271290
72	67	691	916	175221	1491237	9592809
73	68	664	909	163098	1316016	8101572
74	69	636	901	150895	1152918	6785556
75	70	605	891	138662	1002023	5632639
76	71	573	880	126485	863361	4630616
77	72	539	868	114463	736876	3767254
78	73	504	854	102677	622414	3030378
79	74	467	839	91179	519737	2407964
80	75	429	821	80028	428558	1888227
81	76	390	802	69317	348530	1459669
82	77	351	779	59153	279214	1111139
83	78	312	754	49651	220060	831926
84	79	274	726	40931	170410	611865
85	80	237	696	33110	129479	441456
90	85	91	500	8056	23207	61159
95	90	21	269	889	1927	3971
100	95	2	93	31	53	87
105	100	0	16	0	0	0
110	105	0	1	0	0	0

参考文献

●──一般的な教科書

日本のアクチュアリー試験の教科書としては,

[1] 日本アクチュアリー会 (編),『年金数理』(平成 27 年 3 月改訂版), 日本アクチュアリー会, 2015.

がある. 次の 2 冊は, アメリカでよく読まれている.

[2] Howard E. Winklevoss, *Pension Mathematics with Numerical Illustrations*, 2nd.ed., Pension Research Council, 1993.

[3] Arthur W. Anderson, *Pension Mathematics for Actuaries*, 3rd.ed., ACTEX, 2006.

●──第 1 章　年金制度の概要

[4] 厚生労働省ホームページ (`https://www.mhlw.go.jp/`).

[5] 日本アクチュアリー会 (編),『アクチュアリー講座「年金実務法規」テキスト』(非売品).

[6] 坪野剛司 (編),『総解説 新企業年金──制度選択と移行の実際 (第 2 版)』日本経済新聞社, 2005.

[7] 厚生年金基金連合会 (編),『海外の年金制度──日本との比較検証』, 東洋経済新報社, 1999.

[8] 久保知行,『退職給付制度の構造改革──受給権保護を中核として』, 東洋経済新報社, 1999.

●──第 7 章　公的年金の数理

[9] 稲葉寿 (編著),『現代人口学の射程』, ミネルヴァ書房, 2007.

[10] 畑満,「人口減少社会における概念上の拠出建年金制度」,『アクチュアリージャーナル』第 58 号, 日本アクチュアリー会, 2005.

[11] 牛丸聡,『公的年金の財政方式』, 東洋経済新報社, 1996.

[12] Ole Settergren, "*Two Thousand Five Hundred Words on the Swedish Pension Reform*", The National Social Insurance Board, Sweden, 2001.

[13] Ole Settergren, "*The Automatic Balance Mechanism of the Swedish Pension*

System", The National Social Insurance Board, Sweden, 2001.

[14] Ole Settergren, "*Comment to the English Translation of the Legislation on the Automatic Balance Mechanism*", The National Social Insurance Board, Sweden, 2001.

[15] 小野正昭,「賦課方式による公的年金制度の運営における積立金水準のあり方」,『海外社会保障研究』No.158, 国立社会保障・人口問題研究所, 2007.

以下の [16], [17] は 5 年ごと (最新は 2019 年度) に公表されている.

[16] 厚生労働省年金局数理課,「厚生年金・国民年金財政再計算結果」, 2019.

[17] 厚生労働省年金局数理課,「財政検証結果レポート——「国民年金及び厚生年金に係る財政の現況及び見通し」(詳細版)」, 2019.

●——第 8 章　年金数理の革新

[18] Robert L. Clark and Olivia S. Mitchell, *Reinventing the Retirement Paradigm*, Oxford University Press, 2005.

[19] Franzen, D., "Managing Investment Risk in Defined Benefit Pension Funds", *OECD Working Papers on Insurance and Private Pensions*, No.38, OECD Publishing, 2010.

[20] Lawrence N. Bader and Jeremy Gold, "*Reinventing Pension Actuarial Science*", The Pension Forum, Pension Section of the Society of Actuaries, January 2003, pp.1-13.

[21] Society of Actuaries and American Academy of Actuaries, "*Pension Actuary's Guide to Financial Economics*", 2006.

——これらの文献を含め, 第 8.2 節, 第 8.3 節の本文中の引用文献は, Society of Actuaries のホームページより入手可能である.

[22] 日本年金数理人会 (編),「企業年金の長期的財政運営について——市場の変容とリスク管理の高度化」, 2009.

索引

●サ行

●タ行

●ナ行

●ヤ行

●ラ行

●ワ

プロフィール一覧 (文末の括弧は分担)

田中周二●たなか・しゅうじ

1951 年生まれ．東京大学理学部卒業．
日本生命保険，ニッセイ基礎研究所を経て，2020 年 3 月まで日本大学大学院総合基礎科学研究科アクチュアリーコース教授．博士 (数理科学)．
日本アクチュアリー会元理事．日本保険・年金リスク学会 (JARIP) 元会長．
編著書に,『企業年金ビッグバン』(共著，東洋経済新報社),『企業年金の会計と税務』(共著，日本経済新聞社),「シリーズ〈年金マネジメント〉」[第 1 巻『年金マネジメントの基礎』，第 2 巻『年金資産運用』，第 3 巻『年金 ALM とリスクバジェティング』] (編集，朝倉書店),『R によるアクチュアリーの統計分析』(朝倉書店),『保険リスクマネジメント』(日本評論社) がある．(第 2 章，第 8 章執筆，演習問題作成，とりまとめ)

小野正昭●おの・まさあき

1956 年生まれ．東京大学理学部卒業．
安田信託銀行 (現・みずほ信託銀行)，みずほ年金研究所を経て，2021 年までみずほ信託銀行フィデューシャリーマネジメント部主席年金研究員．年金数理人．
日本アクチュアリー会参与．2021 年まで日本年金学会代表幹事．
著書に『生保年金数理 II　理論／実務編』(共著，培風館) がある．(第 1 章，第 6 章，第 7 章執筆)

斧田浩二●おのだ・こうじ

1967 年生まれ．大阪大学理学部卒業．
安田信託銀行 (現・みずほ信託銀行)，アイアイシーパートナーズ，監査法人トーマツを経て，JP アクチュアリーコンサルティング所属．年金数理人．
著書に『生保年金数理 II　理論／実務編』(共著，培風館) がある．(第 3 章〜第 5 章執筆)

※第 2 版化に際し，小野正昭担当章の加筆修正を田中周二が担当した．

年金数理 [第2版]　　アクチュアリー数学シリーズ3

2011年12月10日　第1版第1刷発行
2023年 5月10日　第2版第1刷発行

著　者　田中周二
　　　　小野正昭
　　　　斧田浩二

発行所　株式会社 日本評論社
〒170-8474 東京都豊島区南大塚3-12-4
電話 03-3987-8621 [販売]
03-3987-8599 [編集]

印　刷　藤原印刷
製　本　井上製本所
装　釘　林　健造

ISBN 978-4-535-78990-6